高职高专系列教材

化工腐蚀与防护

徐晓刚　主编
郑建国　主审

中国石化出版社

内 容 提 要

本书重点介绍了防腐的基本原理、基本方法和基本技能。全书共分为两部分十一章，分别介绍了金属电化学腐蚀的基本原理、金属的局部腐蚀、金属在典型环境中的腐蚀、金属结构材料的耐蚀性能、非金属结构材料的耐蚀性能、影响金属腐蚀的因素、金属防腐方法的确定、正确选材与合理设计、覆盖层保护、电化学保护、缓蚀剂等内容。

本书是高等职业技术学院（校）化机等专业使用的专业教材，也可作为其他相关专业用教材以及有关工程技术人员参考。

图书在版编目（CIP）数据

化工腐蚀与防护 / 徐晓刚主编 . —北京：中国石化出版社，2009（2020. 4 重印）
（高职高专系列教材）
ISBN 978-7-80229-826-2

Ⅰ. 化… Ⅱ. 徐… Ⅲ. ①化工设备-腐蚀-高等学校：技术学校-教材②化工设备-防腐-高等学校：技术学校-教材 Ⅳ. TQ050. 9

中国版本图书馆 CIP 数据核字（2009）第 071542 号

中国石化出版社出版发行

地址：北京市东城区安定门外大街 58 号
邮编：100011 电话：(010)57512500
发行部电话：(010)57512575
http://www.sinopec-press.com
E-mail：press@ sinopec.com
北京科信印刷有限公司印刷
全国各地新华书店经销

*

787×1092 毫米 16 开本 14.25 印张 349 千字
2020 年 4 月第 1 版第 6 次印刷
定价：32. 00 元

前　　言

《化工腐蚀与防护》是在学习了众多基础课和专业基础课的基础上开设的，是一门综合性和实用性均很强的专业技术学科。本课程的任务是着重研究结构材料(主要是金属材料)的腐蚀机理、腐蚀产生原因和影响因素及其在各种使用条件下的防腐方法。通过对本课程的学习，要求学生不仅要掌握腐蚀的基本概念、理论和规律，更重要的是注重应用，即不仅要掌握各种常见耐蚀金属材料和非金属材料的耐蚀特点和应用，而且要掌握各种常见防腐方法的应用。

依照优质核心课程建设标准，并根据对高职院校学生防腐技术和相关职业能力要求，在作者多年来为化机、储运等专业讲授《化工腐蚀与防护》理论课的基础上，结合作者多年从事金属防腐的实践经验和研究成果，经过不断总结、修改和创新，重新对教材进行了编写。本书具有以下特色：

① 由于本书是作为高职院校化机专业(非腐蚀与防护专业)的使用教材，因此，本书的指导思想是突出职业能力培养。以就业岗位的需要为主导，以职业技能培养为主体，根据实际工作任务，围绕职业能力和素质要求来进行课程体系的整合和教学内容的设置，充分体现理论和实践教学融为一体，充分体现理论教学为实践教学服务，充分体现工学结合、产教结合。

② 在进行本课程内容建设时，将结合石化生产的特点，将企业生产实际中应用的新知识、新技术、新工艺、新方法反映到教学内容中去。

③ 在课程内容设置上，在保留必要的理论知识的同时，将理论部分进一步简化，强化学生对各种防腐方法应用能力的培养，同时注重对学生分析问题、解决问题能力的培养。在本书第二部分各章之后，都增加了一些实例分析。

本书包括两大部分：

第一部分(绪论、第一章)　阐述金属腐蚀的基本原理。

第二部分　防腐应掌握的基本技能。其中包括：

基本技能一(第二章、第三章)　主要培养学生根据现场诊断，进行腐蚀类型和机理判断的能力。

① 设备腐蚀状态动、静态检测；

② 外观特征、腐蚀机理分析；

③ 腐蚀类型判断。

基本技能二(第四章~第七章)　主要培养学生根据腐蚀类型、机理，确定防腐方法的能力。

① 根据判断，会有针对性地采取防腐措施；

② 制定防腐方案(包括施工方案)。

基本技能三(第八章~第十一章)　主要培养学生具有实施各种防腐方法的能力。

① 会正确选材并了解防腐设计的要点、注意事项；

② 掌握表面覆盖层的应用及常用施工方法；

③ 了解电化学保护的方法、应用及设计、施工；

④ 会正确选择、使用缓蚀剂；

参加本书编写的有：兰州石化职业技术学院徐晓刚副教授(绪论、第一章、第二章、第三章、第六章、第七章、第八章、第九章)、丁文溪副教授(第四章、第五章)；天华化工机械及自动化研究设计院王东林高级工程师(第十一章)、王振华工程师(第十章)。全书由徐晓刚副教授主编，天华化工机械及自动化研究设计院郑建国高级工程师(教授级)主审。作者在此对他们的辛勤工作表示衷心的感谢。

由于时间仓促，编者水平有限，书中缺点和不足之处在所难免，恳请指正，不胜感激。

目　录

第一部分　金属腐蚀的基本理论

第二部分　防腐的基本技能

第一部分　金属腐蚀的基本理论

绪　论

一、腐蚀危害及防腐重要性

腐蚀问题遍及国民经济的各个部门，大量的材料、构件和设备因腐蚀而损坏报废。随着工业的迅速发展，腐蚀问题越来越严重。腐蚀给国民经济带来巨大的损失和危害。据统计，由于腐蚀而报废的金属设备和材料相当于金属年产量的1/3，其中2/3的金属尚可回炉重新熔炼，剩下的1/3，或者说约有1/10的金属材料因腐蚀而无法收回，可见腐蚀造成资源极大的浪费。

腐蚀对化工等企业的危害极大，不仅在于金属资源受到损失，还在于正常生产受到影响，因腐蚀造成的设备事故对职工人身安全也会带来严重的威胁。同时，腐蚀使金属设备产生破坏，提前报废，而金属设备的造价远远超过金属材料本身的价格。

腐蚀损失主要根据金属和非金属的消耗、防腐蚀费用、事故损失、停产损失等进行调查统计。

据一些工业发达的国家统计(表0-1)，每年由于腐蚀造成的经济损失约占国民经济生产总值的1%~4%。1998年美国由于腐蚀造成的经济损失约为2757亿美元，占当年美国国民经济生产总值的2.76%。1999年我国国家石油化工局统计表明，我国上年因腐蚀造成的经济损失约为2800亿人民币，占当年国民经济生产总值的4%，仅在石油和化学工业造成的经济损失每年就达400多亿元。

表0-1　一些国家的年腐蚀造成的经济损失

国家名称	年　份	年腐蚀造成的经济损失额	占国民经济总产值/%	国家名称	年　份	年腐蚀造成的经济损失额	占国民经济总产值/%
英国	1957~1969年	6亿~135亿英镑	3.5	日本	1974~1976年	25509亿日元	2~3
美国	1975年	700亿~800亿美元	4.2~4.9		1997年	52580亿日元	
	1982年	1260亿美元		德国	1968~1969年	190亿马克	3~3.5
	1995年	3000亿美元			1982年	450亿马克	
	1998年	2757亿美元		中国(大陆)	2000年	5019亿人民币	5~6
					2004年	8190亿人民币	

腐蚀经济损失可分为直接损失和间接损失两类。

1. 直接损失

更换已腐蚀的设备、部件等所耗用的金属和非金属材料费用和制造费用，防腐蚀所需要的材料费和施工维修费等，统称为直接损失。

2. 间接损失

除直接损失外，因腐蚀涉及造成的其他损失称为间接损失。有些间接损失不易计算，往往被忽视，但它相对于直接损失来说危害更大。

间接损失主要由以下几方面组成：

① 停工停产。现代石油化工、化纤、冶金等生产装置的特点是大型化、连续化和自动化，在生产中设备因腐蚀造成系统停车会中断生产，造成损失。如上海石化总厂停产一天将损失产值500万元左右。

② 物料损失。因设备或管道腐蚀使反应物料泄漏造成的损失很大，不仅造成原料损失，而且还会引起火灾、爆炸、中毒、环境污染等，腐蚀性物料还会引起化工建筑物、地面、地沟、设备基础的严重腐蚀。见图 0-1～图 0-5。

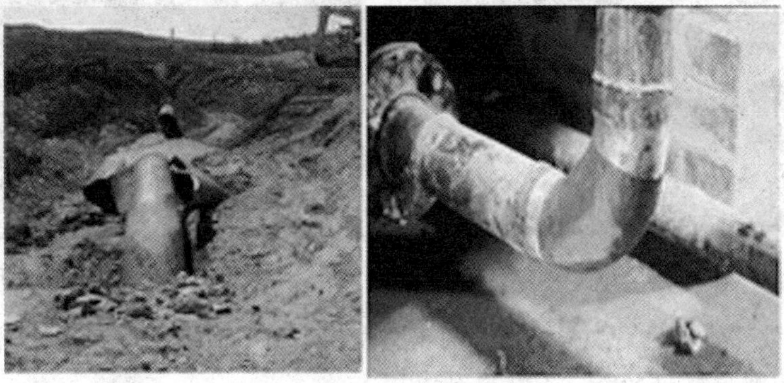

(a) (b)

图 0-1 腐蚀引起的管道爆炸及泄漏

图 0-2 输油管线出现的严重腐蚀

图 0-3 油罐罐底出现点蚀导致泄漏

③ 产品污染。因腐蚀影响产品质量，例如化纤产品因腐蚀物污染，色泽出现变化，使产品等级降低，甚至造成废品。

④ 效率降低。因腐蚀产物及结垢，会使换热器导热效率降低，从而增加水质处理和设备清洗的费用；管路因锈垢堵塞而不得不增大泵的容量；锅炉因腐蚀及结垢耗能损失增大。

⑤ 过剩设计。当难以预测腐蚀速度或尚无有效的防腐措施时，为了确保设备预期使用寿命，大多增加设备腐蚀裕量，从而造成设计保守，增大了设备费用。

国内外腐蚀损失实例：

① 据日本统计数据，日本年腐蚀损失 92 亿美元。其中化工腐蚀损失为 52 亿美元，占总损失的 56%。

图 0-4　设备支座出现的严重腐蚀

图 0-5　热交换器管板的腐蚀

② 据美国杜邦公司两年数据统计，两年共发生设备事故 560 例，其中因腐蚀造成的破坏 313 例，占事故总数的 56%。

③ 据美国国家标准局调查，美国因发生腐蚀年损失超过 700 亿美元，超过了每年因水灾、火灾、风灾和地震造成的损失总和。

④ 在 20 世纪 70 年代开发四川某气田时，由于硫化氢腐蚀造成管道破裂产生井喷，大量天然气放空，持续 6 天后遇雷击引起火灾，造成经济损失 6 亿元。

由此可见腐蚀给国民经济带来的极大损失和危害，因此，各国、各行业都高度重视腐蚀问题。腐蚀问题的解决与否，往往会直接影响新技术、新工艺、新材料的应用。搞好防腐工作对节省原材料、延长设备使用寿命、提高效率、保证安全生产、减少环境污染、促进新技术的应用和发展有着重大意义。

二、腐蚀的基本概念和本质

1. 腐蚀的定义

我们经常看到的自然现象中，例如，钢铁生锈变为褐色的氧化铁(化学成分主要是 Fe_2O_3)，铜生锈生成铜绿[化学成分主要是 $CuCO_3 \cdot Cu(OH)_2$]等就是所谓金属的腐蚀。

但是腐蚀并不是单纯指金属的锈蚀。一方面，腐蚀不仅仅发生在金属材料上，非金属材料也会发生腐蚀(如橡胶、塑料的老化、龟裂、溶解、溶胀等现象)。随着工业的发展，各种非金属材料越来越广泛地在工程领域得到应用，它们与某些介质接触同样会被破坏或发生变质；另一方面，有些金属腐蚀时并不生锈(或腐蚀形态肉眼观察不到，如不锈钢的晶间腐蚀)。因此，从广义的角度可将腐蚀定义为：材料(包括金属和非金属)由于与它们所处的环境的作用而引起的破坏或变质。这里所指的环境的作用包括化学作用、电化学作用，也包括化学-机械、电化学-机械以及生物、射线、电流等作用，但不包括单纯机械作用所引起的材料的破坏。不过目前习惯上所说的腐蚀，大多是指金属腐蚀，这是因为从使用的数量、腐蚀损失的价值以及腐蚀学科研究的内容来说，金属材料仍占主导地位，因此金属腐蚀是研究的重点。金属腐蚀可定义为：金属表面与其周围环境(介质)发生化学或电化学作用而产生的破坏或变质。

在此应注意以下几点：

① 材料腐蚀的概念应明确指出包括材料和环境两者在内的一个反应体系，即必须说明材料在什么“介质”中，因为不同材料在同一介质中或同一材料在不同介质中耐蚀性可能完全不同。例如，碳钢在稀硫酸中腐蚀很快，但在浓硫酸中相当稳定；而铅则正好相反，它在稀硫酸中很耐蚀，而在浓硫酸中则不稳定。

② 单纯的机械破坏不是腐蚀，但在环境介质的共同作用下就可认为是腐蚀。从导致金属设备或零件损坏而报废的主要原因来看有三个方面，即机械破坏、磨损和腐蚀。机械破坏从表面看来似乎仅是纯粹的物理变化，但是，在相当多的情况下常包括由于环境介质与应力联合作用下引起的所谓应力腐蚀破裂。磨损中也有相当一部分是摩擦与腐蚀共同作用下造成的，例如一些在流动的河水中使用的金属结构常受到泥沙冲刷发生磨损，同时也可能受到腐蚀。这就是说在材料的大多数破坏形式中都有腐蚀产生的作用。

③ 腐蚀的作用是发生在材料/介质相界面上的反应。

④ 生锈是腐蚀，但腐蚀不一定都生锈。

2. 金属腐蚀过程的本质

在自然界中大多数金属常以矿石形式，即金属化合物形式(稳定状态)存在，而腐蚀则是一种金属(不稳定状态)回到自然状态的过程。例如，铁在自然界中大多为赤铁矿(主要成分 Fe_2O_3)，而铁的腐蚀产物——铁锈，主要成分是 Fe_2O_3，可见，铁的腐蚀过程正是回到它的自然状态——矿石的过程。

由此可见，腐蚀的本质就是：单质状态的金属在一定的环境中经过反应自发地回到其化合物状态的过程。

金属化合物通过冶练还原出金属的过程大多是吸热过程，因此需要提供大量的热量才能完成这种转变过程；而当在腐蚀环境中，金属变为化合物时却能释放能量，正好与冶炼过程相反。可用下式概括腐蚀过程：

$$\text{金属材料}+\text{腐蚀介质}\longrightarrow\text{腐蚀产物}+\text{热量}$$

这样，我们用热力学的术语来表态腐蚀过程：在一般条件下，单质状态的铁比它的化合态具有更高的能量。金属铁就存在着释放能量而变为能量更低的稳定状态化合物的倾向，这时能量将降低，过程自发进行。这个从不稳定的高能态变为稳定的低能态的腐蚀过程就像水从高处向低处流动一样，是自发进行的。

从能量观点来看，金属腐蚀的倾向也可以从矿石中冶炼金属时所消耗能量的大小来判断；冶炼时，消耗能量大的金属较易腐蚀，例如，铁、铅、锌等；消耗能量小的金属，腐蚀倾向就小，像金这样的金属在自然界中以单质状态(砂金)存在。但是，也有不少金属不是如此，例如铝冶炼时需要消耗大量的电能，但它在大气中却比铁稳定得多。这是由于金属腐蚀回复到它的化合状态，一般情况下仅是一种表面反应，并有很多途径使它受到阻碍。铝在大气中会形成一层致密的氧化铝保护膜覆盖在铝的表面，而氧及水汽可以渗透铁的锈层而继续腐蚀铁。

三、金属腐蚀的分类

金属腐蚀的现象与机理比较复杂，腐蚀分类方法也多种多样。为了便于了解规律、研究腐蚀机理，以寻求有效的腐蚀控制途径，现将常用的分类方法介绍如下：

1. 按照腐蚀环境分类

按照腐蚀环境可分为自然环境下的腐蚀和工业介质中的腐蚀。这种分类方法帮助我们按照金属材料所处的周围环境去认识腐蚀规律。

(1) 自然环境下的腐蚀

主要包括大气腐蚀、海水腐蚀和土壤腐蚀、微生物腐蚀；

(2) 工业介质中的腐蚀

主要包括酸、碱、盐及有机溶液中的腐蚀；高温高压水中的腐蚀。

2. 按照腐蚀过程的特点和机理分类

按照腐蚀过程的特点和机理可分为化学腐蚀、电化学腐蚀和物理腐蚀。

(1) 化学腐蚀

化学腐蚀是因金属与介质(非电解质)发生化学作用而引起的破坏或变质，其特点是在作用过程中没有电流产生。化学腐蚀又分为二类：

① 气体腐蚀。金属在干燥或高温气体中(表面上没有湿气冷凝)发生的腐蚀，称为气体腐蚀。如铁在干燥的大气中。

② 在非电解质溶液中的腐蚀。这是指金属材料在不导电的非电解质溶液(如无水的有机物介质)中的腐蚀。例如铝在四氯化碳、三氯甲烷或无水乙醇中的腐蚀。

(2) 电化学腐蚀

电化学腐蚀是因金属与电解质发生电化学作用而引起的破坏或变质，其特点是在作用过程中有电流产生。

电化学腐蚀是最普遍、最常见的腐蚀，将在后面重点讨论。

(3) 物理腐蚀

金属由于单纯的物理作用所引起的破坏称物理腐蚀。许多金属在高温熔盐、熔碱及液态金属中可以发生此类腐蚀。如盛放熔融锌的钢容器，铁被液态锌所溶解而被腐蚀。

3. 按照腐蚀破坏的形式分类

把腐蚀分为两大类：全面(均匀)腐蚀和局部腐蚀。

(1) 全面腐蚀

全面腐蚀是腐蚀分布在整个金属表面上，它可以是均匀的，也可以是不均匀的，但总的来说，腐蚀的分布相对较均匀。其特点是：重量损失较大但危险性较小，可按腐蚀前后质量变化或腐蚀深度变化来计算年腐蚀速率，并可依据腐蚀速率预测使用寿命或进行防腐蚀设计。

(2) 局部腐蚀

局部腐蚀是腐蚀作用仅局限在一定的区域，而金属其他大部分区域则几乎不发生腐蚀或腐蚀很轻微。其特点是：腐蚀的分布、深度和发展很不均匀，常在整个设备较好的情况下，发生局部穿孔或破裂而引起严重事故，所以危险性很大。

局部腐蚀又可分为：

① 小孔腐蚀(又称点蚀)。在金属某些部分被腐蚀成为一些小而深的圆孔，有时甚至发生穿孔，不锈钢和铝合金在含氯离子溶液中常发生这种破坏形式。

② 缝隙腐蚀。发生在铆接、螺纹连接、焊接接头、密封垫片等缝隙处的腐蚀。

③ 电偶腐蚀。两种不同电极电位的金属相接触，在一定的介质中发生的电化学腐蚀称为电偶腐蚀。电位较负的金属加速腐蚀，如热交换器的不锈钢管和碳钢管板连接处，碳钢在水中作为电偶对的阳极而被加速腐蚀。

④ 应力腐蚀破裂。石油化工设备因应力腐蚀破裂造成的损坏尤为突出，它在局部腐蚀中居前列。应力腐蚀破裂是指金属材料在拉应力和介质的共同作用下所引起的破裂，英语缩写为 SCC。

⑤ 晶间腐蚀。这种腐蚀发生在金属晶体的边缘上，金属遭受晶间腐蚀时，它的晶粒间的结合力显著减小，内部组织变得松弛，从而机械强度大大降低。通常晶间腐蚀出现在奥氏体不锈钢、铁素体不锈钢和铝合金构件中。

⑥ 磨损腐蚀。由于介质运动速度大或介质与金属构件相对运动速度大，致使金属构件局部表面遭受严重的腐蚀损坏，称为磨损腐蚀。如海轮的螺旋推进器，磷肥生产中的刮刀、冷凝器的入口管及弯头、弯管等，在生产过程中都遭受不同程度的磨蚀。磨蚀是高速流体对金属表面已经生成的腐蚀产物的机械冲刷作用和对新的裸露金属表面的浸蚀作用的综合结果。

⑦ 其他局部腐蚀类型。除上述局部腐蚀类型外，选择性腐蚀、氢脆、穿晶腐蚀、垢下腐蚀、微振腐蚀、浓差池腐蚀、丝状腐蚀、细菌腐蚀等也属于局部腐蚀之列。

4. 按腐蚀温度分类

根据腐蚀发生的温度可把腐蚀分为常温腐蚀和高温腐蚀。

(1) 常温腐蚀

常温腐蚀是指在常温条件下，金属与环境发生化学反应或电化学反应引起的破坏。常温腐蚀到处可见，如金属在干燥的大气中腐蚀是一种化学反应；金属在潮湿大气或常温酸、碱、盐中的腐蚀，则是一种电化学反应，导致金属的破坏。

(2) 高温腐蚀

高温腐蚀是指在高温条件下，金属与环境发生化学反应或电化学反应引起的破坏。通常把环境温度超过100℃的腐蚀规定为高温腐蚀的范畴。

四、金属腐蚀程度表示方法及耐蚀性评定

(一) 腐蚀速度

金属遭受腐蚀后，其质量、厚度、机械性能以及组织结构等都会发生变化，这些物理和力学性能的变化率均可用来表示金属的腐蚀程度。在均匀腐蚀的情况下，金属的腐蚀速度可以用质量指标(重量法)来表示，也可用深度指标(年腐蚀深度)表示。

1. 重量法

重量法是以腐蚀前后的质量变化来表示，分为失重法和增重法两种。失重是指腐蚀后试样的质量减少；增重是指腐蚀后试样质量增加。有些金属腐蚀后腐蚀产物(膜)紧密地附着在试样的表面，往往难以去除或不需要去除。

(1) 失重法

当腐蚀产物能很好地除去而不损伤主体金属时用这个方法较为恰当，其表达式为：

$$V^{-} = \frac{m_0 - m_1}{St} \tag{0-1}$$

式中 V^{-}——金属失重腐蚀速度，g/(m^2·h)；

m_0——腐蚀前金属的质量，g；

m_1——腐蚀后金属的质量，g；

S——暴露在腐蚀介质中的表面积，m^2；

t——试样的腐蚀时间，h。

(2) 增重法

当腐蚀产物全部覆盖在金属上且不易除去时可用此法，其表达式为：

$$V^{+} = \frac{m_2 - m_0}{St} \tag{0-2}$$

式中 V^{+}——金属腐蚀增重速度，g/(m^2·h)；

m_2——腐蚀后带有腐蚀产物的试样质量，g。

2. 深度法

深度法是以腐蚀后金属厚度的减少来表示腐蚀速度。对于密度不同的金属，尽管质量(重量)指标相同，但腐蚀速度则不同，对于重量法表示的相同腐蚀速度，密度大的金属被腐蚀的深度比密度小的金属为浅，因而用腐蚀深度来评价腐蚀速度更为合适。从材料腐蚀破坏对工程性能(强度、断裂等)的影响看，确切地掌握腐蚀破坏的深度更有其重要的意义。

当全面腐蚀时，腐蚀深度可通过腐蚀的质量变化，经过换算得到

$$V_L = \frac{24 \times 365}{1000} \times \frac{V^-}{\rho} = 8.76 \frac{V^-}{\rho} \qquad (0-3)$$

式中 V_L——腐蚀深度，mm/a；

ρ——金属的密度，g/cm^3。

(二) 金属耐蚀性的评定

全面腐蚀的金属，常以年腐蚀深度来评定耐蚀性的等级，现将金属耐蚀性四级标准列于表0-2，将金属耐蚀性十级标准列于表0-3。

表0-2 金属耐蚀性四级标准

级别	腐蚀速度/(mm/a)	耐蚀性评定	级别	腐蚀速度/(mm/a)	耐蚀性评定
1	< 0.05	优良	3	0.5~1.5	可用，腐蚀较重
2	0.05~0.5	良好	4	>1.5	不适用，腐蚀严重

表0-3 金属耐蚀性十级标准

耐蚀性分类		耐蚀性等级	腐蚀速度/(mm/a)
Ⅰ	完全腐蚀	1	<0.001
Ⅱ	很耐蚀	2	0.001~0.005
		3	0.005~0.01
Ⅲ	耐蚀	4	0.01~0.05
		5	0.05~0.1
Ⅳ	尚耐蚀	6	0.1~0.5
		7	0.5~1.0
Ⅴ	欠耐蚀	8	1.0~5.0
		9	5.0~10.0
Ⅵ	不耐蚀	10	>10.0

第一章 金属电化学腐蚀的基本原理

电化学腐蚀的普遍性源于发生电化学腐蚀的环境的普遍性。金属材料所处的环境一般可分成工业环境和自然环境两大类。工业环境是指金属材料在工业生产过程中服役时所接触的环境，环境介质中只要有(哪怕是很少量的)凝聚态的水存在，金属材料的腐蚀就以电化学腐蚀的过程进行。只有在无水的有机物介质中以及干燥或高温的气体中，金属材料的腐蚀过程才是化学腐蚀过程。自然环境指大气、海水和江河湖泊的淡水、土壤等由非工业介质组成的环境。实际上，大部分的工业环境和自然环境都含有凝聚态的水，所以电化学腐蚀过程非常普遍。电化学腐蚀是金属中最常见的、最普通的腐蚀形式。

第一节 金属电化学腐蚀的基本概念

一、电化学腐蚀的特点及过程

和化学腐蚀比较，电化学腐蚀过程具有以下特点：

1. 介质为电解质

这里所说的电解质溶液，简单地说就是能导电的溶液，它是金属产生电化学腐蚀的基本条件。几乎所有的水溶液，包括雨水、淡水、海水、酸、碱、盐的水溶液，甚至从空气中冷凝的水蒸气都可以成为构成腐蚀环境的电解质溶液。

金属在电解质溶液中的腐蚀与电化学有关，或者说金属与外部介质发生了电化学反应。

2. 金属电化学腐蚀历程与化学腐蚀不同

化学腐蚀时，氧化与还原是直接的、不可分割的，即被氧化的金属与环境中被还原的物质之间的电子交换是直接的；而电化学腐蚀过程中，金属的氧化与环境中物质的还原过程是在不同部位相对独立进行的，电子的传递是间接的。

电化学腐蚀过程可认为由四个部分组成：即电子导电的金属(电子导体)、离子导电的电解质溶液(离子导体)以及氧化、还原反应。

在腐蚀学科中，把金属氧化的反应即金属放出电子成为阳离子的反应通称为阳极反应，把还原反应即接受电子的反应通称为阴极反应。金属上发生阳极反应的表面区域称为阳极(区)，发生阴极反应的表面区域称为阴极(区)。很多情况下，电化学腐蚀是以阴、阳极过程在不同区域局部进行为特征的。这是区分电化学腐蚀与纯化学腐蚀的一个重要标志。

3. 电化学腐蚀过程中，在金属与介质间有电流流动

图 1-1 为锌在盐酸中腐蚀时的电化学反应过程示意图。

图 1-1 表明，浸在盐酸中的锌表面的某一个区域被氧化成锌离子进入溶液并放出电子，电子通过金属传递到锌表面的另一个区域被氢离子所接受，并还原成氢气。锌溶解的这一个区域称为阳极，受腐蚀而产生氢气的这一区域称为阴极。从阳极传递电子到阴极，再由阴极进入电解质溶液。这样一个通过电子传递的电极过程就是电化学腐蚀过程。

综上所述可见：① 腐蚀电化学反应实质上是一个发生在金属和溶液界面上的通过电子传递的多相界面反应；② 金属电化学腐蚀是由至少一个阳极反应和一个阴极反应构成的，

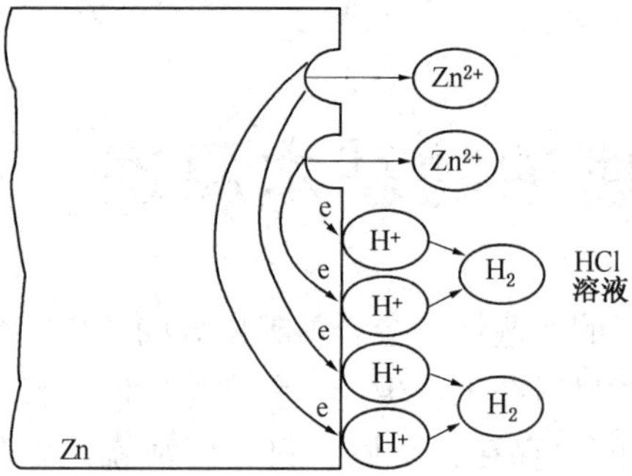

图 1-1　锌在无空气的盐酸中腐蚀时发生的电化学反应

此二反应相对独立但又必须同时完成，并具有相同的速度(即得失电子数相同)。

二、金属腐蚀的电化学反应式

1. 腐蚀过程表达式

腐蚀虽然是一个复杂的过程，但金属在电解质溶液中发生的电化学腐蚀通常可以看作一个氧化还原反应过程。所以也可以用化学反应式表示。

金属在酸中的腐蚀，如锌、铝等活泼金属在稀盐酸或稀硫酸中会被腐蚀并放出氢气，如锌在盐酸中的腐蚀，其化学反应式如下：

$$Zn + 2HCl \longrightarrow ZnCl_2 + H_2\uparrow \qquad (1-1)$$

上述反应虽然表示了金属的腐蚀反应，但未能反映其电化学的特征。因此需要用电化学反应式来描述金属电化学腐蚀的实质。由于盐酸、氯化锌均是强电解质，所以式(1-1)可写成离子形式。

$$Zn + 2H^+ + 2\,Cl^- \longrightarrow Zn^{2+} + 2Cl^- + H_2\uparrow \qquad (1-2)$$

在这里，Cl^-反应前后没有发生变化，实际上没有参加反应，因此式(1-2)可简化为：

$$Zn + 2H^+ \longrightarrow Zn^{2+} + H_2\uparrow \qquad (1-3)$$

式(1-3)表明，锌在盐酸中腐蚀，实际上是锌与氢离子发生的反应，其实质是锌失去电子被氧化成锌离子，同时在腐蚀过程中，氢离子得到电子还原成氢气。所以式(1-3)就可分为独立的氧化反应和独立的还原反应。

氧化(阳极) 反应　　$Zn \longrightarrow Zn^{2+} + 2e$　　(1-4)

还原(阴极) 反应　　$Zn^{2+} + 2e \longrightarrow H_2\uparrow$　　(1-5)

式(1-4)和式(1-5)两式共同构成了锌在盐酸中发生电化学腐蚀的电化学反应式。显然该式比式(1-1)更能揭示锌在盐酸中腐蚀的实质。

2. 电化学反应式通式

电化学腐蚀过程可认为由三个环节组成：

① 阳极过程。电化学腐蚀过程中阳极反应，总是金属被氧化成金属离子并放出电子。可用下列通式表示：

$$M \longrightarrow M^{n+} + ne \qquad (1-6)$$

式中　M——被腐蚀的金属；

M^{n+}——被腐蚀金属的离子；

n——金属放出的自由电子数。

式(1-6)适用于所有金属的腐蚀反应的阳极过程。

② 电子在电子导体上从阳极流到阴极。

③ 阴极过程。电化学腐蚀过程中的阴极反应，总是由溶液中能够接受电子的物质(称为去极剂或氧化剂)在阴极区获得自阳极流过来的电子。可用下列通式表示：

$$D + ne \longrightarrow [D \cdot ne] \qquad (1-7)$$

式中　D——去极剂；

[D · ne]——去极剂接受电子后生成的物质；

n——去极剂消耗的电子数，等于阳极放出的电子数。

常见的去极剂有三类。

第一类去极剂是氢离子，还原生成氢气，所以这种反应又称为析氢反应。

$$2H^+ + 2e \longrightarrow H_2\uparrow \tag{1-8}$$

第二类去极剂是溶解在溶液中的氧，在中性或碱性条件下还原生成 OH^-，在酸性条件下生成水。这种反应常称为吸氧反应或耗氧反应。

中性或碱性溶液：

$$O_2 + 2H_2O + 4e \longrightarrow 4OH^- \tag{1-9}$$

酸性溶液：

$$O_2 + 4H^+ + 4e \longrightarrow 2H_2O \tag{1-10}$$

第三类去极剂是金属高价离子，这类反应往往产生于局部区域，虽然较少见，但能引起严重的局部腐蚀。这类反应一般有两种情况，一种是金属离子直接还原成金属，称为沉积反应：

$$M^{n+} + ne \longrightarrow M\downarrow \tag{1-11}$$

另一种是还原成较低价态的金属离子：

$$M^{n+} + ne \longrightarrow M^{(n-1)+} \tag{1-12}$$

上述三类去极剂的五种还原反应是最常见的阴极反应，在这些反应中有一些共同的特点，就是它们都消耗电子。

所有的腐蚀反应都是一个或几个阳极反应与一个或几个阴极反应的综合。如上述铁在水中或潮湿的大气中的生锈，就是式(1-6)与式(1-10)的综合。

氧化 —— 阳极反应　$2Fe \longrightarrow 2Fe^{2+} + 4e$

还原 —— 阴极反应　$O_2 + 2H_2O + 4e \longrightarrow 4OH^-$

$$2Fe + O_2 + 2H_2O \longrightarrow 2Fe^{2+} + 4OH^-$$

$$\downarrow$$

$$2Fe(OH)_2\downarrow$$

在实际腐蚀过程中，往往会同时发生一种以上的阳极反应和一种以上的阴极反应，如铁-铬合金腐蚀时，铬和铁二者都被氧化，它们以各自的离子形式进入溶液。同样地，在金属表面也可以发生一种以上的阴极反应，如含有溶解氧的酸性溶液，既有析氢的阴极反应，又有吸氧的阴极反应：

$$2H^+ + 2e \longrightarrow H_2\uparrow$$

$$O_2 + 4H^+ + 4e \longrightarrow H_2O$$

因此，含有溶解氧的酸溶液一般来说比不含溶解氧的酸腐蚀性要强。其他的去极剂如三价铁离子也有这样的效应。工业盐酸中常含有杂质 $FeCl_3$，在这样的酸中，因为两个极反应，即：

析氢反应　$2H^+ + 2e \longrightarrow H_2\uparrow$

三价铁离子的还原反应　$Fe^{3+} + e \longrightarrow Fe^{2+}$

所以金属(如锌片)在这样的酸中腐蚀会严重得多。

第二节　金属电化学腐蚀倾向的判断

金属的电化学腐蚀，从本质上来说是由金属本身固有的性质与环境介质条件决定的。而金属的电极电位是金属本身最重要的性质，根据金属电极电位的正、负及其正、负的程度，可以进行金属电化学腐蚀倾向性的热力学判断。

一、电极电位

(一) 双电层结构与电极电位

金属浸入电解质溶液中，在金属和溶液界面可能发生带电粒子的转移，电荷从一相通过界面进入另一相内，结果在两相中都会出现剩余电荷，并或多或少地集中在界面两侧，形成一边带正电一边带负电的“双电层”。例如，金属 M 浸在含有自身离子 M^{n+} 的电解质溶液中，金属表面的金属离子 M^{n+} 由于水的极性分子作用，将发生水化，有向溶液迁移的倾向；溶液中金属离子 M^{n+} 也有从金属表面获得电子而沉积在金属表面的倾向。

若水化时所产生的水化能足以克服金属晶格中金属离子与电子之间的引力，则金属表面的金属离子能够脱离下来进入溶液并形成水化离子。本来金属是电中性的，现由于金属离子进入溶液而把电子留在金属上，所以这时金属带负电；然而，在金属离子进入溶液时也破坏了溶液的电中性，使溶液带正电。由于静电引力，溶液中过剩的金属离子紧靠金属表面，形成金属表面带负电、金属表面附近的溶液带正电的离子双电层[图 1-2(a)]。锌、铁等较活泼的金属在其自身盐的溶液中可建立这种类型的双电层。

相反，若金属离子的水化能不足以克服属晶格中金属离子与电子之间的引力，即晶格上的键能超过离子水化能时，则金属表面可能从溶液中吸附一部分正离子，溶液中的金属离子将沉积在金属表面上，使金属表面带正电，而溶液带负电，建立了另一种离子双电子层[图 1-2(b)]。铜、铂等不活泼的金属在其自身盐的溶液中可建立这种类型的双电层。

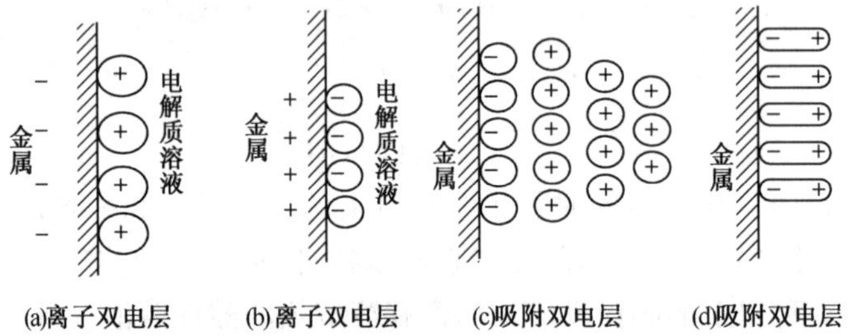

图 1-2　金属/溶液界面的双电层

以上两种离子双电层的形成都是由于作为带电粒子的金属离子在两相界面迁移所引起的。而某种离子、极性分子或原子在金属表面上的吸附还可形成另一种类型的双电层，称为吸附双电层。如金属在含有 Cl^- 的介质中，由于 Cl^- 吸附在表面后，因静电作用又吸引了溶液中的等量的正电荷从而建立了如图 1-2(c)所示的双电层。极性分子吸附在界面上用定向排列，也能形成吸附双电层[如图 1-2(d)]。

无论哪一类型双电层的建立，都将使金属与溶液之间产生电位差。我们称这样一个金属/电解质溶液体系为电极，而将该体系中金属与溶液之间的电位差称为该电极的电极电位。当金属一侧带负电时，电极电位为负值；金属一侧带正电时，电极电位为正值。电极电位的大小，是由双电层上金属表面的电荷密度决定的。它与很多因素有关，首先取决于金属的化学性质，此外金属晶格的结构、金属表面状态、温度以及溶液中金属离子的浓度等等都会影响电极电位。

（二）平衡电极电位与非平衡电极电位

1. 平衡电极电位

由上述可知，当金属电极浸入含有自身离子的盐溶液中，参与物质迁移的是同一种金属离子，由于金属离子在两相间的迁移，将导致金属/电解溶液界面上双电层的建立。对应的电极过程为：

$$\underset{\text{金属晶格中的金属离子}}{M^{n+} \cdot ne + mH_2O} \rightleftharpoons \underset{\text{溶液中的金属离子}}{M^{n+} \cdot mH_2O} + ne$$

当这一电极过程达到平衡时，电荷从金属向溶液迁移的速度和从溶液向金属迁移的速度相等。同时，物质从金属向溶液迁移的速度和从溶液向金属迁移的速度也相等。即不但电荷是平衡的，而且物质也是平衡的。此时，在金属和溶液界面建立一个稳定的双电层，亦即不随时间变化的电极电位，称为金属的平衡电极电位(E_e)，也称为可逆电位。

2. 标准电极电位

如果上述平衡是建立在标准状态下，即纯金属、纯气体、气体分压为 1.01325×10^5 Pa(1atm)、温度为 298K(25℃)、溶液中含该种金属的离子活度为单位活度 1，则得到的金属的平衡电极电位为标准电极电位(E^0)。

电极电位的绝对值至今无法直接测出，也无必要。只需用相比较的方法测出相对的电极电位就够了。比较测定法就像我们测定地势高度用海平面的高度作为比较标准一样，可以用一个电位很稳定的电极作基准(称为参比电极)来测量任一电极的电极电位相对值。目前测定电极电位采用标准氢电极作为比较标准。

标准氢电极是把镀有一层铂黑的铂片放在氢离子为单位活度的盐酸溶液中，在 25℃时不断通入压力 101325×10^5Pa 的氢气，氢气被铂片吸附，并与盐酸中氢离子建立平衡：

$$H_2 \rightleftharpoons 2H^+ + 2e$$

这时，吸附氢气达到饱和的铂和氢离子为单位活度的盐酸溶液间所产生的电位差称为标准氢电极的电极电位。我们规定标准氢电极的电极电位为零，即 $E^0_{H^+/H_2} = 0.000V$。

在这里，铂是惰性电极，只起导电作用，本身不参加反应。

测定电极电位可采用图 1-3 所示的装置。将被测电极与标准氢电极组成原电池，用电位差计测出该电池的电动势，即可求得该金属电极的电极电位。

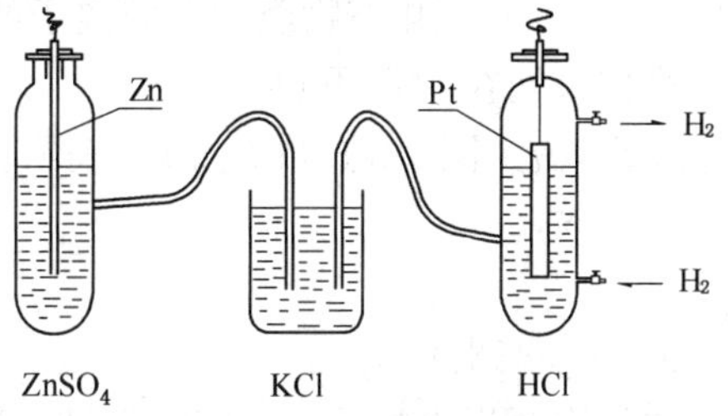

图 1-3 测定电极电位的装置

如测定标准锌电极的电极电位，是将纯锌浸入锌离子为单位活度的溶液中，与标准氢电极组成原电池，测得该电池的电动势为 0.763V，因为相对于氢电极而言，锌为负极，而标准氢电极的电位为零，所以标准锌电极的电极电位为-0.763V。

表 1-1 列出了一些电极的标准电极电位值。此表是按照纯金属的标准电极电位值由小到大的顺序排列的，所以叫标准电极电位序表，简称电动序。

表 1-1　金属在 25℃时标准电极电位　　V

$K \rightleftharpoons K^+ + e$	-2.922	$H^+ + e \rightleftharpoons H_2$	0.000(参比用)
$Na \rightleftharpoons Na^+ + e$	-2.71	$Sn^{4+} + 2e \rightleftharpoons Sn^{2+}$	0.154
$Mg \rightleftharpoons Mg^{2+} + 2e$	-2.36	$Cu \rightleftharpoons Cu^{2+} + 2e$	0.337
$Al \rightleftharpoons Al^{3+} + 3e$	-1.66	$O_2 + 2H_2O + 4e \rightleftharpoons 4OH^-$ (pH=14)	0.401
$Zn \rightleftharpoons Zn^{2+} + 2e$	-0.763	$Fe^{3+} + e \rightleftharpoons Fe^{2+}$	0.771
$Cr \rightleftharpoons Cr^{3+} + 3e$	-0.740	$Hg \rightleftharpoons Hg^{2+} + 2e$	0.789
$Fe \rightleftharpoons Fe^{2+} + 2e$	-0.440	$Ag \rightleftharpoons Ag^+ + e$	0.799
$Cd \rightleftharpoons Cd^{2+} + 2e$	-0.402	$O_2 + 2H_2O + 4e \rightleftharpoons 4OH^-$ (pH=7)	0.813
$Co \rightleftharpoons Co^{2+} + 2e$	-0.277	$Pd \rightleftharpoons Pd^{2+} + 2e$	0.987
$Ni \rightleftharpoons Ni^{2+} + 2e$	-0.250	$O_2 + 4H^+ + 4e \rightleftharpoons 2H_2O$ (pH=0)	1.23
$Sn \rightleftharpoons Sn^{2+} + 2e$	-0.136	$Pt \rightleftharpoons Pt^{2+} + 2e$	1.19
$Pb \rightleftharpoons Pb^{2+} + 2e$	-0.126	$Au \rightleftharpoons Au^{3+} + 3e$	1.50

当一个电极体系的平衡不是建立在标准状态下，要确定该电极的平衡电位，则可以利用能斯特(Nernst)方程式来进行计算，即：

$$E_e = E^0 + \frac{RT}{nF}\ln\frac{a_{氧化态}}{a_{还原态}}$$

式中　E_e——平衡电极电位，V；

E^0——标准电极电位，V；

F——法拉第常数，96500C/mol；

R——气体常数，8.314J/(mol·K)；

T——绝对温度，K；

n——参加电极反应的电子数；

$a_{氧化态}$——氧化态物质的平均活度；

$a_{还原态}$——还原态物质的平均活度。

对于金属固体来说，$a_{还原态}=1$，因此，能斯特方程式可简化为：

$$E_e = E^0 + \frac{RT}{nF}\ln a_{M^{n+}}$$

式中　$a_{M^{n+}}$——氧化态物质即金属离子的平均活度。

当体系处在常温下($T=298K$)，对于金属与离子组成的电极，金属离子的平均活度($a_{M^{n+}}$)近似地用摩尔浓度($C_{M^{n+}}$)来表示，则又可简化为：

$$E_e = E^0 + \frac{0.059}{n}\lg C_{M^{n+}}$$

3. 非平衡电位

这里需要指出的是，在实际腐蚀问题中，经常遇到的是非平衡电位。非平衡电位是针对不可逆电极而言的，即电极上同时存在两个或两个以上不同物质参加的电化学反应。电极上不可能出现物质与电荷都达到平衡的情况。非平衡电位可能是稳定的，也可能是不稳定的。电荷的平衡是形成稳定电位的必要条件。

假如金属在溶液中除了有它自身的离子外，还有别的离子或原子也参加电极过程，则在电极上失电子是一个电极过程完成的，而获得电子靠的是另一个电极过程。

如锌在盐酸中的腐蚀，至少包含下列两个不同的电极反应：

$$阳极反应\quad Zn \longrightarrow Zn^{2+} + 2e$$

$$阴极反应\quad 2H^{+} + 2e \longrightarrow H_2 \uparrow$$

此二反应同时在电极上进行。当阴、阳极反应以相同的速度进行时，电荷达到平衡，这时所获得的电位称为稳定电位。

非平衡电位不服从能斯特方程式，只能用实测的方法获得。

表 1-2 列出了一些金属在三种介质中的非平衡电极电位。

表 1-2　一些金属在三种介质中的非平衡电极电位　　V

金　属	3%NaCl 溶液	0.05mol/L Na_2SO_4	0.05mol/L $Na_2SO_4+H_2S$	金　属	3%NaCl 溶液	0.05mol/L Na_2SO_4	0.05mol/L $Na_2SO_4+H_2S$
镁	-1.6	-1.36	-1.65	镍	-0.02	0.035	-0.21
铝	-0.6	-0.47	-0.23	铅	-0.26	-0.26	-0.29
锰	-0.91			锡	-0.25	-0.17	-0.14
锌	-0.83	-0.81	-0.84	锑	-0.09		
铬	0.23			铋	-0.18		
铁	-0.5	-0.5	-0.5	铜	0.05	0.24	-0.51
镉	-0.52			银	0.2	0.31	-0.27
钴	-0.45						

4. 参比电极

在实际的电位测定中，标准氢电极往往由于条件的限制，制作和使用都不方便，因此，实践中广泛使用别的电极作为参比电极，如甘汞电极、银/氯化银电极，铜/硫酸铜电极等。用这些参比电极测得的电位值要进行换算，即用待测电极相对这一参比电极的电位，加上这一参比电极相对于标准氢电极的电位，即可得到待测电极相对于标准氢电极的电位值。

表 1-3 列出了一些常用参比电极相对于标准氢电极的电位值。

例如，某电极相对于饱和甘汞电极的电位为+0.5V，换算成相对于标准氢电极的电位则应为+0.5+0.2415=+0.7415(V)。

表 1-3　几种参比电极的电极电位

参 比 电 极	电极电位/V	参 比 电 极	电极电位/V
饱和甘汞电极	+0.2415	Ag/AgCl 电极	+0.2222
1mol/L 甘汞电极	+0.2820		
0.01mol/L 甘汞电极	+0.3337	$Cu/CuSO_4$ 电极	+0.3160

常见参比电极简介如下：

① 铜/硫酸铜电极。铜/硫酸铜电极是将铜置于饱和硫酸铜溶液中制成的。其电极反应是：

$$Cu \rightleftharpoons Cu^{2+} + 2e$$

铜/硫酸铜电极结构如图 1-4。它制作容易，电位稳定，使用方便。一般制成便携式的，可用于海水、淡水和土壤中阴极保护现场的电位测量。

铜/硫酸铜电极对 Cl^- 敏感，Cl^- 污染了 $CuSO_4$ 溶液，会对其电极电位有影响，应随时更换溶液。

② 银/氯化银电极。银/氯化银电极是由银、氯化银和含有氯离子的溶液构成的。通常采用 KCl 溶液为电解液，按照浓度的不同分为各种规格的试验室用银/氯化银电极：Ag/AgCl/KCl(饱和)、Ag/AgCl/KCl(1mol/L)、Ag/AgCl/KCl(0.1mol/L)等。

银/氯化银参比电极主要用于船舶、钢桩码头等海洋结构的阴极保护中，使用寿命可达3年以上。电极结构如图1-5所示。

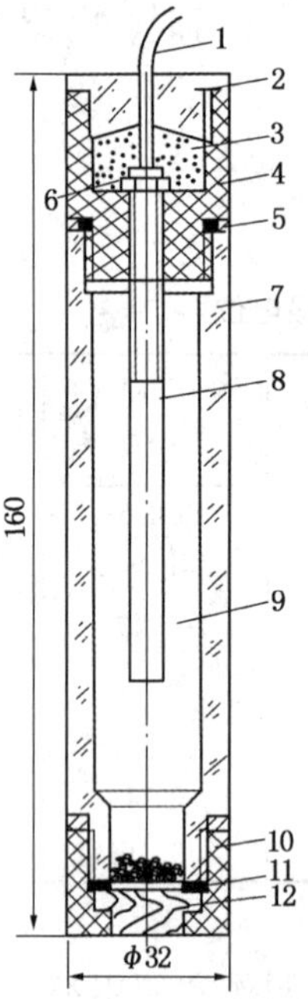

图1-4　便携式铜/硫酸铜电极的构造

1—导线；2—密封塞；3—填料；4—电极座；5—垫片；6—螺母；7—护套；8—电极体；9—饱和硫酸铜溶液；10—压紧盖；11—密封垫；12—半透体

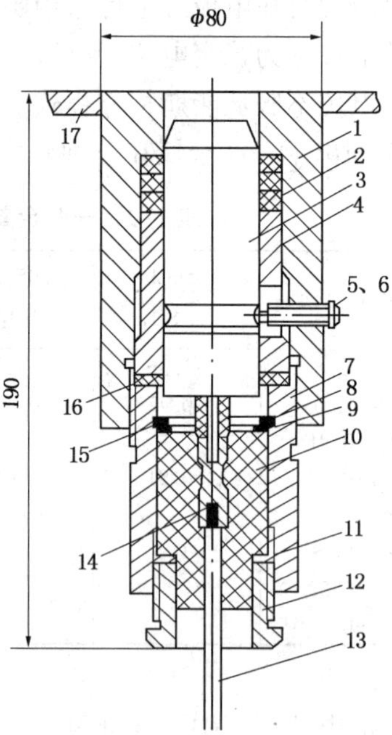

图1-5　固定式(水下可更换型)银/氯化银电极结构

1—填料管；2—密封体；3—电极体；4—密封套筒；5—紧固螺钉；6—螺钉；7—密封螺母；8—弹性挡圈；9—垫圈；10—插头密封件；11—垫圈；12—封紧螺母；13—单芯导线；14—插头；15—橡皮圈；16—垫圈；17—船体

③ 甘汞电极。甘汞电极的电位十分稳定，主要用于实验室中电位的测量和校对现场测量用的其他参比电极。

甘汞电极是由汞、氯化亚汞和氯化钾溶液构成。

二、腐蚀倾向的判断

在任何电化学反应中，电位较负的电极进行氧化反应，电位较正的电极则进行还原反应。对照表1-1应用这一规则可以初步预测金属的腐蚀倾向。

凡金属的电极电位比氢更负时，它在酸溶液中会腐蚀，如锌和铁在酸中均会受腐蚀。

$$Zn + H_2SO_4(\text{稀}) \longrightarrow ZnSO_4 + H_2\uparrow \qquad (E^0_{H^+/H_2}\text{ 比 }E^0_{Zn^{2+}/Zn}\text{ 更正})$$

铜和银的电位比氢正，所以在酸溶液中不腐蚀，但当酸中有溶解氧存在时，就可能产生氧化还原反应，铜和银将自发腐蚀。

$$Cu + H_2SO_4(\text{稀}) \longrightarrow \text{不反应} \qquad (E^0_{Cu^{2+}/Cu}\text{ 比 }E^0_{H^+/H_2}\text{ 更正})$$

$$2Cu + 2H_2SO_4(\text{稀}) + O_2 \longrightarrow 2CuSO_4 + 2H_2O$$

$$(E^0_{O_2/H_2O}\text{ 比 }E^0_{Cu^{2+}/Cu}\text{ 更正})$$

表1-1中最下端的金属如金和铂是非常不活泼的，除非有极强的氧化剂存在，否则它们不会腐蚀。

$$Au + 2H_2SO_4(\text{稀}) + O_2 \longrightarrow \text{不反应} \qquad (E^0_{Au^{3+}/Au}\text{ 比 }E^0_{O_2/H_2O}\text{ 更正})$$

电动序是标准电极电位表，运用电动序只能预测标准状态下腐蚀体系的反应方向(或倾向)，对于非标准状态下的平衡体系，在预测腐蚀倾向前必须先按能斯特方程式进行计算。能斯特方程反映了浓度、温度、压力对电极电位的影响。但电动次序一般来说基本上不会有多大的变动。因为浓度变化对电极电位的影响并不很大。例如，对于一价的金属，当浓度变化 10 倍时，电极电位值变化仅为 0. 059 V(25℃)。对于二价金属，浓度变化 10 倍，电极电位的变化更小，为 1/2×0. 059 V。所以利用标准电极电位表来初步判断金属的腐蚀倾向是相当方便的。

必须强调的是，实际的腐蚀体系中，遇到平衡电极体系的例子是极少的，大多数的腐蚀是在非平衡电极体系中进行的。

因此，用金属的标准电极电位判断金属的腐蚀倾向是非常粗略的，有时甚至会得到相反的结论，因为实际金属在腐蚀介质中的电位序不一定与标准电极电位序相同，主要原因有三点：① 实际比较的金属不是纯金属，多为合金；② 通常情况下，大多数金属表面上有一层氧化膜，并不是裸露的纯金属；③ 腐蚀介质中金属离子的浓度不是 1mol / L，与标准电极电位的条件不同。例如，在热力学上 Al 比 Zn 活泼，但实际上 Al 在大气条件下因易生成具有保护性的氧化膜而比 Zn 更稳定。所以，严格来说，不宜用金属的电极电位判断金属的腐蚀倾向，而要用金属或合金在一定条件下测得的稳定电位的相对大小判断金属的电化学腐蚀倾向。

虽然电动序在预测金属腐蚀倾向方面存在以上的限制，但用这张表来粗略地判断金属的腐蚀倾向仍是相当方便和有用的。

第三节　腐蚀电池

自然界中，大多数腐蚀现象是在电解质溶液中发生的，即都属于电化学腐蚀。研究发现，金属的电化学腐蚀，实质上是腐蚀电池作用的结果。所以电化学腐蚀的历程和理论在很大程度上是以腐蚀电池一般规律的研究为基础的。

一、产生腐蚀电池的必要条件

如果将两个不同的电极组合起来就可构成原电池。

例如，把锌和硫酸锌水溶液、铜和硫酸铜水溶液这两个电极组合起来，就可成为铜锌原电池(丹尼尔电池)如图 1-6 所示。

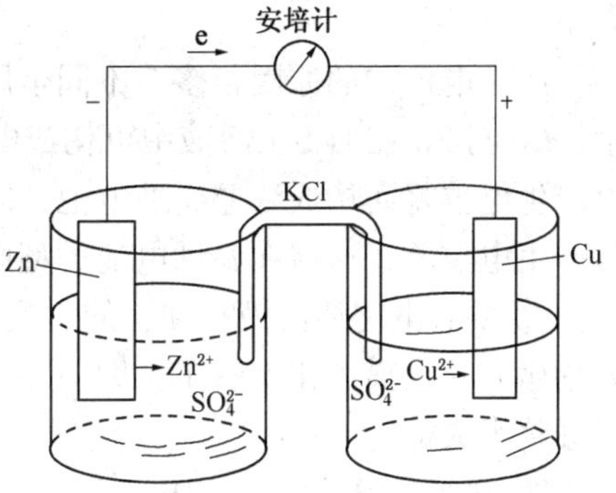

图 1-6　铜锌原电池装置示意图

在些电池中，若 $ZnSO_4$ 水溶液中 Zn^{2+} 活度 $a_{Zn^{2+}}$ = 1，$CuSO_4$ 水溶液中 Cu^{2+} 活度 $a_{Cu^{2+}}$ = 1 时，则根据表 1-1 数据可计算该原电池的电动势为：

$$E^0 = E^0_{Cu/Cu^{2+}} - E^0_{Zn/Zn^{2+}} = +0.337 - (-0.763) = 1.100V$$

在这一原电池的反应过程中，锌溶解到硫酸锌溶液中而被腐蚀，电子通过外部导线流向铜而产生电流，同时铜离子在铜上析出。在水溶液外部，电流的方向是从铜极到锌极，而电子流动的方向正与此相反。因此铜片是阴极，而锌片是阳极。

原电池的电化学反应过程如下：

阳极反应：$Zn \longrightarrow Zn^{2+} + 2e$　　(氧化反应)

阴极反应：$Cu^{2+} + 2e \longrightarrow Cu\downarrow$　　(还原反应)

原电池的总反应：$Zn + Cu^{2+} \longrightarrow Zn^{2+} + Cu\downarrow$

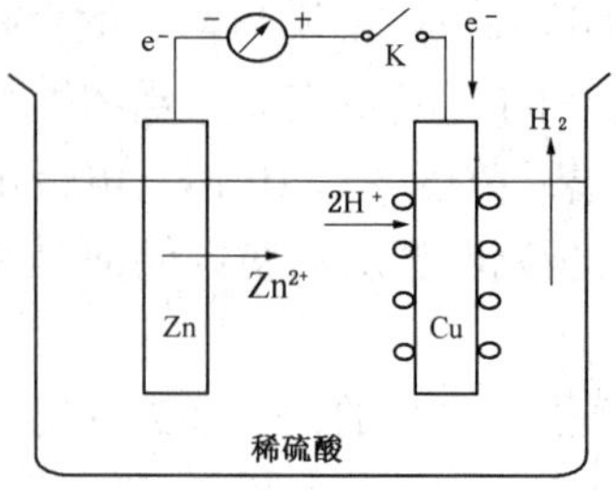

图 1-7 腐蚀电池示意图

原电池可用下面的形式表达：

$$(-)Zn \mid Zn^{2+} \parallel Cu^{2+} \mid Cu(+)$$

原电池的构成并不限于电极金属浸入含有该金属离子的水溶液中。如果将锌与铜浸入稀硫酸中(图 1-7)，铜和锌之间也存在电动势，两极间也产生电位差，这就是伏特电池。

它与前面所说的丹尼尔电池的不同之处就在于金属与不同种离子之间所产生的电位差。这种原电池中阳极仍然为锌，阴极为铜，但是在铜上进行的是 H^+的还原反应。

原电池的电化学反应过程如下：

阳极反应：$Zn \longrightarrow Zn^{2+} + 2e$ （氧化反应）

阴极反应：$2H^+ + 2e \longrightarrow H_2\uparrow$ （还原反应）

原电池的总反应：$Zn + 2H^+ \longrightarrow Zn^{2+} + H_2\uparrow$

$$(-)Zn \mid H_2SO_4 \mid Cu(+)$$

同样地，在这一电化学反应过程中锌溶解于硫酸中而受到腐蚀，而铜则不受腐蚀(在不产生二次反应的情况下)。由此可见，金属的电化学腐蚀正是由于不同电极电位的金属在电解质溶液中构成了原电池而产生的，通常称为腐蚀原电池或腐蚀电池。必须注意的是在腐蚀电池中规定使用阴极和阳极的概念，而不用正极和负极。

从以上例子，可总结出形成腐蚀电池必须具备以下条件：

① 存在电位差，即要有阴、阳极存在，其中阴极电位总比阳极电位为正，阴、阳极之间产生电位差，电位差是腐蚀原电池的推动力。电位差的大小反映出金属电化学腐蚀倾向的大小。

产生电位差的原因很多，不同金属在同一环境中互相接触会产生电位差，例如上述例子中，Cu 与 Zn 在 H_2SO_4溶液中可构成电偶腐蚀电池；同一金属在不同浓度的电解质溶液中也可产生电位差而构成浓差腐蚀电池；同一金属表面接触的环境不同，例如物理不均匀性等均可产生电位差，这将在腐蚀电池类型中介绍。

② 要有电解质溶液存在，使金属和电解质之间能传递自由电子。这里所说的电解质只要稍微有一点离子化就够了，即使是纯水也有少许离解引起电传导。如果是强电解溶液，则腐蚀将大大加速。

③ 在腐蚀电池的阴、阳极之间，要有连续传递电子的回路。

由此可知，一个腐蚀电池必须包括阳极、阴极、电解质溶液和电路四个不可分割的部分。

二、腐蚀电池工作过程

腐蚀电池的工作过程主要由下列三个基本过程组成。图 1-8 是腐蚀电池工作示意图。

① 阳极过程：金属溶解，以离子的形式进入溶液，并把当量的电子留在金属上：$M \longrightarrow M^{n+} + ne$

② 阴极过程：从阳极流过来的电子被电解质溶液中能够吸收电子的氧化剂即去极剂(D)接收：$D + ne \longrightarrow [D \cdot ne]$

在与阴极接受电子的还原过程平行进行的情况下，阳极过程可不断地继续下去，使金属受到腐蚀。

③ 电流的流动。电流在金属中是依靠电子从阳极流向阴极，而在溶液中依靠离子的迁移，就使整个电池系统中的电路构成通路。

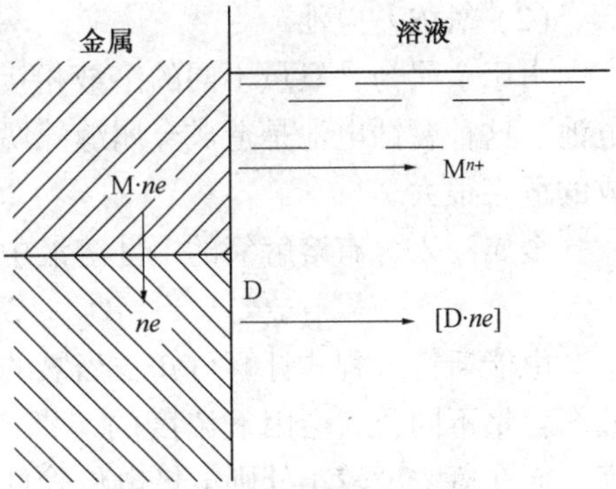

图 1-8 腐蚀电池工作示意图

腐蚀电池工作所包含的上述三个基本过程，相互独立又彼此依存，缺一不可。只要其中一个过程受到阻碍而不能进行，整个腐蚀电池的工作势必停止，金属电化学腐蚀过程当然也停止。

如果没有阴极上的还原过程，就不能构成金属的电化学腐蚀。所以说，金属发生电化学腐蚀的根本原因是溶液中存在着可以使金属氧化的物质，它和金属构成热力学不稳定体系。而腐蚀电池的存在仅仅在于加速金属的腐蚀速度而已，而不是金属发生电化学腐蚀的根本原因。

金属发生电化学腐蚀时，金属本身起着将原电池的正极和负极短路的作用。因此，一个电化学腐蚀体系可以看作是短路的原电池，这一短路原电池的阳极使金属材料溶解，而不能输出电能，腐蚀体系中进行的氧化还原反应的化学能全部以热能的形式散失。所以，在腐蚀电化学中，将这种只能导致金属材料的溶解而不能对外做有用功的短路原电池定义为腐蚀电池。

三、腐蚀电池的类型

根据组成腐蚀电池阴、阳极的大小，可把腐蚀电池分为两类：宏观腐蚀电池和微观腐蚀电池。

（一）宏观腐蚀电池

宏观腐蚀电池即凭肉眼可以看到的电极所构成的“大电池”，常见的有以下两种类型：

1. 电偶腐蚀电池

两种具有不同电极电位的金属或合金相互接触，并处于电解质溶液中所组成的腐蚀电池，其中电位较负的金属遭受腐蚀，而电位较正的金属则得到保护，因而称这种腐蚀电池为电偶腐蚀电池。

如丹尼尔电池和伏特电池是将不同的金属浸入同一种或不同的电解质溶液中所构成的电池；又如钢铁部件用铜铆钉进行组接，并一起放入电解质溶液中所构成的电池。

2. 浓差电池

同一金属浸入不同浓度的电解液中，或者虽在同一电解液中但局部浓度不同，都可因电位差的不同而形成浓差腐蚀电池，常见的有以下两种。

（1）金属离子浓差电池

同一种金属在不同金属离子浓度的溶液中构成腐蚀电池。

根据能斯特公式，金属的电位与金属离子的浓度有关。当金属与不同浓度的含该金属离子的溶液接触时，浓度低处，金属的电位较负；浓度高处，金属的电位较正，从而形成金属离子浓差腐蚀电池。浓度低处的金属为阳极，遭到腐蚀。直到各处浓度相等，金属各处电位相同时，腐蚀才停止。

在生产过程中，例如铜或铜合金设备在流动介质中，流速较大的一端 Cu^{2+} 较易被带走，出现低浓度区域，这个部位电位较负而成为阳极，而在滞留区则 Cu^{2+} 聚积，将成为阴极。

在一些设备的缝隙处和疏松沉积物下部，因与外部溶液的离子浓度有差别，往往会形成浓差腐蚀的阳极区域而遭腐蚀。

（2）氧浓差电池

由于金属与含氧量不同的溶液相接触而引起的电位差所构成的腐蚀电池，又称充气不均电池。这种腐蚀电池是造成金属缝隙腐蚀的主要因素，在自然界和工业生产中普遍存在，造成的危害很大。

金属浸入含有溶解氧的中性溶液中形成氧电极，其阴极反应过程如下：

$$O_2 + 2H_2O + 4e \longrightarrow 4OH^-$$

由能斯特方程式计算可知，当氧的分压越高，氧电极电位就越高。因此，如果介质中溶液氧含量不同，就会因氧浓度的差别产生电位差。介质中溶液氧浓度越大，氧电极电位越高，而在氧浓度较小处则电极电位较低成为腐蚀电池的阳极，这部分金属将受到腐蚀，最常见的有水线腐蚀和缝隙腐蚀。

桥桩、船体、储罐等在静止的中性水溶液中，受到严重腐蚀的部位常在靠近水线下面，受腐蚀部位形成明显的沟或槽。这种腐蚀称为水线腐蚀（图 1-9）。

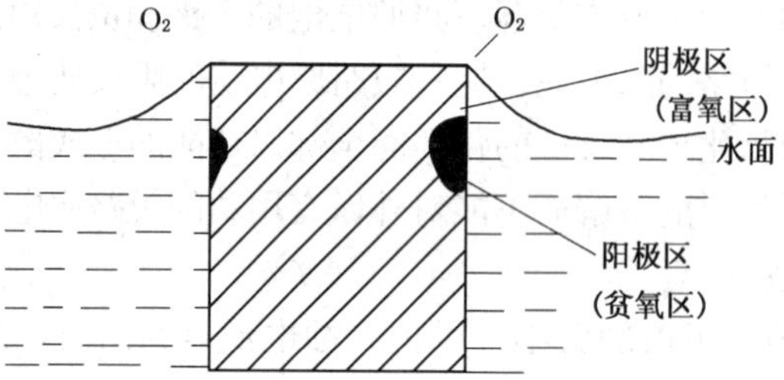

图 1-9　水线腐蚀示意图

这是由于氧的扩散速度缓慢而引起水的表层含有较高浓度的氧，而水的下层氧浓度则较低，表层的氧如果被消耗，将可及时从大气中得到补充，但水下层的氧被消耗后由于氧不易到达而补充困难，因而产生了氧的浓度差，表层（弯月面处）为富氧区，为阴极区，水下（弯月面下部）为贫氧区，则成为阳极区而遭受腐蚀。

氧的浓差电池也可在缝隙处和疏松的沉积物下面发生而引起缝隙腐蚀及垢下腐蚀（第二章中讨论）。

通常，浓差腐蚀可通过消除介质的浓度差别来抑制腐蚀过程。

（二）微电池腐蚀

在金属表面上由于存在许多肉眼不可分辨的极微小的电极而形成的电池叫做“微电池”。微电池腐蚀是由于金属表面的电化学不均匀性所引起的自发而又均匀的腐蚀；不均匀性的原因主要有以下几个方面（见图 1-10）。

（1）金属化学成分的不均匀性

以碳钢为例，在外表看起来没区别的金属实际上化学成分是不均匀的，有铁素体（0.006%C）、渗碳体 Fe_3C（6.67%C）等。在电解质溶液中，渗碳体部位的电位高于金属基体，在金属表面上形成许多微阴极（渗碳体）和微阳极（铁素体）。不仅如此，许多金属是含有杂质的，如金属 Zn 中常含有杂质 Cu、Fe、Sb 等，也可以构成无数个微阴极。而锌本身则为阳极，因而加速了锌在 H_2SO_4 中的腐蚀。

（2）金属组织结构的不均匀性

所谓组织结构在这里是指组成合金的粒子种类、含量和它们的排列方式的统称。在同一金属或合金内部一般存在着不同组织结构区域，因而有不同的电极电位值。研究表明，金属及合金的晶粒与晶界之间、各种不同的相之间的电位是有差异的，如工业纯 Al 其晶粒内的电位为 0.585V，晶界的电位却为 0.494V，由此在电解质溶液中形成晶界为阳极的微电池，而产生局部腐蚀。不锈钢的晶间腐蚀也是由于金属组织结构不均匀构成的微电池的例子，此时，晶粒是阴极，而晶界是阳极。此外，金属及合金凝固时产生的偏析引起组织上的不均匀性也能形成腐蚀微电池。

(3) 金属表面物理状态的不均匀性

例如，当金属在机械加工过程中，由于金属各部形变的不均匀性或应力的不均匀性，都可引起局部微电池而产生腐蚀。变形较大的部分或受力较大的部分为阳极，易遭受腐蚀。例如，一般在铁管弯曲处容易发生腐蚀就是这个原因。

此外，金属表面温度的差异，光照的不均匀等也会影响各部分电位发生差异而遭受腐蚀。

(4) 金属表面膜的不完整性

金属表面覆膜不完整，表面镀层有孔隙等缺陷，则孔隙下或破损处相对于表面膜来说，在接触电解质时具有较负的电极电位，成为微电池的阳极，由此也易于构成微电池。

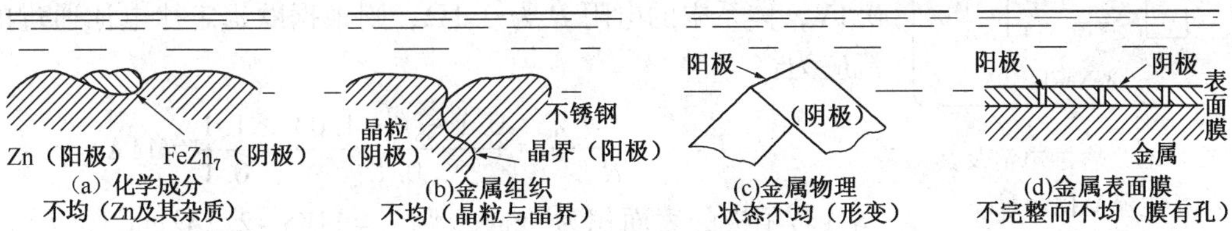

图 1-10　微电池腐蚀

在生产实践中，要想使整个金属表面上的物理性质和化学性质、金属各部位所接触的介质的物理性质和化学性质完全相同，使金属表面各点的电极电位完全相等是不可能的。由于种种因素使得金属表面的物理和化学性质存在差异，使金属表面各部位的电位不相等，统称电化学不均匀性，它是形成微电池腐蚀的基本原因。

第四节　金属电化学腐蚀的电极动力学

上面我们已从热力学观点讨论了金属发生电化学腐蚀的原因，介绍了判断腐蚀倾向的方法，但在实际中，人们不仅关心金属设备和材料的腐蚀倾向，更关心腐蚀过程进行的速度。在这一节中，我们将从电极动力学观点讨论决定腐蚀速度的问题。

一、腐蚀速度与极化作用

(一) 腐蚀速度

金属材料电化学腐蚀速度可以用重量法来表示，也可以用腐蚀深度表示。由于金属电化学腐蚀的实质就是阳极溶解。阳极溶解反应为：

$$M \longrightarrow M^{n+} + ne$$

上面这一反应过程中明确表达了金属的溶解与电流的密切关系，金属腐蚀的过程伴有电流产生。腐蚀电池的电流越大，金属的腐蚀速度越快。因而电化学腐蚀速度也可用电化学方法测定电流密度来表示。电流密度就是通过单位面积上的电流强度。

根据法拉第定律，可计算腐蚀速度与电流密度之间的关系。其表达式为：

$$V^- = \frac{A}{nF} i_a \times 10^4$$

式中 V^-——金属的腐蚀速度，$g/(m^2 \cdot h)$；

i_a——阳极电流密度，A/cm^2；

F——法拉第常数，26.8A·h/mol(≈96500C/mol)；

A——金属的克原子量，g(在数值上等于原子量)；

n——参加电极反应的电子数。

但是必须注意不论用哪种方法，它们都只能表示均匀腐蚀速度。

用腐蚀电流密度来表示金属的腐蚀速度可以较方便地找出决定腐蚀速度的因素。是什么因素决定腐蚀速度呢？决定腐蚀速度要涉及一个重要概念，即极化作用。

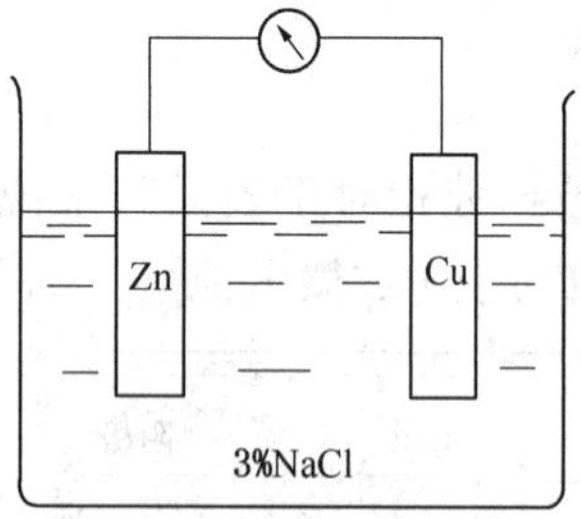

图 1-11 腐蚀电池及其电流变化示意

（二）极化作用

设有一个腐蚀电池，由 Zn | 电解液 | Cu 所组成，这里 Zn 为阳极，Cu 为阴极。如图 1-11 所示。

如果 Zn 片及 Cu 片的电位分别测得 $E_{Zn} = -1.0V$ 及 $E_{Cu} = 0.1V$，体系中的电阻 R 为 0.1Ω，则根据欧姆定律电池通过的电流应为：

$$I = \frac{E_{Cu} - E_{Zn}}{R} = \frac{0.1 - (-1.0)}{0.1} = \frac{1.1}{0.1} = 11A$$

若阳极的表面积为 $5cm^2$，则 $i_a = 11/5 = 2.2A/cm^2$

按照法拉第定律可计算出腐蚀速度：

$$V^- = \frac{A}{nF} i_a \times 10^4 = \frac{65}{2 \times 26.8} \times 2.2 \times 10^4 = 2.67 \times 10^4 g/(m^2 \cdot h)$$

但实验证明，实际上的腐蚀速度仅为计算值的$\frac{1}{50}$~$\frac{1}{20}$，即阳极上的电流密度(单位面积的电流强度)比计算值要小得多。

现在我们分析一下电流密度为什么会减小的原因。

众所周知，根据欧姆定律：$I = \frac{E}{R} = \frac{E_{阴极} - E_{阳极}}{R}$，影响电池电流强度的因素为电池两极间的电位差和电池内外电阻的总和。在上述情况下，电池接通前后的电阻实际上没有多大的改变，因此，腐蚀电池在通电后其电流的减小，必然是由于阳极与阴极的电位发生了改变以及它们的电位差随通路后时间变化而降低。

通过实验，证明这一论断是正确的。从电位的测定可以看出，最初两极的电位与接通电路后的电位有显著的差异。图 1-12 表示两极在接通电路前后电位变化的情况。从图中可以看出，当电路接通前(即开路)，阴、阳极的开路电位(亦是腐蚀电位)分别为 $E_{0,C}$ 和 $E_{0,A}$；当电池接通电路以后，阴极的电位变得更负(E_C)；阳极的电位变得更正(E_A)。

结果是阴极与阳极之间的电位差，由原来的 ΔE_0 变为 ΔEt，即电位差比接通电路之前减少得多。这样就使得腐蚀电池的电流强度减少，即：

$$I_{最初} = \frac{E_{0,C} - E_{0,A}}{R} = \frac{\Delta E_0}{R}; \qquad I_t = \frac{E_C - E_A}{R} = \frac{\Delta Et}{R}$$

腐蚀电池由于通过电流而减小电池两极间的电位差，因而引起电流强度降低的现象，我

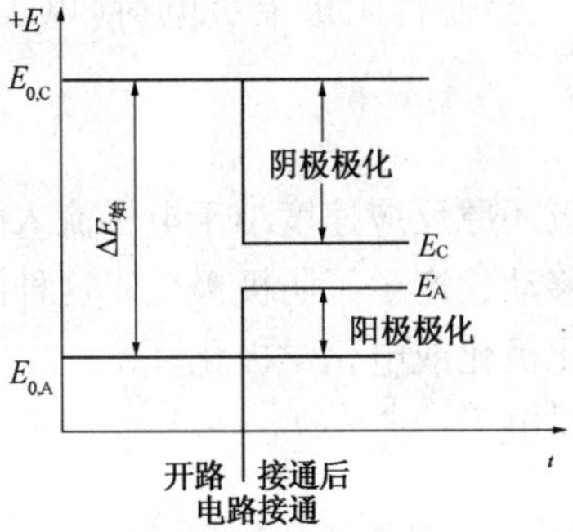

图 1-12　腐蚀电池接通后阴、阳极电位变化示意图

们称为电池的极化作用。

由于电池发生极化作用，腐蚀电流强度即行减小，从而降低金属腐蚀速度。因此探讨极化作用的原因及其影响因素，对于金属腐蚀问题的研究具有重大意义。

那么，阳极电位为什么会变得更正？阴极电位为什么会变得更负？

（三）极化的原因

极化的根本原因是因为腐蚀电池在通过电流后，由于电子移动速度很快，而阴、阳极过程因种种原因进行得较慢。

1. 阳极极化

腐蚀电池中的阳极在通过电流之后，其电位向正的方向移动的现象，称为阳极极化。

产生阳极极化的原因有如下几个：

（1）活化极化

阳极过程是金属离子从晶格转移到溶液中并形成水化离子的过程：

$$Me + nH_2O \longrightarrow Me^{2+} \cdot nH_2O + 2e$$

这一过程，只有在阳极附近所形成的金属离子不断离开的情况下，才能顺利地进行。

如果金属离子进入溶液的速度，小于电子由阳极流出通过导线流向阴极的速度，则在阳极上就会有过多的正电荷积累，这样就会引起电极双电层上的负电荷减少，于是阳极电极电位就向正方向移动（或者说变得少负一些）。由于反应需要一定的活化能，使阳极溶解反应的速度小于电子流动的速度，由此引起的极化称为活化极化。如图 1-13 所示。

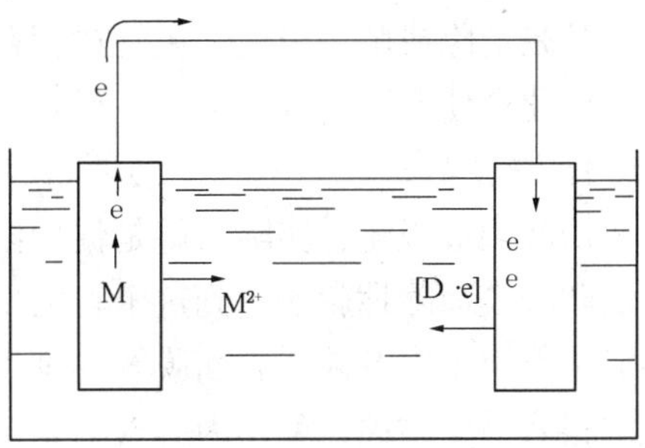

图 1-13　腐蚀电池极化示意

（2）浓差极化

在阳极溶解过程中产生的金属离子，首先进入阳极表面附近的溶液层，与溶液中产生浓差。在浓度梯度作用下，金属离子向溶液深处扩散。如果这些金属离子向外扩散得很慢，结果就会使得阳极附近的金属离子浓度逐渐增加，阻碍阳极的进一步溶解，引起所谓浓差极化。从能斯特公式 $E=E^0+\frac{RT}{nF}\ln c$ 可以看出。随着金属离子浓度的增加，电极电位必然朝正的方向移动。

（3）膜阻极化

某些金属在一定条件下（例如，在溶液中有氧化剂时）进行阳极极化时容易生成保护性膜，使金属钝化。在这样情况下，金属变成离子的过程就被生成的保护膜所阻碍，此时阳极电位强烈地向正的方向移动。因为金属表面膜的产生，使得电池系统的电阻也随着增加而引起极化，所以这种极化作用又称电阻极化。

2. 阴极极化

腐蚀电池的阴极在通过电流之后，其电位向更负的方向移动，这种现象叫做阴极极化。

阴极极化的原因是：从阳极送来阴极的电子一时过多，而阴极附近能接受电子的物质由于某种原因与电子相结合的反应速度进行得慢了一些，这样就会使得阴极上负电荷(电子)积累，结果阴极的电位变得更负。

(1) 活化极化(或电化学极化)

由于阴极还原反应需达到一定的活化能才能进行，使阴极还原反应速度小于电子流入阴极的速度，因而电子在阴极积累，结果使阴极电位向负方向移动，产生了阴极极化。这种阴极极化是由于阴极还原反应本身的迟缓性造成的，故称为活化极化或电化学极化。

例如，一般金属在酸溶液中腐蚀的阴极过程是氢离子接受电子。

$$H^+ + e \longrightarrow H$$

$$H + H \longrightarrow H_2 \uparrow$$

如果在一般情况下，H^+接受电子慢一些，于是由阳极流过来的电子将会在阴极上积累，结果使得它的电位向负方移动。

(2) 浓差极化(或扩散极化)

由于阴极附近反应物或反应产物扩散速度缓慢，可引起阴极浓差极化。例如，溶液中的氢离子特别是氧到达阴极的速度小于阴极反应本身的速度，造成阴极表面附近氢离子或氧的缺乏，结果产生浓差极化，使阴极电位变负。

阴极极化表示阴极过程受到阻滞，使来自阳极的电子不能及时被吸收，因此阻碍金属腐蚀的进行。

二、去极化作用

凡是消除或削弱极化作用的过程称为去极化作用。去极化作用与极化作用正好相反，增加去极化会使腐蚀速度增加。

1. 阳极去极化

消除阳极极化，实际上就是促使阳极过程进行，称为阳极去极化。设法把阳极产物不断地从阳极表面除掉就能达到这个目的。因此，升高温度、搅拌溶液、使阳极产物形成沉淀或形成络合离子以及破坏表面膜等，都可以加速阳极去极化过程。例如铜及其合金在含氨的溶液中很容易受腐蚀，就是因为NH_3与阳极产物Cu离子形成了络离子$[Cu(NH_3)_4]^{2+}$，从而促进了阳极去极化的进行。

由此可见，阳极去极化能促进金属腐蚀，而阳极极化则相反，会阻碍阳极过程的进行，即减慢金属的腐蚀。阳极极化程度的大小，直接影响到阳极过程进行的速度，通常可从表示电位与电流密度(单位面积的电流强度)之间关系曲线(即所谓极化曲线)来判断阳极极化程度的大小。

2. 阴极去极化

消除阴极极化作用，叫做阴极去极化。阴极去极化主要是通过去极剂消耗电子来实现。因此去极剂也可定义为介质中参与消除或削弱极化作用的物质。

阴极去极化可以通过下面三种途径来实现：

① 溶液中阳离子的还原，例如：

$$H^+ + e \longrightarrow H$$

$$Fe^{3+} + e \longrightarrow Fe^{2+}$$

② 阴离子的还原，例如：

$$S_2O_8^{2-} + 2e \longrightarrow 2SO_4^{2-}$$

$$Cr_2O_7^{2-} + 14H^+ + 6e \longrightarrow 2Cr^{3+} + 7H_2O$$

③ 中性分子的还原，例如：

$$O_2 + 2H_2O + 4e \longrightarrow 4OH^-$$

$$Cl_2 + 6e \longrightarrow 2Cl^-$$

其中最常见而且最重要的阴极去极化过程有下面两种：

① 氢离子放电，逸出 H_2：

$$H^+ + e \longrightarrow H$$

$$H + H \longrightarrow H_2$$

一般负电性金属——Fe、Zn 等在酸中受腐蚀，及强负电性金属——Na、K、Ca、Mg 等在中性电解质溶液中受腐蚀时，都发生这样的去极化过程。所以像 H^+这样的物质，就称为去极化剂，这种情况，称为氢去极化腐蚀，或析氢腐蚀。

② 氧原子或氧分子的还原：

$$O_2 + 2H_2O + 4e \longrightarrow 4OH^-$$

很多金属在大气、土壤及中性电解质溶液中受腐蚀时都发生这种过程。这里，溶解在电解质溶液中的氧为去极化剂。这种情况，叫做氧去极化腐蚀或吸氧腐蚀

(参见第五节)。

阴极去极化可以促使阳极不断地失去电子，从而可使金属不断地溶解。

显然，从防腐蚀的角度来看，总是希望增强极化作用以降低腐蚀速度而不希望发生去极化。

三、极化曲线

把表示电极电位与极化电流或极化电流密度之间关系的曲线称为极化曲线。

为了使电极电位随通过的电流的变化情况更清晰准确，经常利用电位—电流直角坐标图或电位—电流密度直角坐标图。例如，图 1-11 中的腐蚀电池在接通电路后，铜电极和锌电极的电极电位随电流的变化可以绘制成图 1-14 的形式。

如果铜电极和锌电极浸在溶液中的面积相等，则图中的横坐标可采用电流密度 i 表示。从图中可以看出，随着电流密度的增加，阳极电位向正的方向移动，而阴极电位向负的方向移动：显然相应的有阳极极化曲线(图中 A 段)和阴极极化曲线(图中 C 段)之分。

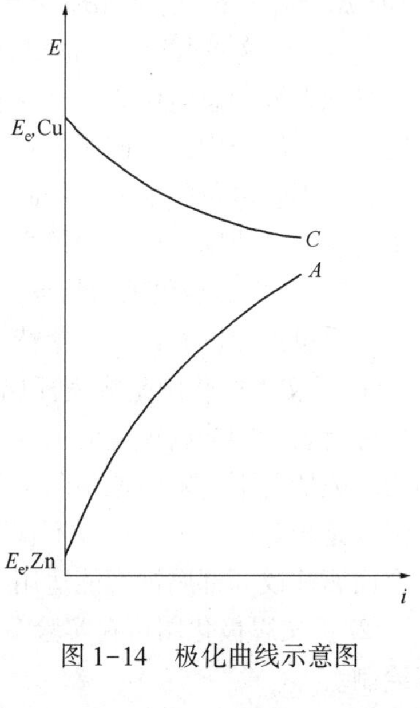

图 1-14　极化曲线示意图

从极化曲线的形状可以看出电极极化的程度，从而判断电极反应过程的难易。例如，若极化曲线较陡，则表明电极的极化程度较大，电极反应过程的阻力也较大；而极化曲线较平坦，则表明电极的极化程度较小，电极反应过程的阻力也较小，因而反应就容易进行。

极化曲线对于解释金属腐蚀的基本规律有重要意义。用实验方法测绘极化曲线并加以分析研究，是揭示金属腐蚀机理和探讨控制腐蚀措施的基本方法之一。

四、腐蚀极化图

(一) 图解分析

图 1-15 为一腐蚀电池，它的阳极和阴极在刚刚连接

时具有非常大的电阻($R\to\infty$)，相当于电路未接通的情况；此时电极的电位就相当于起始的电位，分别为 $E_{0,A}$ 和 $E_{0,C}$。当减小欧姆电阻时，电流由零逐渐增大。如果不发生极化，当 $R=0$ 时，则 $I\to\infty$。但实际上正是由于电池极化的结果，当 $R\to 0$，I 趋向于一个一定的最大值 I_{max}。

如果我们在进行实验时，使电阻 R 逐渐减小，同时测量所通过的电流强度和两极的电位，并将结果绘制成图(纵坐标表示电极电位，横坐标表示电流强度)，就可得到图 1-16 所示的腐蚀极化图。

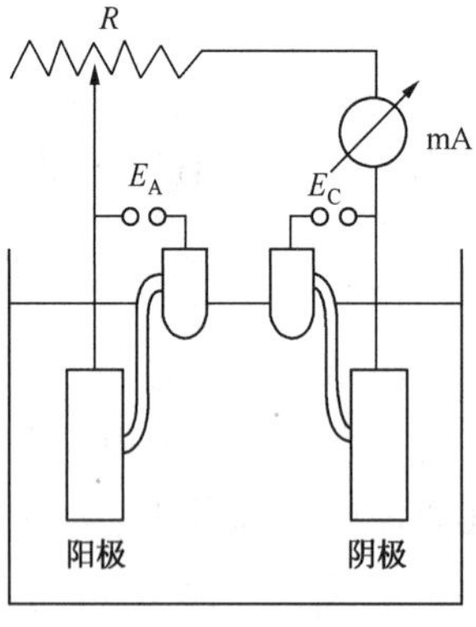

图 1-15　极化测量装置

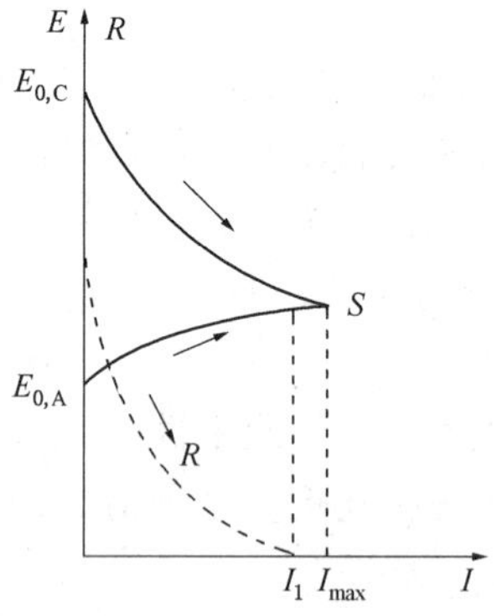

图 1-16　腐蚀极化图

由图 1-16 可以看出，电流随 R 减小而增加，同时引起极化，使得阳极电位升高而变得更正，阴极电位变得更负。结果，两极间电位差也就减小。但是因为 R 是任意调节的，R 减小对于电流的影响远远超过电位差减小对电流的影响，所以总的结果是使电流趋于增大。

当电阻(包括电池的外阻和内阻)进一步减小趋近于零时，电流达到了 I_{max}。此时由于进一步极化，阳极极化曲线与阴极极化曲线将相交于 S 点。但实际上，因为总电阻不可能为零(即使是把两极短路，使外阻为零，但仍然存在着一定的电池的内阻 Re)，这一交点 S 是得不到的。电流只能达到和 I_{max} 相接近的数值 I_1，两极化曲线之间还存在着一定的电位差 ΔE(此时 $\Delta E=I_1\cdot Re$)。但在理论上，我们可以将阳极极化和阴极极化两条曲线延长直至相交于一点 S，和这一点相对应的横坐标，即表示此腐蚀电池的可能最大电流；其纵坐标即表示这一腐蚀系统的总电位 E_{corr}，由于极化作用，阳极与阴极电位已趋于同一数值。将任何一块金属放在电解液中，我们所测到的电位就是这一点的电位，叫做腐蚀电位，也叫稳定电位。

如果不管电位随电流增加而变化的详细情况，可以将电位变化的曲线画成直线，这种简化了的腐蚀极化图，就称为伊文思(Evans)极化图。如图 1-17。

(二) 伊文思极化图的特点

伊文思极化图有以下一些特点：

① 伊文思极化图是将表征腐蚀电池特性的阴、阳极极化曲线画在同一个图上构成的，横坐标所表示的为腐蚀电流强度而不是电流密度。采用横坐标表示电流强度的方法很方便，因为一般情况下，宏电池中阴、阳极面积往往是不相等的，但稳态下阳极与阴极上流过的电流强度是相等的，因此可以不管阳极和阴极的面积大小如何，无论对于阳极或者阴极、无论对全面腐蚀或局部腐蚀都能适用。

② 伊文思极化图可在实验室内用外加电流的方法，测取阳极极化曲线与阴极极化曲线来绘制。

③ 极化曲线的斜率。前面已经讲过，电池在电流通过时，两极发生极化，如果当电流增加时电极电位的移动不大，表明电极过程受到阻碍较小，则这个电极的极化率较小或极化性能较差。电极的极化性能可由极化曲线的斜率决定。

由曲线的倾斜情况可以看出极化的程度，曲线愈平坦，极化程度愈小(或者说极化率愈小)；反之，曲线坡度愈大，极化程度也愈大，表示阴、阳极过程的进行愈困难。

如图 1-18 中，阳极极化率为 $\tan\beta$，用 P_A 表示，阴极极化率为 $\tan\alpha$，用 P_C 表示。则：

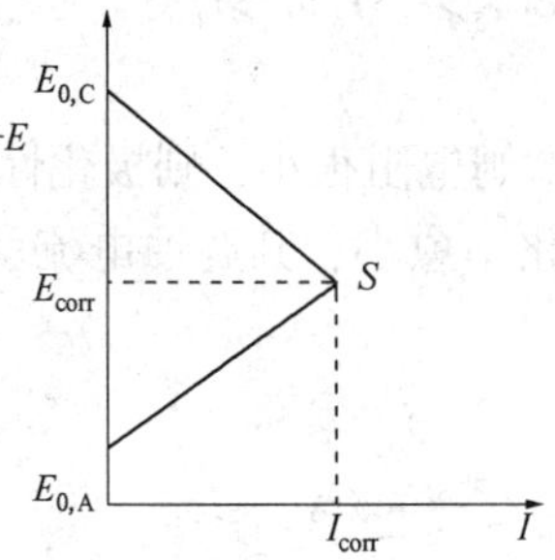

图 1-17　伊文思极化图

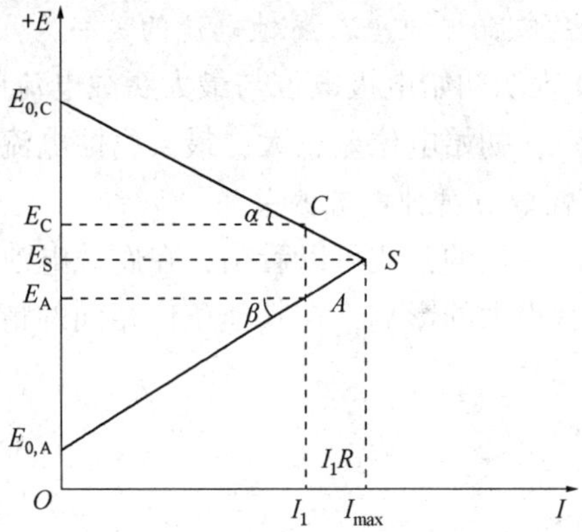

图 1-18　极化曲线的斜率

$$P_C = \tan\alpha = \frac{E_{0,C} - E_C}{I_1} = \frac{\Delta E_C}{I_1} \qquad (1-13)$$

$$P_A = \tan\beta = \frac{E_A - E_{0,A}}{I_1} = \frac{\Delta E_A}{I_1} \qquad (1-14)$$

$$\Delta E_A = I_1 \tan\beta = P_A I_1$$

$$\Delta E_C = I_1 \tan\alpha = P_C I_1$$

由于腐蚀体系有欧姆电阻 R，因此造成的电位降为：

$$\Delta E_R = I_1 R = E_C - E_A$$

由图中可见：$E_{0,C}-E_{0,A}=(E_{0,C}-E_C)+(E_C-E_A)+(E_A-\mathrm{E}_{0,A})$

$= P_C I_1 + P_A I_1 + I_1 R$

处理后便得到：

$$I_1 = \frac{E_{0,C} - E_{0,A}}{P_C + P_A + R} \qquad (1-15a)$$

即：

$$I_{corr} = \frac{E_{0,C} - E_{0,A}}{P_C + P_A + R} \qquad (1-15b)$$

这是表示腐蚀电流与电极电位及极化性能的关系式。此式表明，腐蚀电池的初始电位差 $\Delta E_{始}=E_{0,C}-E_{0,A}$ 越小，阴、阳极极化率 P_C 和 P_A 越大，系统的欧姆电阻 R 越大，则腐蚀速度越小。当 $R=0$ 时，

$$I_{corr} = I_{max} = \frac{E_{0,C} - E_{0,A}}{P_C + P_A} \qquad (1-16)$$

此时的腐蚀电流就相当于图 1-16 中阴、阳极极化曲线交点 S 对应的电流，而电位 E_S 就是腐蚀电位 E_{corr}(如金属在电解质中产生的微电池腐蚀)。

在大多数电化学腐蚀的情况下，由于电极之间都是短路，如果电解溶液的电阻不大，那么欧姆电阻就不会对腐蚀电流发生很大影响。因此，腐蚀电流主要是由电极的极化性能决定。

（三）伊文思极化图的应用

伊文思极化图是研究电化学腐蚀的重要工具，用途很广，使用十分方便。例如，利用伊文思极化图可分析腐蚀速度的影响因素，确定腐蚀的主要控制因素，解释腐蚀现象，判断缓蚀剂的作用机理等。

1. 金属的初始电位差与腐蚀电流的关系

图 1-19 表明初始电极电位与最大腐蚀电流的关系。从图中可以看出，在其他条件完全相同的情况下，初始电位差愈大，最大腐蚀电流也愈大，如 $I_5>I_4>I_3>I_2>I_1$。

2. 极化性能与腐蚀电流的关系

从上面所讨论的公式可以看出，在腐蚀电池中，如果欧姆电阻很小，则极化性能对于腐蚀电流必然有很大的影响，在其他条件相同的情况下，极化率愈小，其腐蚀电流就愈大（如图 1-20）。

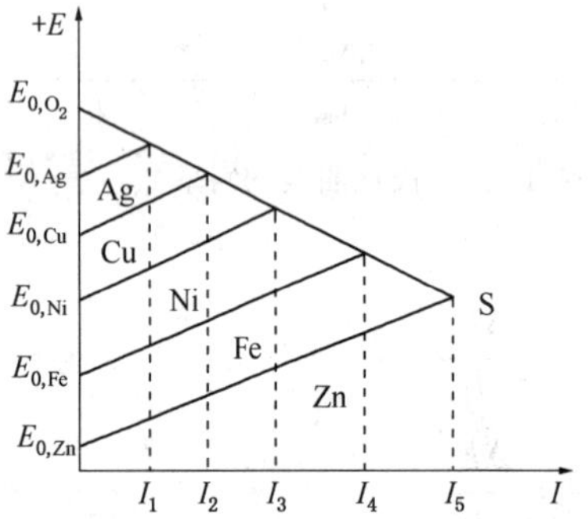

图 1-19　初始电位差对腐蚀速度的影响

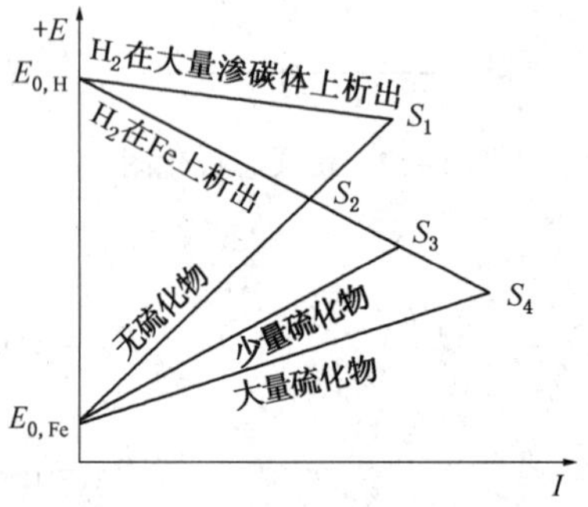

图 1-20　极化性能对腐蚀速度的影响

3. 腐蚀的控制因素

在腐蚀过程中如果某一步骤与其任途步骤比较起来阻力最大，则这一步骤对于腐蚀进行的速度就起着主要的影响，我们就把它叫做腐蚀的控制因素。从公式：

$$I_{corr}=\frac{E_{0,C}-E_{0,A}}{P_C+P_A+R}$$

可以看出，腐蚀电池的腐蚀电流大小，在很大程度上为 R、P_C、P_A 等所控制，因此所有这些都属于控制因素。

利用极化图解，可以大致定性地说明腐蚀电流是受哪一个因素所控制。例如当 R 非常小时，如果 $P_C \gg P_A$ 时，则 I_{max} 基本取决于 P_C 的大小，即取决于阴极极化性能，这种情况我们称为阴极控制，如图 1-21(a)。另一种情况是 $P_A \gg P_C$ 时，则 I_{max} 主要由阳极极化所决定，这称为阳极控制，如图 1-21(b)。当然有时也有可能 P_C 和 P_A 同时对腐蚀电流发生影响，这时则称为混合控制，如图 1-21(c)。如果系统中电阻比较大，则腐蚀电流就主要由电阻所控制，如图 1-21(d)，此时称为欧姆控制。

利用伊文思极化图，还可以判断各个控制因素对腐蚀过程的控制程度。我们可以把腐蚀电流看做是受 R、P_C、P_A 等阻力所控制，而起始电位差 $E_C^0-E_A^0$ 就消耗于克服这些阻力。

通常是将各个阻力对于整个过程的总阻力之比的分数值看做是总过程中被各个阻力控制的程度。

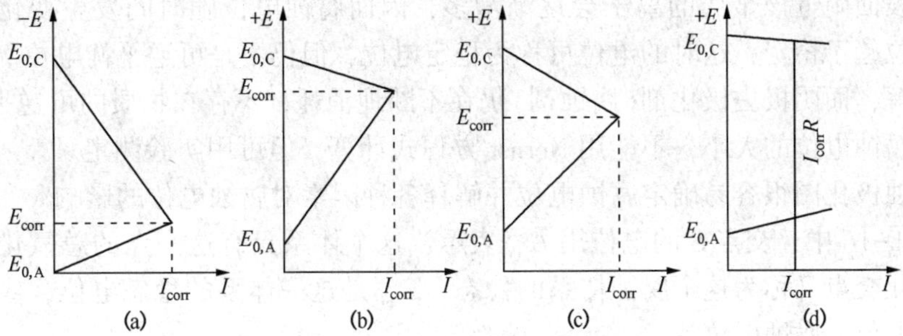

图 1-21　不同控制因素的腐蚀极化图

$$C_C = \frac{P_C}{R + P_C + P_A} = \frac{\Delta E_C}{\Delta E_R + \Delta E_C + \Delta E_A} = \frac{\Delta E_C}{E_{0,C} - E_{0,A}} \tag{1-17}$$

$$C_A = \frac{P_A}{R + P_C + P_A} = \frac{\Delta E_A}{\Delta E_R + \Delta E_C + \Delta E_A} = \frac{\Delta E_A}{E_{0,C} - E_{0,A}} \tag{1-18}$$

$$C_R = \frac{P_R}{R + P_C + P_A} = \frac{\Delta E_R}{\Delta E_R + \Delta E_C + \Delta E_A} = \frac{\Delta E_R}{E_{0,C} - E_{0,A}} \tag{1-19}$$

式中　C_C——阴极控制程度；

C_A——阳极控制程度；

C_R——欧姆控制程度。

或者可用百分率来表示：

$$C_A = \frac{\Delta E_A}{E_{0,C} - E_{0,A}} \times 100\% \tag{1-20}$$

$$C_C = \frac{\Delta E_C}{E_{0,C} - E_{0,A}} \times 100\% \tag{1-21}$$

$$C_R = \frac{\Delta E_R}{E_{0,C} - E_{0,A}} \times 100\% \tag{1-22}$$

在研究腐蚀过程时，确定某一控制因素的控制程度有着很重要的意义。大家知道，对于腐蚀速度起决定性影响的是基本控制因素。因此，为了减少腐蚀程度，最有效的办法就是采用措施影响其控制因素。

五、混合电位理论

混合电位理论包含两项基本假说：

① 任何电化学反应都能分成两个或两个以上的局部氧化反应和局部还原反应。

② 电化学反应过程中不可能有净电荷积累。即当一块绝缘的金属试样腐蚀时，氧化反应的总速度等于还原反应的总速度。

混合电位理论扩充和部分取代了经典微电池腐蚀理论。它不但适用于局部腐蚀电池，也适用于亚微观尺寸的均匀腐蚀。

根据混合电位理论，腐蚀电位是由同时发生的两个电极过程，即金属的氧化和去极剂的还原过程共同决定的，是腐蚀体系的混合电位。它处于该金属的平衡电位与腐蚀体系中还原反应的平衡电位之间。

腐蚀电位是不可逆电位。因为腐蚀体系是不可逆体系。通常腐蚀介质中开始并不含有腐蚀金属的离子，因此腐蚀电位是不可逆的，与该金属的标准平衡电位偏差很大。随着腐蚀的进行，电极表面附近该金属的离子会逐渐增多，因而腐蚀电位随时间发生变化。一定时间后，腐蚀电位趋于稳定，这时的电位可称为稳定电位，但仍不是可逆平衡电位。因为金属仍在不断地溶解，而阴极去极化剂(腐蚀剂)仍在不断地消耗，不存在物质的可逆平衡。

因此，腐蚀电位的大小，不能用 Nernst 方程式计算，但可用实验测定。

根据腐蚀极化图很容易确定腐蚀电位并解释各种因素对腐蚀电位的影响。

如在图 1-16 中，交点 S 的电位用 E_{corr} 表示，这个体系只有这一点的总氧化速度等于总还原速度，此交点又称为这个腐蚀体系的稳态。E_{corr} 是这一体系的稳态电位，或称为稳定电位、自腐蚀电位、腐蚀电位等。

第五节　析氢腐蚀和耗氧腐蚀

金属处于活化状态的电化学腐蚀，通常阳极溶解过程阻力较小，而阴极的去极化反应过程阻力较大，成为腐蚀过程的控制因素，因此腐蚀体系的一些特性往往体现在阴极过程上。析氢腐蚀和耗氧腐蚀就是具有典型特点的两种最为常见的腐蚀体系。

一、析氢腐蚀

溶液中的 H^+ 作为去极剂，在阴极接受电子，促使阳极金属溶解过程持续进行而引起的金属腐蚀，称为氢去极化腐蚀或析氢腐蚀。碳钢、铸铁、锌、铝、不锈钢等金属在酸性介质中常发生这种腐蚀。

1. 发生析氢腐蚀的条件

金属发生析氢腐蚀时，金属的阴极部分有氢逸出，此时，我们可以把阴极看成氢电极。

氢电极在一定的条件下具有一定的平衡电位，标志着在电极上建立起来如下的平衡：

$$2H^+ + 2e \rightleftharpoons H_2$$

当电极电位比氢的平衡电位($E_{e,H}$)稍微负一点时，上式的平衡即由左向右移动，即发生 H^+ 放电，逸出 H_2；相反地，如果电极电位比氢的平衡电位稍正，则平衡向左移动，H_2 转变为 H^+。

假如金属阳极与作为阴极的氢电极组成一腐蚀电池，则当金属的电位比氢电极平衡电位更负时，两极间即存在着一定的电位差，腐蚀电池即开始工作，电子不断地由阳极送到阴极，上式的平衡被破坏，而由左向右移动，结果氢气不断地从阴极表面逸出。由此可见，只有当阳极金属电位较氢电极的平衡电位为负时，即 $E_M<E_{e,H}$ 时，才有可能发生析氢腐蚀。例如，在 pH 值=7 的中性溶液内，氢电极的平衡电位可由能斯特公式算得：

$$E_{0,H} = 0 + 0.059\log[H^+] = 0.059 \times (-7) = -0.413V$$

在该条件下，如果金属的阳极电位 E_M 较-0.413V 更负，那么产生析氢腐蚀是可能的。如果是在 pH=0 的酸性溶液内，则只要 E_M 较 0.000V 更负，那么产生析氢腐蚀也是可能的。

显然，$E_M<E_{e,H}$ 是发生析氢腐蚀热力学条件。在析氢腐蚀有可能发生的前提下，能否真正发生则取决于析氢的阻力(即阴极析氢过程产生的极化)。

2. 析氢腐蚀过程和氢的超电压

据研究，析氢过程，是由下列几个步骤组成的：

① 水化氢离子的脱水；$H^+ \cdot nH_2O \longrightarrow H^+ + nH_2O$

② 电子与氢离子结合成原子态氢；$H^+ + e \longrightarrow H$

③ 氢原子成对地结合成 H_2；$H + H \longrightarrow H_2$

④ 氢分子形成气泡，从表面逸出。

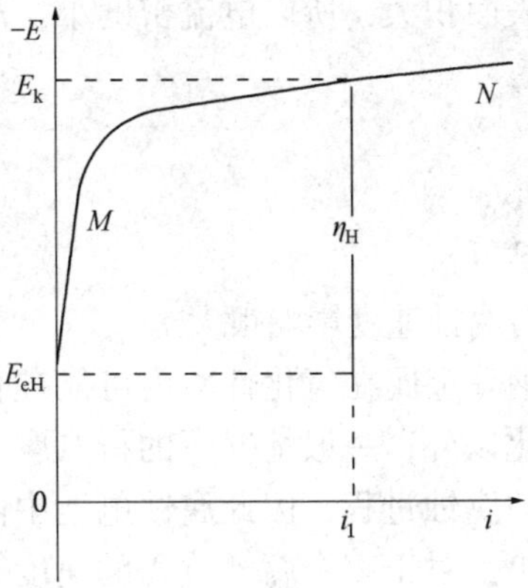

图 1-22　析氢过程的阴极极化曲线

如果这几个步骤中有一个步骤进行的较迟缓，则整个氢去极化过程将受到阻滞。于是由阳极送来的电子，就会在阴极积累起来，这样阴极的电位就会向负的方向移动，从图 1-22 所示的阴极极化曲线可以看得出来。

阴极电位变负的程度与电流密度有关。通常是在一定的电流密度下，当电位变负到达一定的数值(例如 E_k)时，才能见到在阴极表面有 H_2继续逸出。因此 E_k是当电池有电流通过时，H_2在阴极上逸出时的实际电位值，它总要比在该条件下氢的平衡电位值 $E_{e,H}$稍负一些。E_k通常称为氢的析出电位。在一定电流密度下，实际上氢的析出电位 E_k与氢的平衡电位 $E_{e,H}$之差，就叫做氢的过电位，或习惯上称为氢的超电压，用 η_H表示。即：

$$\eta_H = -(E_k - E_{e,H}) = E_{e,H} - E_k$$

或

$$E_k = E_{e,H} - \eta_H$$

可见，E_k比 $E_{0,H}$更负。因此要真正发生析氢，不仅要满足 $E_M < E_{e,H}$，而且要满足 $E_M < E_{e,H} < E_k$，这是发生析氢腐蚀的动力学条件。

从上式可以看出，超电压的增加，意味着阴极电位的降低，也就影响腐蚀电池的电位差减小，结果腐蚀过程将进行得较慢。

金属上发生氢超电压的现象对于金属腐蚀具有很重要的实际意义。在阴极上氢超电压愈大，氢去极化过程就愈难进行，因而腐蚀速度也就愈小。

超电压产生的原因，现代的理论认为主要是由于上述的连续几个步骤中的第二步，即氢离子放电过程发生阻滞所引起的。

3. 氢的超电压的影响因素

影响 η_H的因素很多，其中主要的是电流密度、电极材料、电极表面状况和温度等。

(1) 电流密度的影响

η_H与电流密度的对数成直线关系(见图 1-23)。

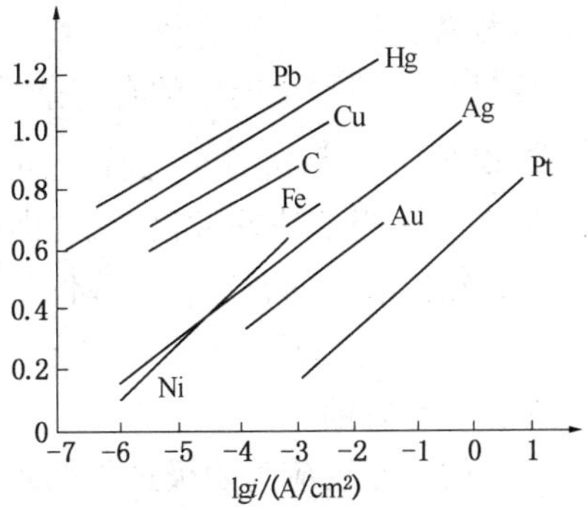

图 1-23　不同金属上的 η_H与电流密度的关系

(2) 电极材料种类的影响

不同的金属具有不同的 η_H。氢在 Pt 上的超电压最小，即氢离子在铂的表面最容易放电，Zn、Bi、Hg、Sn、Pb 等的 η_H较大。

一般金属中都含有杂质，杂质的电位通常较主体金属的电位要正一些。因此，当杂质与主体金属构成腐蚀电池时，杂质就成为阴极，如果杂质的氢超电压很小，就会加速金属的离子化过程，即促进金属的溶解。

例如，纯的金属锌在硫酸溶液中溶解得很慢，但是如果其中含有氢超电压很小的杂质，那么就会加速锌的溶解；如果其中所含杂质具有较高的氢超电压，那么锌的溶解就显得慢得多。图 1-24 示出杂质对锌在 0. 5mol/L 硫酸中腐蚀的影响。

(3) 表面状态的影响

对于相同的金属材料，粗糙表面上的 η_H要比在光滑表面上的 η_H要小，这是因为粗糙表面的有效面积比光滑表面积大，所以电流密度小，η_H就小。

(4) 温度的影响

温度增加，η_H减小。

4. 析氢腐蚀的特点

(1) 材料的性质对腐蚀速度影响很大

除铝、钛、不锈钢等金属在氧化性酸内可能钝化而存在较大的膜阻极化以外，一般情况下的析氢腐蚀都是阴极起控制作用的腐蚀过程，因此腐蚀电池中阴极材料上氢超电压大小，对于整个腐蚀过程的速度有着决定性作用。如图 1-22 中所示，很明显，虽然汞的电位比铜、铁等金属正得多，但汞属于具有高氢超电压的金属，因此含汞杂质的锌在该溶液中的腐蚀速度却远远低于含铜、铁杂质的锌。

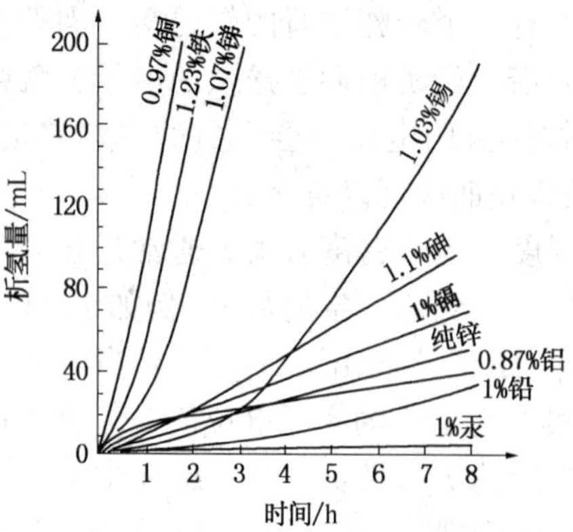

图 1-24　杂质对锌腐蚀速度的影响

(2) 溶液的流动状态对腐蚀速度影响不大

因为阴极过程的主要阻力是电化学极化(η_H)，而氢离子在电场的作用下向阴极的输送，相对说来并不困难，因此溶液是否流动或有无搅拌等对析氢腐蚀的腐蚀速度无明显的影响。

(3) 阴极面积增加，腐蚀速度加快

阴极面积加大，则同时到达阴极表面的氢离子总量增加，必然加速阴极过程而使腐蚀速度增高。若电流强度一定，阴极面积增大，则电流密度降低，η_H也随之减小，腐蚀过程也会加速。所以，对析氢腐蚀而言，阴极面积加大，不管是微电池还是宏观腐蚀电池，总是促使腐蚀加剧的。

(4) 氢离子浓度增高(pH 值下降)、温度升高均会促使析氢腐蚀加剧

氢离子浓度升高使氢的平衡电位 $E_{e,H}$变正，初始电位差加大。

温度升高使去极化反应加快，这些都将促使析氢腐蚀加剧。

5. 析氢腐蚀的控制途径

① 减少或消除金属中的有害杂质，特别是 η_H小的阴极性杂质。

② 金属中加入 η_H大的成分，如 Bi、Hg、Sn、Pb 等。

③ 对于阴极非浓差极化控制(即阴极活化控制)的腐蚀过程，减小合金中的活性阴极面积。如钢在盐酸中的腐蚀，可降低含碳量。

④ 介质中加入缓蚀剂，增加 η_H。如酸洗缓蚀剂若丁，有效成分为二磷甲苯硫脲。

二、耗氧腐蚀

以氧的还原反应为阴极过程的腐蚀称为氧去极化腐蚀或耗(吸)氧腐蚀。

1. 发生耗氧腐蚀的条件

在溶液中有氧存在时，在阴极上即进行所谓氧的离子化过程，氧被还原成为 OH^-。

$$O_2 + 2H_2O + 4e \longrightarrow 4OH^-$$

氧去极化作用，只有在阳极电位较氧电极的平衡电位为负时，即 $E_M<E_{e,O_2}$才可能发生。氧的平衡电位，可用能斯特公式来计算，例如在中性溶液中，氧的平衡电位：

$$E_{e,O_2} = E^0 + \frac{RT}{nF}\ln\frac{P_{O_2}}{[OH^-]^4}$$

$$E_{e,\ O_2} = 0.401 + \frac{0.059}{4}\log\frac{0.21}{[10^{-7}]^4} = 0.805\text{V}$$

在溶液中氧溶解的情况下，某种金属的电位如小于 0.805V，就可能发生氧去极化的腐蚀。即 $E_M < E_{e,O_2}$ 是发生耗氧腐蚀的热力学条件。

如果我们把耗氧腐蚀和析氢腐蚀进行的条件加以比较，就可以看出前者比后者的可能性大得多。这是因为氧的平衡电位更正，因此金属在有氧存在的溶液中首先是发生耗氧腐蚀。

据研究，氧在阴极上还原的过程是较复杂的，但总的过程大致可以分成两个基本步骤：

① 把氧运送到阴极。

② 使氧离子化：

$$O_2 + 2H_2O + 4e \longrightarrow 4OH^- \quad (在中性或碱性液中)$$

$$O_2 + 4H^+ + 4e \longrightarrow 2H_2O \quad (在酸性介质中)$$

在普通情况下，氧去极化作用是由第一个步骤的速度所决定的，这一步骤比较复杂，它包括氧穿过空气和电解质溶液的界面，然后氧借机械的或热对流的作用通过电解质层，最后穿过紧密附着在金属表面上的液体层(一般称为扩散层)后，才被吸附在金属的表面上。如果这一步进行得较慢，则阴极附近的氧气很快被消耗掉，使得阴极表面氧气的浓度大大地减小，于是带来所谓浓差极化，这就会引起氧的去极化过程发生阻滞。如果要使氧去极化过程继续进行，就必须依赖较远处的溶液中的氧气扩散到金属表面上来，因此溶液中溶解的氧气向金属表面的扩散速度，就对金属腐蚀速度产生决定性的影响。

但是如果剧烈地搅拌溶液或者金属表面的液层很薄，则氧气就很容易到达阴极，在这种情形下，阴极过程主要由第二步骤，即氧的离子化过程所决定。如果这一过程进行缓慢，结果就会使得阴极的电位朝负方移动，引起所谓氧离子化超电压(η_{O_2})。

氧离子化超电压与氢的超电压在涵义上是相似的。

2. 耗氧腐蚀的特点

① 在氧的扩散控制情况下，腐蚀速度与金属的性质关系不大。

例如锌、碳钢、铸铁等金属在天然水或中性溶液中，此时氧向金属表面的扩散成为过程的控制步骤，腐蚀速度主要取决于氧的扩散速度。

② 溶液的含氧量对腐蚀速度影响很大。

溶液内氧含量升高，腐蚀会加速。氧在水溶液内的溶解度随温度和溶液浓度而变。通常，温度升高，一方面使氧的扩散速度加快，另一方面使氧的溶解度降低，如图 1-25 所示，对于敞口系统，当超过某个温度时，溶解度降低占主导(见图 1-26)，因此腐蚀速度随温度升高而降低；而对于封闭系统，温度升高会使气相中氧的分压增大，从而增加了氧的溶解度，因此腐蚀速度随温度升高而增大。

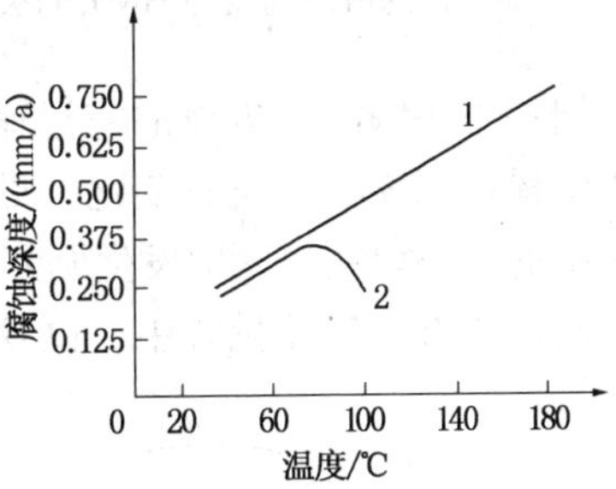

图 1-25　钢在水中腐蚀速度与温度的关系

1—封闭系统；2—敞口系统

溶液浓度升高，氧的溶解度也会降低。如图 1-27 所示。

③ 阴极面积对腐蚀速度的影响。

a. 对于宏观腐蚀电池，发生耗氧腐蚀时，阴极面积增大，到达阴极的总氧量增多，腐蚀速度增大；

b. 对于微观腐蚀电池，其阴极面积的大小(金属或合金中阴极性杂质的多少)，对腐蚀速度无明显影响。

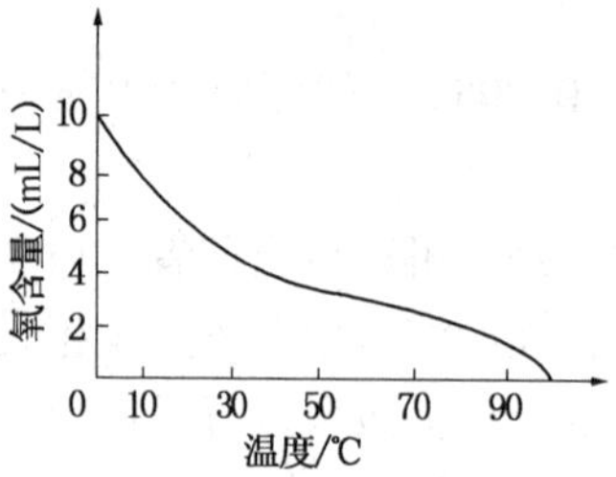

图 1-26　氧在水中的溶解度与温度的关系

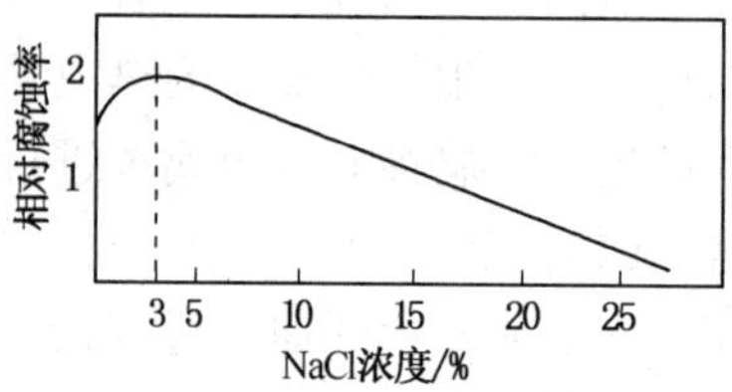

图 1-27　NaCl 浓度对钢耗氧腐蚀的影响

④ 溶液的流动状态对腐蚀速度影响大。

溶液流速增大，氧的扩散更为容易。因此一般情况下，溶液流速增大，腐蚀速度增大。

第六节　金属的钝化

一、钝化现象

电动序中一些较活泼的金属，在某些特定环境中，会变为惰性状态。例如，铝的电极电位很负($E^0_{Al^{3+}/Al}=1.66V$)，但事实上铝在潮湿大气或中性的水中却十分耐蚀；又如，把一块普通的铁片放在硝酸中并观察铁片的溶解速度与浓度的关系。可以发现在最初阶段铁片的溶解速度是随着硝酸浓度的增大而增加的，但当硝酸的浓度增大到一定的浓度时，铁片的溶解速度即迅速降低，若继续增大硝酸浓度，其溶解速度降低到很小(如图 1-28)。此时，我们说金属变成了钝态。

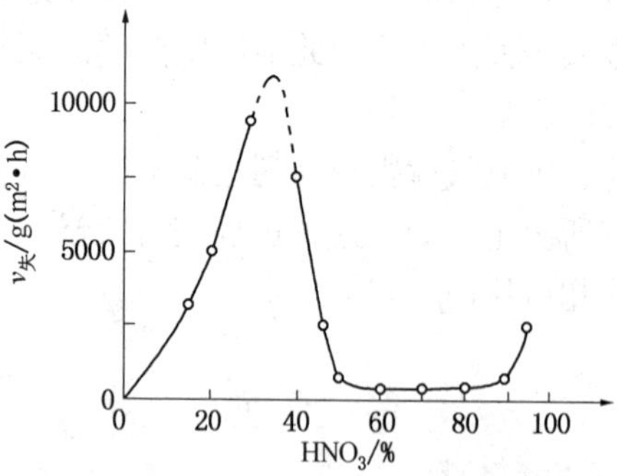

图 1-28　铁的溶解速度与 HNO_3 的关系

金属发生钝化后所形成的表面膜可以从下列实验中观察到。见图 1-29。

把一小块铁浸入 70% 的室温硝酸中，没有反应发生，然后往杯中加等体积的水，使硝酸浓度稀释至 35%也没有变化，见图 1-29(a)、图 1-29(b)，取一根有锐角的玻璃棒划伤硝酸中的一小块铁，立即发生剧烈反应，放出棕色的 NO_2 气体，铁迅速溶解，另取一块铁片直接浸入 35%的室温硝酸中，也发生剧烈的反应，见图 1-29(c)。

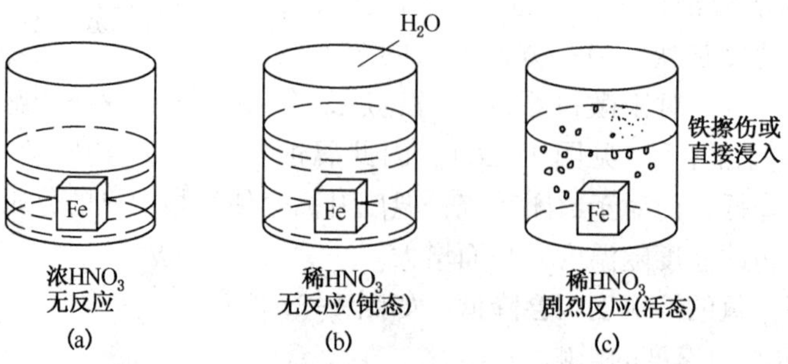

图 1-29　法拉第铁钝化试验示意图

以上就是有名的法拉第铁钝化试验。实验表明：

① 金属钝化需要一定的条件。70%的硝酸可使铁表面形成保护膜，使它在后来不溶于

35%的硝酸中。如果铁不经70%的硝酸处理，则会受到35%硝酸的强烈腐蚀；

② 金属钝化后，腐蚀速度大大降低。当金属发生钝化现象之后，它的腐蚀速度几乎可降低为原来的$1/10^3 \sim 1/10^6$；

③ 钝化状态一般不稳定。像上述实验中，当表面膜一旦被擦伤，立即失去保护作用，金属失去钝性。

因此，钝态虽然提供了一种极好的减轻腐蚀的途径，但由于钝态较易转变为活态，所以必须慎重使用。

二、钝化定义

对钝化的定义有较多的说法。一般认为：某些活泼金属或其合金，在某些环境条件下，由于表面状态的突变，从而失去化学活性的现象，称为金属的钝化。

1. 某些活泼金属或其合金

不仅是铁，其他一些金属，例如铬、镍、钼、钛、锆、不锈钢、铝、镁等金属或合金，在适当条件下都可以钝化。

由于钝化膜的形成，使这个体系由原来没有钝化膜时的较负的腐蚀电位(即活化电位)向正方向移动而形成钝化。所以这类金属往往有两个腐蚀电位(例如在电偶序中的不锈钢就有一个较负的活性电位及一个较正的钝态电位)。因此，这类金属称为活性-钝性金属。

2. 某些环境条件

除硝酸外，其他一系列试剂(通常是强氧化剂)，例如，浓H_2SO_4、KNO_3、$AgNO_3$、$HClO_3$、$K_2Cr_2O_7$、$KMnO_4$等都可以使金属发生钝化；有时溶液中的溶解氧也能使金属钝化。

金属除了可用一些氧化剂处理以使之钝化外，有的还可以采用电化学方法使它变成钝态。

3. 表面状态的突变

金属发生钝化时并非整体钝化，只是表面产生了一层钝化膜，内部仍是活态的。

4. 失去化学活性即表现出钝性

一般认为：某些活泼金属或其合金，由于它们的阳极过程受到阻滞，因而在很多环境中的电化学性能接近于贵金属，这种性能称为金属的钝性。例如铝经钝化后电极电位迅速升高，接近铂、金等贵金属。

三、钝化特性

例如，将铁置于H_2SO_4溶液中作为阳极，用外电流使它阳极极化，假如我们用恒电位仪(一种能控制电极电位恒定的仪器)控制铁阳极保持在一定的电位，然后使铁的电位逐渐升高，同时观察其对应的电流变化，就可以得到如图1-30所示的典型阳极极化曲线(或称S形曲线)。

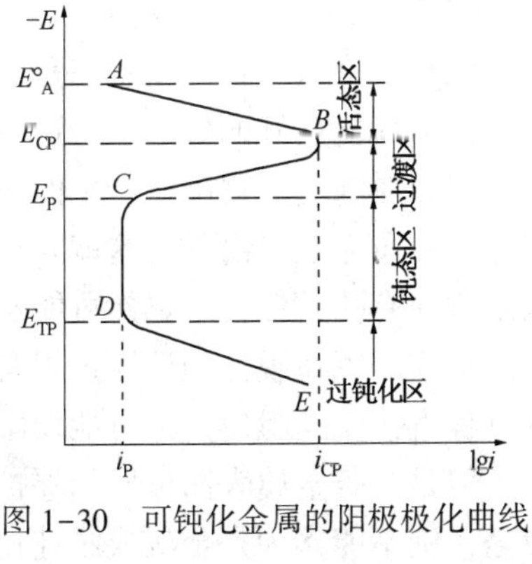

图1-30　可钝化金属的阳极极化曲线

1. 曲线分析

图中的阳极极化曲线被四个特征电位(E°_A、E_{CP}、E_P、E_{TP})分成四个区段。

① 曲线AB段。在低于某一临界电流密度i_{cp}时，进行金属离子化的阳极过程：$Fe \longrightarrow Fe^{2+}+2e$，极化曲线很平坦，表示阳极过程很少受到阻碍。这时金属表面没有钝化膜形成，处于活化状态，金属受到腐蚀，这个区

域称为活化区。

当$E=E_{CP}$时，金属的阳极电流密度达到最大值i_{cp}，称为临界(钝化)电流密度；E_{CP}称为临界电位。

② 曲线BC段。这个区域称为活化-钝化过渡区。当电位达到E_{CP}时，电流超过最大值i_{cp}后立即急剧下降，金属开始钝化，表面开始有钝化膜形成，且不断处于钝化与活化相互转变的不稳定状态，很难测得各点的稳定数值。

③ 曲线CD段。这个区域称为钝化(态)区。当电位到达E_P时，即出现所谓阳极钝化现象，金属表面处于稳定的钝化状态，这时铁的表面已生成了具有足够保护性的氧化膜(γ-Fe_2O_3)，电流密度突然降低到一个很小值i_P，称为维钝电流密度。当进一步使电位逐渐上升时(在CD段内)，电流密度却仍旧保持为很小值i_P，没有什么大的变化。

④ 曲线CD段。即电位高于E_{TP}的区段，称为过钝化区。从过钝化电位E_{TP}开始，阳极电流密度再次随着电位的升高而增大。这种已经钝化了的金属，在很高的电位下，或在很强的氧化剂(如铁在>90%的HNO_3)中，重新由钝态变成活态的现象，称为过钝化。这是因为金属表面原来的不溶性膜转变为易溶性的产物(高价金属离子)，并且在阴极发生新的耗氧腐蚀。

2. 钝化特性参数

上述钝化曲线上的几个转折点，为钝化特性点，它们所对应的电位和电流密度称为钝化特性参数。

对应于曲线B点上的电位E_{CP}，是金属开始钝化时的电极电位，称为临界电位。E_{CP}越小表示金属越易钝化。

B点对应的电流密度i_{cp}是使金属在一定介质中产生钝化所需的最小电流密度，称为临界电流密度。必须超过i_{cp}金属才能在介质中进入钝态。i_{cp}越小则金属越易钝化。

对应于C点上的电流密度i_P是使金属维持钝化状态所需的电流密度，称为维钝电流密度。i_P也就是表示金属处于钝化状态时仍在进行着速度较小的腐蚀。i_P越小，表明这种金属钝化后的腐蚀速度越慢。

E_{CP}、i_{cp}、i_P是三个重要的特性参数，表示活性-钝性金属的钝化性能好坏。

在曲线上从C点到D点的电极电位称为钝化区电位范围。这一区域越宽，表示钝化越容易维持或控制。

四、钝化理论

金属由活性状态转变成为钝态是一个比较复杂的过程，直到现在还没有一个完整的理论来说明所有的金属钝化现象。下面简要地介绍一种主要的钝化理论：成膜理论。

成膜理论认为：钝化状态是由于金属和介质作用时在金属表面生成一种非常薄的、致密的、覆盖性能良好的保护膜，这层保护膜成独立相存在，通常是氧和金属的化合物。

金属在钝化过程中所产生的薄膜，大概起着如下的作用；当薄膜无孔时它可以把金属与腐蚀性介质完全隔离开，这就防止了金属与该介质直接作用，从而使金属基本上停止溶解；如果薄膜有孔，在孔中仍然可能发生金属溶解的过程，但由于进行阴极过程困难增加(由于膜的生成，氧在膜上的还原过程有较大的超电压等原因所引起)或是由于金属离子转入溶液的过程直接受到阻碍，都可能使阳极过程发生阻滞，结果使金属变成钝态。

但是，若金属表面被厚的保护层覆盖，如金属的腐蚀产物、氧化层、磷化层或涂漆层等覆盖，则不能认为是金属成膜钝化，只能认为是化学转化膜。

五、影响金属钝化的因素

1. 金属本身性质的影响

不同的金属具有不同的钝化性能。钛、铝、铬是很容易钝化的金属，它们在空气中及很多介质中钝化，通常称它们为自钝化金属。一些金属的钝化趋势按下列顺序依次减小：钛、铝、铬、钼、镁、镍、铁等。

要注意这个次序并不表示上述金属的耐蚀性也依次递减，而只能代表由于钝态引起的稳定性增加程度的大小而已。

2. 介质的成分和浓度的影响

能使金属钝化的介质主要是氧化性介质。一般说来，介质的氧化性越强，金属越容易钝化。除浓硝酸和浓硫酸外，KNO_3、$AgNO_3$、$HClO_3$、$K_2Cr_2O_7$、$KMnO_4$等强氧化剂都很容易使金属钝化。但是有的金属在非氧化性介质中也能钝化，如钼能在 HCl 中钝化，镁能在 HF 中钝化。

金属在氧化性介质中是否能获得稳定的钝态，必须要注意氧化剂的氧化性能强弱程度和它的浓度。如果在一定的氧化性介质中，无其他活性阴离子存在的情况下，金属能够处于稳定的钝化状态，存在着一个适宜的浓度范围，浓度过与不足都会使金属活化造成腐蚀。

介质中含有活性阴离子如 Cl^-、Br^-、I^-等时，由于它们能破坏钝化膜而引起孔蚀。如浓度足够高时，还可能使整个钝化膜被破坏，引起活化腐蚀。

3. 介质 pH 值的影响

对于一定的金属来说，在它能形成钝性表面的溶液中，一般地，溶液的 pH 值越高，钝化越容易。如碳钢在碱性介质中易钝化。但要注意，某些金属在强碱性溶液中，能生成具有一定溶解度的酸根离子，如 ZnO_2^{2-} 和 PbO_2^{2-}，因此，它们在碱液中也较难钝化。

实际上，金属在中性溶液里一般钝化较容易，而在酸性溶液中则要困难得多，这往往与阳极反应产物的溶解度有关。如果溶液中不含有络合剂和其他能和金属离子生成沉淀的阴离子，对于大多数金属来说，它们的阳极反应生成物是溶解度很小的氧化物或氢氧化物。而在强酸性溶液中则生成溶解度很大的金属盐。

4. 氧的影响

溶液中的溶解氧对金属的腐蚀性具双重作用。在扩散控制情况下，一方面氧可作为阴极去极化剂引起金属的腐蚀；另一方面如果氧在供应充分的条件下，又可促使金属进入钝态。因此，氧也是助钝剂。

5. 温度的影响

温度越低，金属越容易钝化；温度越高，钝化越困难。

六、金属钝性的应用

典型的 S 形阳极极化曲线不仅可以用以解释活性-钝性金属的阳极溶解行为，而且还提供了一个给钝性下定义的简便方法，那就是，呈现典型 S 形阳极极化曲线的金属或合金就是钝性金属或合金(钛是例外，没有过钝化区)。

但是，如图 1-30 仅仅表示了一条阳极极化曲线，而实际上一个腐蚀体系是阳极过程与阴极过程同时进行的，所以实际上一个腐蚀体系的腐蚀速度应是这一体系的阴极行为和阳极行为联合作用的结果。

图 1-31 示出了在不同的介质条件下，阴极过程对金属钝化的影响。

第一种情况它有一个稳定的交点 a，位于活化区，表示金属发生活性溶解，具有较高的

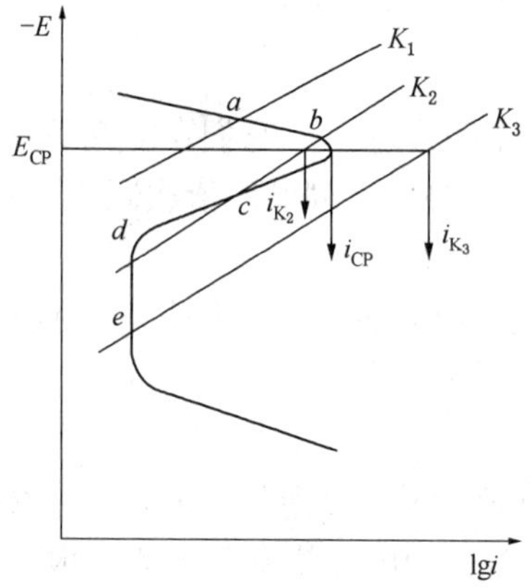

图 1-31　阴极过程对金属钝化的影响

腐蚀速度，此种情况如钛在无空气的稀硫酸或盐酸中以及铁在稀硫酸中迅速溶解不能钝化的情况。

第二种情况可能有三个交点 b、c、d，其腐蚀电位分别落在活化区、过渡区和钝化区。c 点处于电位不稳定状态，体系不能在这点存在，其余两点是稳定的，金属可能处于活化态，也可能处于钝化态，即钝化很不稳定。此种情况类似于铁在 35%硝酸中：若将铁片直接浸入 35%的室温硝酸中，发生剧烈的腐蚀，铁表面处于活化态(b 点)；若将铁片先浸入 70%的硝酸中，然后再浸入 35%的硝酸中，此时铁表面处于钝化态(d 点)，腐蚀速度很小以致观察不到。但此时钝态不稳定，一旦表面膜被破坏，则铁表面立即由钝化态(d 点)转变到活化态(b 点)，又开始剧烈腐蚀。

第三种情况只有一个稳定的交点 e，位于钝化区，对于这种体系金属或合金将自发钝化并保持钝态，这个体系不会活化并表现出很低的腐蚀速度，如铁在浓硝酸中就属于这种情况。

显然，从工程的角度来看我们最希望发生第三种情况，这种腐蚀体系称为自钝化体系。在这种腐蚀体系中，钝化膜即使偶尔破损，能立即自动修补。

根据以上对活性-钝化金属耐蚀性的讨论可知，使金属电位保持在钝化区的方法一般有以下三种。

① 阳极钝化法。就是用外加电流使金属阳极极化而获得钝态的方法，也叫电化学钝化法。例如碳钢在稀硫酸中，采取阳极保护法就是这种方法。

② 化学钝化法。就是用化学方法使金属活性状态变为钝态的方法。例如，将金属放在一些强氧化剂中如浓硝酸、浓硫酸、重铬酸盐等溶液中处理，可生成保护性氧化膜。能引起金属钝化的物质叫钝化剂。缓蚀剂中阳极型缓蚀剂就是利用钝化的原理。氧气也是有些金属的钝化剂，如铝、铬、不锈钢等在空气中氧或溶液中氧的作用下即可自发钝化，因而具有很好的耐蚀性。

③ 利用合金化方法使金属钝化。例如在碳钢中加入铬、镍、铝、硅等合金元素可使碳钢的钝化区范围变大，提高了碳钢的耐蚀性。不锈钢在防腐中应用广泛，正是因为铁中加入易钝化的金属铬后产生了钝化效应，使其具有良好的耐蚀性。

第二部分　防腐的基本技能

基本技能一　根据现场诊断，进行腐蚀类型、机理判断的能力

基本要求

1. 对设备腐蚀状态会进行动、静态检测；

2. 根据现场特点、外观特征等会进行腐蚀类型判断和腐蚀机理分析。

相关知识和基本原理

1. 金属的局部腐蚀；

2. 金属在常见环境中的腐蚀。

第二章　金属的局部腐蚀

第一节　局部腐蚀概述

金属腐蚀若按腐蚀形态可分为全面腐蚀和局部腐蚀两大类。腐蚀分布在整个金属表面上(它可以是均匀的，也可以是不均匀的)就是全面腐蚀。如果金属表面上各部分的腐蚀程度存在着明显的差异，这种腐蚀就是局部腐蚀。局部腐蚀是指腐蚀破坏集中在金属表面某一区域，而金属其他大部分区域则几乎不发生腐蚀或腐蚀很轻微。

从腐蚀电池角度分析，全面腐蚀的腐蚀电池的阴、阳极面积非常微小且紧密相连，以至于有时用微观方法也难以把它们分辨，或者说，大量的微阴极、微阳极在金属表面上不规则地分布着。例如金属的自溶解就是在整个电极表面上均匀进行的腐蚀。

局部腐蚀的阳极区和阴极区一般是截然分开的，其位置可用肉眼或微观检查方法加以区分和辨别。而且大多数都是阳极区面积很小、阴极区面积相对较大，由此导致在金属表面很小的局部区域，腐蚀速度很高，有时它们的腐蚀速度和表面上绝大部分区域相比，腐蚀速度可以相差几十万倍。例如，钝性金属表面的小孔腐蚀(孔蚀)、隙缝腐蚀等就属于这种情况，这些是最典型的局部腐蚀。

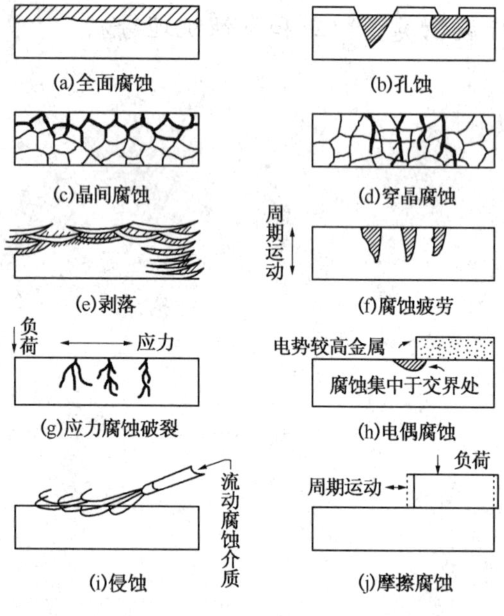

图 2-1　若干局部腐蚀类型示意图

归纳起来，和全面腐蚀比较，局部腐蚀电池有如下一些特征：①阴、阳极相互分离，可分别测出其腐蚀电位；②阴、阳极面积不等，通常是大阴极、小阳极；③阳极腐蚀速度远大于阴极腐蚀速度(即腐蚀产生在局部区域)；④腐蚀产物一般无保护作用，有时甚至会促进腐蚀。

就腐蚀形态的种类而言，全面腐蚀的腐蚀形态单一，而局部腐蚀的腐蚀形态较多，而且腐蚀形态各异。图 2-1 表示出了局部腐蚀的各种形态。

就腐蚀的破坏程度而言，金属发生局部腐蚀的腐蚀量往往比全面腐蚀要小，甚至要小很多，但对金属强度和金属制品整体结构完整性的破坏程度却比全面腐蚀大得多。所以，全面腐蚀可以预测和预防，危害性较小，但对局部腐蚀来说。至少目前的预测和预防还很困难，以至于腐蚀破坏事故常常是在没有明显预兆下突然发生，对金属结构具有更大的破坏性。

从全面腐蚀和局部腐蚀在腐蚀破坏事例中所占的比例来看，局部腐蚀所占的比例要比全面腐蚀大得多。据粗略统计，局部腐蚀所占的比例通常高于 80%，而全面腐蚀所占的比例不超过 20%。

表 2-1 给出了全面腐蚀与局部腐蚀的比较。

表 2-1　全面腐蚀与局部腐蚀比较

比较项目	全 面 腐 蚀	局 部 腐 蚀
腐蚀形貌	腐蚀分布在整个金属表面上	腐蚀破坏主要集中在一定区域上，其他部分不腐蚀
腐蚀电池	阴阳极在表面上变幻不定，阴阳极不可辨别	阴阳极在微观上可分辨
电极面积	阴极 = 阳极	阳极≪阴极
电位	阴极电位 = 阳极电位 = 腐蚀电位（混合电位）	阳极电位<阴极电位
极化图	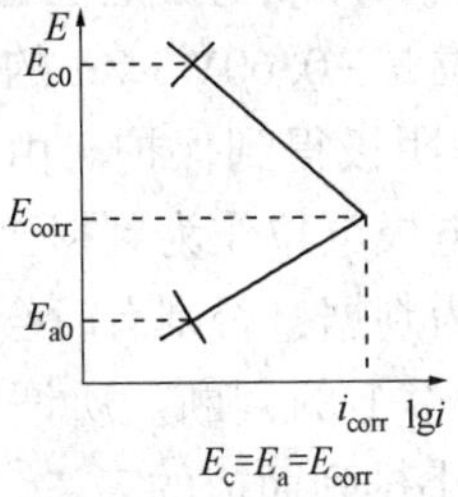	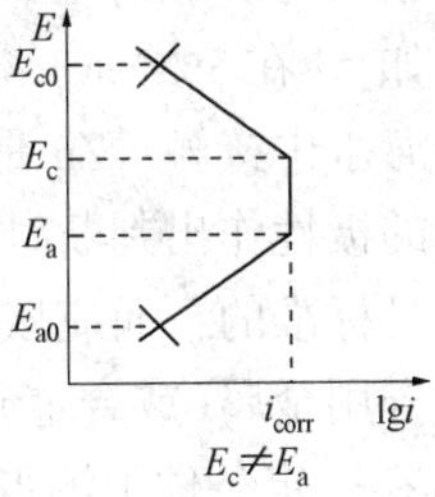
腐蚀产物	可能对金属具有保护作用	无保护作用

有些情况下全面腐蚀与局部腐蚀很难区分。如果整个金属表面上都发生明显的腐蚀，但是腐蚀速度在金属表面各部分分布不均匀，部分表面的腐蚀速度明显大于其余表面部分的腐蚀速度，如果这种差异比较大，以致金属表面上显现出明显的腐蚀深度的不均匀分布，我们也习惯地称为“局部腐蚀”。例如，低合金钢在海水介质中发生的坑蚀；在酸洗时发生的腐蚀孔和隙缝腐蚀等都属于这种情况。一般情况下，如果以宏观的观察方法能够测量出局部区域的腐蚀深度明显大于邻近表面区域的腐蚀深度，就可以认为是局部腐蚀。

本章重点介绍常见的局部腐蚀有电偶腐蚀、小孔腐蚀、缝隙腐蚀、晶间腐蚀和应力腐蚀破裂等。

第二节　电偶腐蚀

一、电偶腐蚀的概念

当两种不同的金属或合金接触并放入电解质溶液中或在自然环境中，由于两种金属的腐蚀电位不等，原腐蚀电位较负的金属腐蚀速度增加，而电位较正的金属腐蚀速度反而减小，这就是电偶腐蚀。电偶腐蚀也称为双金属腐蚀或接触腐蚀。电偶腐蚀实际上就是由于材料差别引起的宏电池腐蚀。

电偶腐蚀存在于众多的工业装置和工程结构中，它是一种最普遍的局部腐蚀类型。纽约著名的自由女神铜像内部的钢铁支架发生的严重腐蚀就是因为发生了电偶腐蚀，许多钢铁支架锈蚀得只剩下原来的一半，铆钉也已脱落；同时在潮湿空气、酸雨等作用下，铜皮外衣也被腐蚀得比原先薄了许多。

轮船、飞机、汽车等许多交通工具都存在着异种金属的相互接触，都会引起程度不同的电偶腐蚀。电偶腐蚀甚至存在于电子和微电子装备中，它们在临界湿度以上及腐蚀性大气环境下工作时，许多铜导线、镀金、镀银件与焊锡相接触而产生严重的电偶腐蚀。

有时，两种不同的金属虽然没有直接接触，但也有引起电偶腐蚀的可能。例如循环冷却系统中的铜零件，由于腐蚀下来的铜离子可通过扩散在碳钢设备表面上沉积，沉积下的疏松的铜粒子与碳钢之间便形成了微电偶腐蚀电池，结果引起碳钢设备严重的局部腐蚀。这种现象是由于构成了间接的电偶腐蚀，可以说是一种特殊条件下的电偶腐蚀。

二、金属的电偶序与电偶腐蚀倾向

异种金属在同一介质中相接触，哪种金属为阳极，哪种金属做阴极，阳极金属的电偶腐蚀倾向有多大，这些原则上都可以用热力学理论进行判断。但能否用它们的标准电极电位的相对高低作为判断的依据呢？现以 Al 和 Zn 在海水中的接触为例。若从它们的标准电极电位来看，Al 的标准电极电位是-1.66V，Zn 的是-0.762V，二者组成偶对，Al 为阳极，Zn 为阴极，所以，Al 应受到腐蚀，Zn 应得到保护。但事实则刚好相反，Zn 受到腐蚀，Al 却得到保护。判断结果与实际情况不符，原因是确定某金属的标准电极电位的条件与海水中的条件相差很大。如 Al 在 3%NaCl 溶液中测得的腐蚀电位是-0.60V，Zn 的腐蚀电位是-0.83V。所以二者在海水中接触，Zn 是阳极受到腐蚀，Al 是阴极得到保护。由此可见，当我们对金属在偶对中的极性作出判断时，不能以它们的标准电极电位作为判据，因为金属所处的实际环境不可能是标准的，而应该以它们的腐蚀电位作为判据，否则有时会得出错误的结论。具体来说，可查用金属（或合金）的电偶序来作出热力学上的判断。所谓电偶序，就是根据金属（或合金）在一定条件下测得的稳态电位的相对大小排列而成的表。

表 2-2 列出了在海水中测定的一些金属和合金的电偶序。

表 2-2　若干金属和合金在海水中的电偶序（常温）

镁 镁合金 锌 镀锌钢	↑ 电位负（阳极）
铝　1100（含 Al99%以上） 铝　2024（含 Cu4.5，Mg1.5，Mn0.6 的铝合金）	
软钢 熟铁 铸铁	
13%Cr 不锈钢 410 型（活性的） 18-8 不锈钢 304 型（活性的） 18-12-3 不锈钢 316 型（活性的）	
铅锡钎料 铅 锡	
熟铜（Muntz Metal）（Cu61，Zn39） 锰青铜 海军黄铜（Naval Brass）（Cu60.5 Zn38.7 Sn0.75）	
镍（活性的） 76Ni-16Cr-7Fe（活性的）	
60Ni-30Mo-6Fe-1Mn	
海军黄铜（Admiralty Brass）（Cu71，Zn28，Sn1.0，Sb 或 As0.06） 铅黄铜 铜 硅青铜	
70-30 Cu-Ni G-青铜 银钎料 镍（钝态的） 76Ni-16Cr-7Fe（钝态的）	
13%Cr 不锈钢 410 型（钝态的） 钛	
18-8 不锈钢 304 型（钝态的） 18-12-3 不锈钢 316 型（钝态的）	
银	
石墨 金 铂	电位正（阴极）↓

在使用电偶序时应注意以下事项。

① 在电偶序中，通常只列出金属稳态电位的相对关系，而不是把每种金属的稳态电位值列出，其主要原因是海洋环境变化甚大，海水的温度、pH 值、成分及流速都很不稳定，所测得的电位值也在很大的范围内波动，即数据的重现性差。加上测试方法不同，所以数据相差较大，一般所测得的大多数值属于经验性数据，缺乏准确的定量关系，所以列出金属稳态电位的真实值意义就不大。但表中的上下关系可以定性地比较出金属电偶腐蚀的倾向，这对我们从热力学上判断金属在偶对中的极性和电偶腐蚀倾向有参考价值。

② 由表中上下位置相隔较远的两种金属在海水中组成偶对时，阳极受到的腐蚀较严重，因为从热力学上来说，二者的开路电位差较大，腐蚀推动力亦大。反之，由上下位置相隔较近的两种金属偶合时，则阳极受到的腐蚀较轻。位于表中同一横行的金属，又称为同组金属，表示它们之间的电位相差很小(一般电位差<50mV)，当它们在海水中组成偶对时，它们的腐蚀倾向小至可以忽略的程度。如铸铁-软钢、黄铜-青铜等，它们在海水中使用，不必担心会引起严重的电偶腐蚀。

③ 这里必须指出要区别电动序与电偶序。它们在形式上有相似之处，但它们的含义是不同的：电动序是纯金属在平衡可逆的标准条件下测得的电极电位排列顺序，其用途是用来判断金属腐蚀的倾向；而电偶序则是按非平衡可逆体系的稳定电位来排列的，其用途是用来判断在一定介质中两种金属耦合时产生电偶腐蚀的可能性，如能产生则可判断哪一个是阳极，哪一个是阴极。

三、电偶腐蚀的影响因素

影响电偶腐蚀的因素较复杂。除了与接触金属材料的性质有关外，还受其他因素，如面积效应、极化效应、溶液电阻等因素有关。其中比较重要的因素是偶接金属材料的性质与阴、阳极的面积比。

1. 金属材料的起始电位差

电偶腐蚀的推动力是电位差，若稳定电位(腐蚀电位)起始电位差越大，则电偶腐蚀的倾向越大。

凭借腐蚀电偶序仅能估计体系发生电偶腐蚀倾向的大小，而电偶腐蚀的速度，不仅取决于这一电偶在所在介质中电位差的大小，还取决于这一腐蚀电偶回路的电阻值、组成电偶的两个电极极化所达到的程度和正负极材料的面积比、腐蚀产物的性质等因素。只有把热力学因素和动力学因素结合起来研究才能得出全面的结论。

2. 面积效应

所谓面积效应就是指电偶腐蚀电池中阴极和阳极面积之比对腐蚀过程的影响。不同金属耦合的结构，在不同的电极面积比下，对阳极的腐蚀速度就有不同的影响。现以两个实际结构的例子加以说明。

图 2-2(a)表示钢板用铜螺钉联接，这是属于大阳极小阴极的结构。由于阳极面积大，阳极溶解速度相对减小，不致于在短期内引起连接结构的破坏，因而相对地较为安全。

图 2-2(b)表示铜板用钢螺钉联接，这是属于大阴极小阳极的结构，由于这种结构可使阳极腐蚀电流急剧增加，连接结构很快受到破坏。

阴、阳极面积比的增大与阳极的腐蚀速度呈直线函数关系，增加极为迅速，见图 2-3。

在生产中，由于忽视电偶腐蚀及其面积效应问题而造成严重损失的例子很多。如某化工厂为使设备延长使用期，把原来用碳钢制造的反应器塔板改用不锈钢制造，但却用碳钢螺栓来紧固不锈钢板，结果使用不到一年螺栓全部断裂，塔板被冲垮。

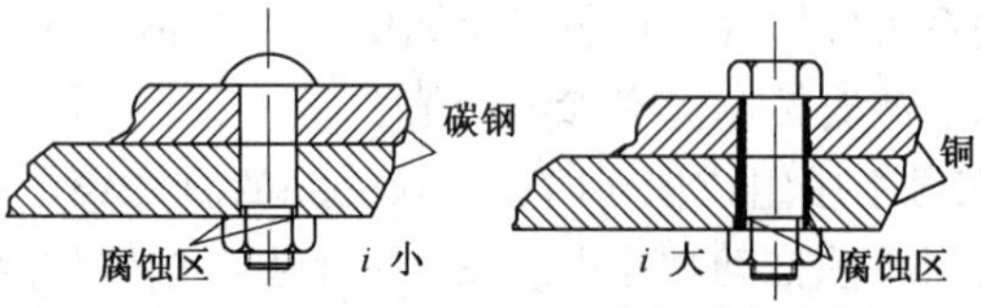

(a)铜螺钉连接碳钢板　　(b)碳钢螺钉连接铜板

图 2-2　不同连接方式对面积比的影响

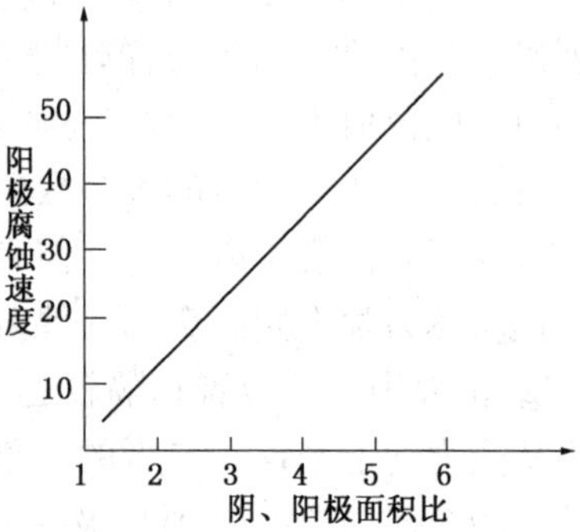

图 2-3　面积效应

3. 介质电导率

对电偶腐蚀而言，介质电导率的高低直接影响阳极区腐蚀电流分布的不均匀性。因为通常阳极金属腐蚀电流的分布是不均匀的，距离结合部越远，腐蚀电流越小。从实际观察电偶腐蚀破坏的结果也表明，阳极体的破坏最严重处是在不同金属接触处附近。距离接触处越远，腐蚀电流越小，腐蚀就越轻。例如，在电导率较高的海水中，两极间溶液的欧姆阻降较小，电偶电流可以分布到离接触点较远的阳极表面上，阳极受腐蚀相对较为均匀。而溶液电导低的软水或普通大气中，两极间引起溶液欧姆阻降较大，腐蚀电流能达到的有效距离很小，腐蚀便集中在接触处附近的阳极表面上，形成很深的沟槽。这种情况特别要注意，不要误认为介质导电率低，可不采取有效的防护措施，从而产生因电偶腐蚀导致的严重破坏事故。

四、电偶腐蚀的防护措施

电偶腐蚀的防止方法主要考虑以下几个方面。

① 在设计选材方面尽量避免使用不同的金属材料相互接触；如果不可避免时，则应尽量选用电偶序中相隔较近的金属。

② 避免形成大阴极小阳极的不利面积效应。

③ 如已采用了不同的金属材料相接触，应使它们彼此绝缘。

④ 采用焊接工艺时，焊条材质成分应当与基体金属一致或使用较高一级的焊条。

⑤ 应用涂层方法。如：在两种金属上都镀上同一种金属镀层。在使用非金属涂料时，要注意不仅要把阳极材料覆盖起来，而应把阴极材料一起覆盖起来。

⑥ 将阳极部件设计成易更换并且廉价的材料，这样在经济上是合理的。

⑦ 采用电化学保护。

第三节　小孔腐蚀

一、孔蚀的概念及特征

金属材料在某些环境介质中经过一定时间后，大部分表面不发生腐蚀或腐蚀很轻微，但在表面上个别地方或微小区域内，会出现腐蚀孔或麻点，且随着时间的推移，腐蚀孔不断向纵深方向发展，形成腐蚀穿孔，这种腐蚀称为小孔腐蚀，简称孔蚀或点蚀。见图 2-4。

孔蚀是化工生产和航海业中经常遇到的腐蚀破坏类型。孔蚀通常具有如下几个特征：

图 2-4　金属铝表面产生的孔蚀

① 孔蚀多发生在易钝化金属或合金表面上，例如不锈钢、铝合金等。在含有卤素离子的腐蚀性介质中易发生孔蚀。其原因是钝化金属表面的钝化膜并不是均匀的，如果钝性金属的组织中含有非金属夹杂物（如硫化物等），则金属表面在夹杂物处的钝化膜比较薄弱，或者钝性金属表面上的钝化膜被外力划伤，在活性阴离子的作用下，腐蚀小孔就优先在这些有缺陷的局部表面形成。

如果金属基体上镀一些阴极性镀层（如钢上镀 Cr、Ni、Cu 等），在镀层的孔隙处或缺陷处也容易发生孔蚀。这是因为镀层缺陷处的金属与镀层完好处的金属形成电偶腐蚀电池，镀层缺陷处为阳极，镀层完好处为阴极，由于阴极面积远大于阳极面积，使小孔腐蚀向深处发展，以致形成腐蚀小孔。当阳极性缓蚀剂用量不足时，也会引起孔蚀。

② 孔蚀易发生于有特殊离子的介质中。一般来说，在含有卤素阴离子的溶液中，金属最易发生孔蚀。

多数情况下，既有钝化剂（如溶解氧）同时又有活化剂（如 Cl^-）存在的腐蚀环境是易钝化金属发生孔蚀的重要条件。

③ 从腐蚀形貌上看，多数蚀孔小而深，孔径一般小于 2mm，孔深常大于孔径，甚至穿透金属板，也有的蚀孔为碟形浅孔等。蚀孔分散或密集分布在金属表面上。孔口多数被腐蚀产物所覆盖，少数呈开放式（无腐蚀产物覆盖）。所以，孔蚀是一种外观隐蔽而破坏性很大的局部腐蚀。

④ 从腐蚀电池的结构上看，孔蚀是金属表面保护膜上某些缺陷点发生破坏，使膜下的金属基体呈活化状态，而保护膜仍呈钝化状态，便形成了活化—钝化腐蚀电池。钝化表面为阴极，其表面积比活化区大得多，所以，孔蚀是一种大阴极小阳极腐蚀电池引起的阳极区高度集中的局部腐蚀形式。

⑤ 蚀孔通常沿着重力方向发展，例如，一块平放在介质中的金属，蚀孔多在朝上的表面出现，很少在朝下的表面出现。蚀孔一旦形成，孔蚀即向深处自动加速进行。

⑥ 孔蚀加速发展的原因是闭塞电池的自催化作用。即：随着蚀孔的生长，在孔口周围生成铁锈及其他沉积物，使孔内介质处于滞流状态，这样就构成了闭塞电池。随着孔内金属离子的增加，吸引孔外溶液中的阴离子（如 Cl^-）扩散至闭塞电池内部，然后再发生水解，使小孔内酸度明显增加，从而使蚀孔内金属腐蚀速度进一步增加。这种由闭塞电池引起的蚀孔内溶液酸化，从而加速金属腐蚀的作用称为自催化作用。

⑦ 孔蚀的破坏性和隐患性很大，不但容易引起设备穿孔破坏，而且易于发生晶间腐蚀、应力腐蚀、腐蚀疲劳等。在很多情况下孔蚀是引起这类局部腐蚀的起源。

二、孔蚀的影响因素

孔蚀的产生与金属的性质、合金的成分、组织、表面状态、介质成分、性质、pH 值、温度和流速等因素有关。归纳起来主要因素有两方面：即材料和介质。

1. 材料因素

（1）金属性质的影响

金属性质对孔蚀有重要影响。一般具有自钝化特性的金属或合金对孔蚀的敏感性较高，并且钝化能力愈强，则敏感性愈高。

(2) 合金元素的影响

不锈钢中 Cr 是最有效的提高耐孔蚀性能的元素。在一定含量下增加含 Ni 量，也能起到减轻孔蚀的作用，而加入2%~5%的 Mo 能显著提高不锈钢耐孔蚀性能。多年来，人们对合金元素对不锈钢孔蚀的影响进行大量研究的结果表明，Cr、Ni、Mo、N 元素都能提高不锈钢抗孔蚀能力，而 S、P、C 等会降低不锈钢抗孔蚀能力。

(3) 表面状态的影响

一般来说，表面状态如抛光、研磨、浸蚀、变形对孔蚀有一定影响。例如，随着金属表面光洁度的提高，其耐孔蚀能力增强；电解抛光可使钢的耐孔蚀能力提高；一般，光滑、清洁的表面不易发生孔蚀，积有灰尘或有非金属和金属杂屑的表面易引起孔蚀；而经冷加工使金属表面产生变形的粗糙表面或加工后的焊渣，都会导致耐孔蚀能力下降。

2. 介质因素

(1) 溶液组成及浓度的影响

一般来说，在含有卤素阴离子的溶液中，金属最易发生孔蚀。由于卤素离子能优先地被吸附在钝化膜上，把氧原子排挤掉，然后和钝化膜中的阳离子结合生成可溶性卤化物，产生小孔，导致膜的不均匀破坏。其作用顺序是：$Cl^- > Br^- > I^-$。F^-只能加速金属表面的均匀溶解而不会引起孔蚀。因此，Cl^-又可称为孔蚀的“激发剂”。随着介质中 Cl^-浓度增大，使孔蚀容易发生，而后又加速孔蚀的进行。

在氯化物中，含有氧化性金属阳离子的氯化物，如 $FeCl_3$、$CuCl_2$、$HgCl_2$等属于强烈的孔蚀激发剂。但是，一些含氧的非侵蚀性阴离子，如 OH^-、NO_3^-、CrO_4^{2-}、SO_4^{2-}、ClO_4^-等具有抑制孔蚀的作用。

(2) 溶液温度的影响

随着溶液温度的升高，Cl^-反应能力增大，同时膜的溶解速度也提高，因而使膜中的薄弱点增多。所以，温度升高使孔蚀加重，或使在低温下不发生孔蚀的材料发生孔蚀。

(3) 溶液流速的影响

通常，在静止的溶液中易形成孔蚀，因为此时不利于阴、阳极间的溶液交换。若增加流速则使孔蚀速度减小，这是因为介质的流速对孔蚀的减缓起双重作用。加大流速(但仍处于层流状态)，一方面有利于溶解氧向金属表面的输送，使钝化膜容易形成；另一方面可以减少金属表面的沉积物以及 Cl^-在金属表面的沉积和吸附，消除加速腐蚀的作用(闭塞电池的自催化作用)。例如，不锈钢制造的海水泵在运行过程中不易产生孔蚀，而在静止的海水中便会产生孔蚀。但把流速增加到湍流时，钝化膜经不起冲刷而被破坏，便会引起另一类型的腐蚀，即磨损腐蚀。

三、孔蚀的防护措施

防止孔蚀的措施可以从两方面考虑，首先从材料本身的角度考虑，即选择耐孔蚀的材料，其次是改善材料使用的环境或采用电化学保护等，例如向腐蚀性介质中加入合适的缓蚀剂。此外，可采取提高溶液的流动速度及降低介质温度等。

1. 从材料角度出发

(1) 添加耐孔蚀的合金元素

加入合适的耐孔蚀的合金元素，降低有害杂质。例如，添加抗孔蚀的合金元素 Cr、Mo、Ni 和 N，降低有害元素和杂质 C、S 等，会明显提高不锈钢在含 Cl^-溶液中耐孔蚀的性能。

除了提高不锈钢中的含 Cr 量外，Mo 也是抗孔蚀重要的合金元素。目前耐孔蚀性能较好的材料有铁素体-奥氏体双相不锈钢(如 00Cr25NiM03N)。在海洋工程中，双相不锈钢作为耐孔蚀以及由此而引起的应力腐蚀裂开和腐蚀疲劳的耐海水腐蚀材料，得到了广泛的应用。

(2) 选用耐孔蚀的合金材料

避免在 Cl^-浓度超过拟选用的合金材料临界 Cl^-浓度值的环境条件中使用这种合金材料。在海水环境中，不宜使用 18-8 型的 Cr-Ni 不锈钢制造的管道、泵和阀等。例如，原设计寿命要求达 10 年以上的大型海水泵，由于选用了这类 Cr-Ni 不锈钢制造的泵轴，结果仅使用了半年就断裂报废。这是由于在海水中 Cl^-浓度已超过了这种材料不发生孔蚀的临界 Cl^-浓度值，这类 Cr-Ni 不锈钢在海水中极易诱发孔蚀，最后导致材料的早期腐蚀疲劳断裂。可见，不仅孔蚀本身对工程结构有极大的破坏性，而且，它往往还是诱发和萌生应力腐蚀裂开和腐蚀疲劳断裂等低应力脆性断裂裂纹的起始点。

在奥氏体不锈钢中，耐孔蚀性能高低的顺序为 18Cr-9Ni<17 Cr-12Ni-2.5Mo<20Cr-14Ni-3.5Mo。近十几年来还发展了很多耐孔蚀不锈钢，这些钢中都含有较多的 Cr、Mo，有的还含有 N，而碳含量都低于 0.03%。双相钢及高纯铁素体不锈钢抗孔蚀性能都是良好的。钛和钛合金有最好的抗孔蚀性能。

(3) 保护好材料表面

在设备的制造、运输、安装过程中，不要碰伤或划破材料表面膜；焊接时注意焊渣等飞溅物不要落在设备表面上，更不能在设备表面上引弧。

2. 从环境、介质角度出发

(1) 改善介质条件

如降低溶液中 Cl^-含量，防止 Fe^{3+}及 Cu^{2+}存在，降低温度，提高 pH 值等皆可减少孔蚀的发生。

(2) 使用缓蚀剂

特别在封闭系统中使用缓蚀剂最有效，用于不锈钢的缓蚀剂有硝酸盐、铬酸盐、硫酸盐和碱，最有效的是亚硝酸钠。但要注意，缓蚀剂用量不足，反而会加速腐蚀。

(3) 控制适当流速

不锈钢等钝化型材料在滞流或缺氧的条件下易发生孔蚀，控制适当流速可减轻或防止孔蚀的发生。

3. 电化学保护

采用电化学保护也可抑制孔蚀的发生，通常为阴极保护。

第四节　缝隙腐蚀

一、缝隙腐蚀的概念及特征

缝隙腐蚀是一种常见的局部腐蚀。金属部件在介质中，由于金属与金属或金属与非金属之间形成特别小的缝隙(一般在 0.025~0.1mm 范围内)，使缝隙内介质处于滞留状态，引起缝隙内金属的加速腐蚀，这种局部腐蚀称为缝隙腐蚀。

可能构成缝隙腐蚀的缝隙包括：金属结构的铆接、焊接、螺纹连接等处构成的缝隙；金属与非金属的连接处，如金属与塑料、橡胶、石墨等处构成的缝隙；金属表面的沉积物、附着物，如灰尘、沙粒、腐蚀产物、细菌菌落或海洋污损生物等与金属表面形成的狭小缝隙等；此外，许多金属构件由于设计上的不合理或由于加工过程等关系也会形成缝隙，这些缝隙是发生隙缝腐蚀的理想场所。多数情况下的缝隙在工程结构中是不可避免的，所以缝隙腐蚀也是不可完全避免的。

缝隙腐蚀具有如下的基本特征：

① 几乎所有的金属和合金都有可能引起缝隙腐蚀。从正电性的 Au 或 Ag 到负电性的 Al 或 Ti；从普通的不锈钢到特种不锈钢，都会产生缝隙腐蚀。但它们对缝隙腐蚀的敏感性有所不同，具有自钝化特性的金属或合金对缝隙腐蚀的敏感性较高，不具有自钝化能力的金属和合金，如碳钢等对缝隙腐蚀的敏感性较低。例如 0Crl8Ni8Mo3 奥氏体不锈钢，是一种能耐多种苛刻介质腐蚀的优良合金，也会产生缝隙腐蚀。

② 几乎所有的腐蚀性介质都有可能引起金属的缝隙腐蚀。介质可以是酸性、中性或碱性的溶液，但一般以充气的、含活性阴离子(如 Cl^-等)的中性介质最易引起缝隙腐蚀。

③ 遭受缝隙腐蚀的金属，在缝隙内呈现深浅不一的蚀坑或深孔。缝隙口常有腐蚀产物覆盖，即形成闭塞电池。因此缝隙腐蚀具有一定的隐蔽性，容易造成金属结构的突然失效，具有相当大的危害性。

④ 与孔蚀相比，同一金属或合金在相同介质中更易发生缝隙腐蚀。对孔蚀而言，原有的蚀孔可以发展，但不产生新的蚀孔，而在发生缝隙腐蚀电位区间内，缝隙腐蚀既能发展，又能产生新的蚀坑，原有的蚀坑也能发展，所以，缝隙腐蚀是一种比孔蚀更为普遍的局部腐蚀。

⑤ 与孔蚀一样，造成缝隙腐蚀加速进行的根本原因是闭塞电池的自催化作用。换言之，光有氧浓差作用而没有自催化作用，不至于构成严重的缝隙腐蚀。

二、缝隙腐蚀与孔蚀的比较

缝隙腐蚀和孔蚀有许多相似的地方，尤其在腐蚀发展阶段上更为相似。于是有人曾把孔蚀看作是一种以蚀孔作为缝隙的缝隙腐蚀，但只要把两种腐蚀加以分析和比较，就可以看出两者有本质上的区别。

① 从腐蚀发生的起因来看，孔蚀强调金属表面的缺陷导致形成孔蚀核，而缝隙腐蚀强调金属表面的合适缝隙导致形成缝隙内外的氧浓差。孔蚀必须在含活性阴离子的介质中才会发生，而缝隙腐蚀即使在不含活性阴离子的介质中也能发生。

② 从腐蚀过程来看，孔蚀是通过逐渐形成闭塞电池，然后才加速腐蚀的，而缝隙腐蚀由于事先已有缝隙，腐蚀刚开始很快便形成闭塞电池而加速腐蚀。孔蚀闭塞程度较大，缝隙腐蚀闭塞程度较小。

③ 从腐蚀形态看，孔蚀的蚀孔窄而深，缝隙腐蚀的蚀坑相对广而浅。

三、缝隙腐蚀的影响因素

金属缝隙腐蚀的发生与许多因素有关，主要有材料因素、几何因素和环境因素。

1. 材料因素

不同的金属材料耐缝隙腐蚀的性能不同。对于耐蚀性依靠氧化膜或钝化层的金属或合金，特别容易发生。不锈钢中随着 Cr、Mo、Ni、N、Cu、Si 等元素含量的增高，增加了钝化膜的稳定性和钝化、再钝化能力，使其耐缝隙腐蚀性能有所提高。如 Inconel625(Ni58Cr22Mo9Nb4)合金在海水中具有很强的耐缝隙腐蚀性能，304 不锈钢(1Cr19Ni10)耐缝隙腐蚀性能则较差。

2. 几何因素

影响缝隙腐蚀的重要几何因素包括缝隙宽度和深度以及缝隙内、外面积比等。一般发生缝隙腐蚀的缝宽为0.025~0.1mm的范围，最敏感的缝宽为0.05~0.1mm，超过0.1mm就不会发生缝隙腐蚀，而是倾向于发生均匀腐蚀。在一定限度内缝隙愈窄，腐蚀速度愈大。由于缝隙内为阳极区，缝隙外为阴极区，所以缝隙外部面积愈大，缝隙内腐蚀速度愈大。

3. 环境因素

① 溶液中氧的浓度：溶解氧的浓度若大于0.5mg/L时，便会引起缝隙腐蚀。而且随着氧浓度增加，缝外阴极还原更易进行，缝隙腐蚀加速。

② 腐蚀介质流速：分两种情况，当流速增加时，缝外溶液中含氧量相应增加，缝隙腐蚀增加；另一种情况，对由于沉积物引起的缝隙腐蚀，当流速加大时，有可能把沉积物冲掉，相应使缝隙腐蚀减轻。

③ 温度的影响：温度升高增加阳极反应，在敞开系统的海水中，80℃达最大腐蚀速度，高于80℃由于溶液中溶氧下降而相应腐蚀速度下降。在含氯介质中，各种不锈钢都存在临界缝隙腐蚀温度（CCT），达到这一温度发生缝隙腐蚀几率增大，且随温度进一步升高，更容易产生并更趋严重。

④ pH值：只要缝外金属仍处于钝化状态，则随着pH值下降，缝隙腐蚀量增加。

⑤ 溶液中Cl^-浓度：通常介质中的Cl^-浓度愈高，发生缝隙腐蚀的可能性愈大，当Cl^-浓度超过0.1%时，便有缝隙腐蚀的可能。Br^-也会引起缝隙腐蚀，但次于Cl^-，I^-又次之。

四、缝隙腐蚀的防护措施

① 合理设计与施工。多数情况下，钢铁设备或制品都会有缝隙，因此须用合理的设计尽量避免缝隙。例如，从防止缝隙腐蚀的角度来看，施工时应尽量采用焊接，而不宜采用铆接或螺栓连接；对接焊优于搭接焊；焊接时要焊透，避免产生焊孔和缝隙。搭接焊的缝隙要用连续焊、钎焊或捻缝的方法将其封塞。如果必须采用螺栓连接，则应使用绝缘的垫片，如低硫橡胶垫片、聚四氟乙烯垫片，或在接合面上涂以环氧、聚氨酯或硅橡胶密封膏，或涂有缓蚀剂的油漆，以保护连接处。

垫片不宜采用石棉、纸质等吸湿性材料，也不宜采用石墨等导电性材料。热交换器的花板与热交换管束之间，用焊接代替胀管。对于几何形状复杂的海洋平台节点处，采用涂料局部保护。避免在长期的使用过程中，由于沉积物的附着而形成缝隙。

若在结构设计上不可能采用无缝隙方案，亦要避免金属制品的积水处，使液体能完全排净。要便于清理和去除污垢，避免锐角和静滞区（死角），以便出现沉积物时能及时清除。

② 如果缝隙难以避免时，可采用阴极保护，如在海水中采用锌或镁的牺牲阳极法。

③ 如果缝隙实在难以避免，则改用耐缝隙腐蚀的材料。一般Cr、Mo含量高的合金，其抗缝隙腐蚀性较好。如含Mo、Ti的不锈钢、超纯铁素体不锈钢、铁素体奥氏体双相不锈钢以及钛合金等。Cu-Ni、Cu-Sn、Cu-Zn等铜基合金也有较好的耐缝隙腐蚀性能。

④ 带缝隙的结构若采用缓蚀剂法防止缝隙腐蚀，一定要采用高浓度的缓蚀剂才行。由于缓蚀剂进入缝隙时常受到阻滞，其消耗量大，如果用量不当反而会加速腐蚀。

第五节 晶间腐蚀

一、晶间腐蚀的概念、特征及产生条件

常用金属材料，特别是结构材料，属多晶结构的材料，因此存在着晶界。晶间腐蚀是金属的晶界受到的腐蚀破坏现象。晶间腐蚀是一种由微电池作用引起的局部破坏现象，是金属材料在特定的腐蚀介质中沿着材料的晶界产生的腐蚀。这种腐蚀主要是从表面开始，沿着晶界向内部发展，使整个金属强度几乎完全丧失。

晶间腐蚀常在不锈钢、镍合金和铝-铜合金上发生，主要是在焊接接头或经一定温度、时间加热后的构件上发生。它曾经是20世纪30~50年代奥氏体不锈钢最为常见的腐蚀破坏形式。

晶间腐蚀的特征是：从宏观角度来看，金属材料表面仍然很光亮，似乎没有发生什么变化，但在腐蚀严重的情况下，晶粒之间已丧失了结合力，表现为轻轻敲击遭受晶间腐蚀的金属，已经发不出清脆的金属声，再用力敲击时金属材料会碎成小块，甚至形成粉状，因此，它是一种危害性很大的局部腐蚀。从微观角度看，腐蚀始发于表面，沿着晶界向内部发展，腐蚀形貌是沿着晶界形成许多不规则的多边形腐蚀裂纹。

晶间腐蚀的产生必须具备两个条件：一是晶界物质的物理化学状态与晶粒本身不同；二是特定的环境因素，如潮湿大气、电解质溶液、过热水蒸气、高温水或熔融金属等。

二、晶间腐蚀的影响因素

在腐蚀介质中，金属及合金的晶粒与晶界显示出明显的电化学不均一性，这种变化或是由于金属或合金在不正确的热处理时产生的金相组织变化引起的，或是由晶界区存在的杂质或沉淀相引起的。

晶间腐蚀的发生与合金成分、结构以及加工及使用温度有关。下面以生产中常用的奥氏体不锈钢为例，分析影响晶间腐蚀的因素。

1. 加热温度与时间

固溶处理的奥氏体不锈钢若在450~850℃温度范围内保温或缓慢冷却，此时的钢就有了晶间腐蚀的敏感性（即敏化处理），若在一定腐蚀介质中暴露一定时间，就会产生晶间腐蚀。若奥氏体不锈钢在650~750℃范围内加热一定时间，则这类钢的晶间腐蚀就更为敏感。

这是因为：含碳量高于0.02%的奥氏体不锈钢中，碳与铬能生成碳化物（$Cr_{23}C_6$）。这些碳化物高温淬火时成固溶态溶于奥氏体中，铬呈均匀分布，使合金各部分铬含量均在钝化所需值，即12%Cr以上。此时合金具有良好的耐蚀性。这种过饱和固溶体在室温下虽然暂时保持这种状态，但它是不稳定的。如果加热到敏化温度范围内，碳化物就会沿晶界析出，铬便从晶粒边界的固溶体中分离出来。由于铬的扩散速度缓慢，远低于碳的扩散速度，铬不能从晶粒内固溶体中扩散补充到边界，故碳只能消耗晶界附近的铬，造成晶粒边界贫铬区。贫铬区的含铬量远低于钝化所需的极限值（12%Cr），其电位比晶粒内部的电位低，更低于碳化物的电位。当遇到一定腐蚀介质时碳化铬和晶粒呈阴极，贫铬区呈阳极，迅速被侵蚀。这一解释晶间腐蚀的理论称为贫铬理论。

2. 合金成分

（1）碳

显然，奥氏体不锈钢中碳含量愈高，晶间腐蚀倾向愈严重。不仅产生晶间腐蚀倾向的加热温度和时间的范围扩大，晶间腐蚀程度也加重。图2-5为奥氏体不锈钢晶间腐蚀电池。

(2) 铬、镍、钼、硅

Cr、Mo 含量增高，可降低 C 的活度，有利于减弱晶间腐蚀倾向；而 Ni、Si 等元素，会提高 C 的活度，降低 C 在奥氏体中的溶解度，促进了 C 的扩散及碳化物析出。

(3) 钛、铌

Ti 和 Nb 与 C 的亲和力大于 Cr 与 C 的亲和力，高温时能形成稳定的碳化物 TiC、NbC，从而大大降低了钢中的固溶碳量，使 Cr 的碳化物难以析出，从而降低了产生晶间腐蚀倾向的敏感性。

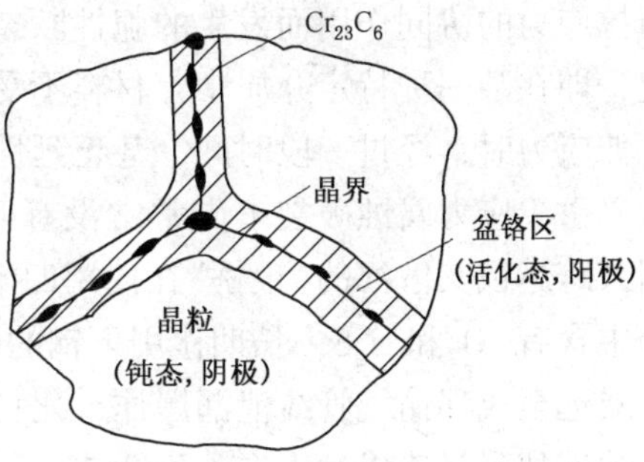

图 2-5　奥氏体不锈钢晶间腐蚀电池

三、晶间腐蚀的防护措施

由于奥氏体不锈钢的晶间腐蚀是晶界产生贫铬引起的，所以，控制晶间腐蚀就要控制碳化铬在晶界的析出。具体可采用如下几种方法：

1. 降低含碳量

实践表明，如果奥氏体不锈钢的含碳量低于 0.03%时，即使钢在 700℃长期退火，对晶间腐蚀也不会产生敏感性。含碳量在 0.02%~0.05%的钢称为超低碳不锈钢。但这种钢冶炼困难，成本较高。生产上使用电子轰击炉，可使生产出的不锈钢中的含碳量达到低于 0.03%，这样就可限制 $Cr_{23}C_6$在晶界析出，从而使晶间腐蚀得到有效的控制。

2. 稳定化处理

为了防止不锈钢的晶间腐蚀，冶炼钢材时加入一定的与碳的亲和力较大的 Ti、Nb 等元素，这时，碳优先与 Ti、Nb 生成 TiC 和 NbC，这些碳化物相当稳定，经过敏化温度，$Cr_{23}C_6$也不至于在晶界大量析出，在很大程度上消除了奥氏体不锈钢产生晶间腐蚀的倾向。Ti 和 Nb 的加入量一般控制在含碳量的 5~10 倍。为了使钢达到最大的稳定度，还需要进行稳定化处理。所谓稳定化处理就是把含 Ti、Nb 的钢加热至 900℃，保温数小时，使碳和 Ti、Nb 充分生成稳定的碳化物，于是 $Cr_{23}C_6$也就没有在晶间上析出的可能。

但是，含稳定化元素 Ti、Nb，特别是含 Ti 的不锈钢有许多缺点。例如，Ti 的加入使钢的黏度增加，流动性降低，给不锈钢的连续浇注工艺带来了困难；Ti 的加入使钢锭、钢坯表面质量变坏等。由于含 Ti 不锈钢的上述缺点，在不锈钢产量最大的日本、美国，含 Ti 的 18-8 不锈钢的产量仅占 Cr-Ni 不锈钢产量的 1%~2%。

3. 采用固溶处理

即采用热处理的方法消除晶间腐蚀的敏感性。

将不锈钢加热至 1050~1100℃，保温一段时间让 $Cr_{23}C_6$充分溶解，然后快速冷却(通常为水冷)，迅速通过敏化温度范围以防止碳化物的析出。

对含稳定化元素 Ti 和 Nb 的 18-8 不锈钢，经固溶处理后，再经 850~900℃保温 1~4h，然后空冷的处理为稳定化处理。目的是要使钢中的 $Cr_{23}C_6$向 TiC、NbC 转变，使碳稳定在其中。经稳定化处理的含 Ti 和 Nb 的钢，若再经敏化温度加热，其晶间腐蚀敏感性很小。

第六节　应力腐蚀破裂

一、应力腐蚀破裂的概念、特征

1. 概念

应力腐蚀破裂(SCC)是指受拉伸应力作用的金属材料在某些特定介质中，由于腐蚀介质与拉应力的协同作用而发生的脆性断裂现象。在腐蚀环境中，金属受到应力作用会使腐蚀加速，即在某一种特定介质中，材料不受应力作用时腐蚀很小，而受到远低于材料的屈服极限拉伸应力时，经过一段时间，甚至延性很好的金属也会发生脆性断裂。

由于应力腐蚀破裂事先常常没有明显征兆，所以往往会造成灾难性后果。例如，在美国，跨越俄亥俄河的“银桥”在使用四十年后于1967年12月5日断裂，其原因就是在潮湿大气中含有SO_2和H_2S，长期作用下钢的应力腐蚀。结果46人丧生，造成巨大经济损失。1968年威远至成都输气管线泄漏爆炸，死亡20余人。另一次是四川气田，因一个阀门发生应力腐蚀破裂漏气造成大火灾，延续22天，损失6亿元左右。

可见，应力腐蚀破裂波及范围很广，各种石油、化工等管路设备、建筑物、贮罐、船只、核电站、航空、航天设备，几乎所有重要的经济领域都受到SCC的威胁。它是一种往往突然发生的“灾难性腐蚀事故”，所以引起了各国科技工作者的重视和研究。

2. 特征

一般认为发生应力腐蚀的三个基本条件是：敏感材料、特定环境和足够大的拉应力，具体特征如下：

① 发生应力腐蚀主要是合金，一般认为纯金属极少发生。例如纯度达99. 999%的铜在氨介质中不会发生SCC，但含有0. 004%磷或0. 01%锑时则发生SCC；纯度达99. 99%的纯铁在硝酸盐溶液中很难发生SCC，但含0. 04%碳时，则容易发生。

② 只有在特定环境中对特定材料才产生应力腐蚀。随着合金使用环境不断增加，现已发现能引起各种合金发生应力腐蚀的介质非常广泛。表2-3示出常用合金发生应力腐蚀的特定介质。可见某一特定材料，决不是在所有环境介质中都可能发生应力腐蚀，而只是局限一定数量的环境中。

表2-3 常用合金发生应力腐蚀的特定介质

合金	介质
低碳钢	NaOH水溶液，NaOH
低合金钢	NO_3^-水溶液，HCN水溶液，H_2S水溶液，$NaPO_4$水溶液，乙酸水溶液，氨(水<0. 2%)，碳酸盐和重碳酸盐溶液，湿的$CO-CO_2$-空气，海洋大气，工业大气，浓硝酸，硝酸和硫酸混合酸
高强度钢	蒸馏水，湿大气，H_2S，Cl^-
奥氏体不锈钢	Cl^-、海水、F^-、Br^-，$NaOH-H_2S$水溶液，$NaCl-H_2O_2$水溶液，连多硫酸($H_2S_nO_6$，$n=2\sim5$)，高温高压含氧高纯水、H_2S、含氯化物的冷凝水气
铜合金	
Cu-Zn、Cu-Zn-Sn	NH_3气及溶液
Cu-Zn-Ni、Cu-Sn	浓NH_4OH溶液，空气
Cu-Sn-P	胺
Cu-Zn	含NH_3湿大气
Cu-P、Cu-As、Cu-Sb、Cu-Au	NH_4OH、$FeCl_3$、HNO_3溶液
铝合金	
Al-Cu-Mg，Al-Mg-Zn Al-Zn-Mg，Al-Mo(Cu) Al-Cu-Mg-Mn	海水
Al-Zn-Cu	NaCl，$NaCl-H_2O_2$溶液
Al-Cu	NaCl，$NaCl-H_2O_2$溶液，KCl，MgCl溶液
Al-Mg	NaCl，$NaCl-H_2O_2$溶液，空气，海水，$CaCl_2$，NH_4Cl，$CoCl_2$溶液

续表

合金	介质
镁合金	
Mg-Al	HNO_3，NaOH，HF溶液蒸馏水
Mg-Al-Zn-Mn	NaCl-H_2O_2溶液、海滨大气、NaCl-K_2CrO_4溶液、水、SO_2-CO_2-湿空气
钛及钛合金	红烟硝酸、N_2O_4（含 O_2，不含 NO，24～74℃），HCl，Cl^-水溶液，固体氯化物（>290℃），海水，CCl_4，甲醇，有机酸，三氯乙烯
镍和镍合金	热浓的氢氧化钠，氢氟酸蒸气

③ 发生应力腐蚀必须有拉应力的作用，并应有足够大的拉应力。压应力反而能阻止或延缓应力腐蚀。

④ 应力腐蚀是一种典型的滞后破坏，破坏过程可分三个阶段：

孕育期——裂纹萌生阶段，裂纹源成核所需时间，约占整个时间的90%左右。

裂纹扩展期——裂纹成核后直至发展到临界尺寸所经历的时间。

快速断裂期——裂纹达到临界尺寸后，由纯力学作用裂纹失稳瞬间断裂。所以应力腐蚀破裂条件具备后，可能在很短时间内发生破裂，也有可能在几年或更长时间才发生。

⑤ 应力腐蚀的裂纹有晶间型、穿晶型和混合型三种类型。类型不同是与合金-环境体系有关。应力腐蚀裂纹起源于表面；裂纹的长宽不成比例，可相差几个数量级；裂纹扩展方向一般垂直于主拉伸应力的方向；裂纹一般呈树枝状。

⑥ 应力腐蚀是一种低应力脆性断裂。断裂前没有明显的宏观塑性变形，大多数是脆性断口，由于腐蚀介质作用，断口表面颜色暗淡，显微断口往往可见腐蚀坑和二次裂纹，穿晶型微观断口往往具有河流花样、扇形花样、羽毛状花样等形貌特征；晶间型显微断口呈冰糖块状。见图 2-6。

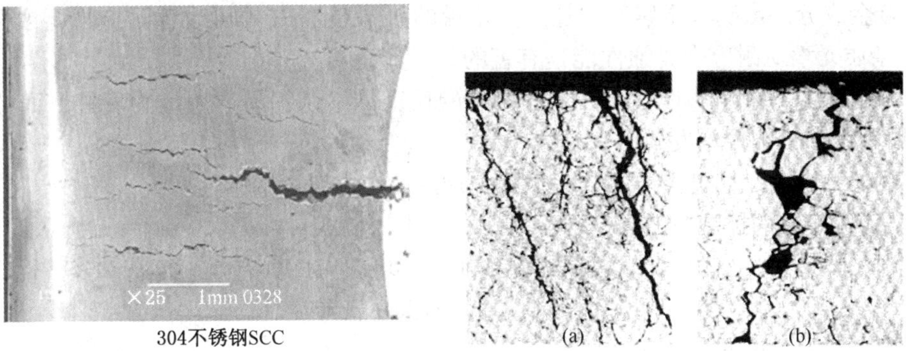

304不锈钢SCC

图 2-6 304 不锈钢的应力腐蚀裂纹

二、影响应力腐蚀的因素

影响应力腐蚀的主要因素有三：即力学因素、环境因素、冶金因素。

1. 力学因素

拉应力是导致应力腐蚀的推动力，拉应力来如下：

① 工作应力。即工程构件一般在工作条件下都承受外加载荷引起的应力。

② 在生产、制造、加工过程中，如铸造、热处理、冷热加工变形、焊接、切削加工等过程中引起的残留应力。残留应力引起的应力腐蚀事故占相当大的比例。

③ 由于腐蚀产物在封闭裂纹内的体积效应，可在垂直裂纹面方向产生拉应力，导致应力腐蚀开裂。

2. 环境因素

应力腐蚀发生的环境因素是比较复杂的，大多数应力腐蚀发生在湿大气、水溶液中，某些材料也会在有机液体、熔盐、熔金属、无水干气或高温气体中发生。从水溶液介质中来看，其介质种类、浓度、杂质、温度、pH 值等参数都会影响应力腐蚀的发生。材料表面所接触的环境，即外部环境又称为宏观环境，而裂纹内狭小区域环境称为微观环境。宏观环境会影响微观环境，而局部区域如裂缝尖端的环境对裂缝的发生和发展有更为直接的重要作用。

宏观环境最早发现应力腐蚀是在特定的材料-环境组合中发生的，例如黄铜-氨溶液；奥氏体不锈钢-Cl^-溶液；碳钢-OH^-溶液；钛合金-红发烟硝酸等等(见表 2-3)。

但近十几年实践中，仍不断在发现特定材料发生应力腐蚀的新的、特定的环境。例如 Fe-Cr-Ni 合金，不仅在含 Cl^-溶液中，而且在硫酸、盐酸、氢氧化钠、纯水(含微量 F^-或 Pb)和蒸汽中也可能发生应力腐蚀破裂；蒙乃尔合金在高温氟气中也可能发生应力腐蚀破裂等。

环境的温度、介质的浓度和溶液中 pH 值对应力腐蚀的发生各有不同的影响。

例如，316 型及 347 型不锈钢在 Cl^-(875mg/L)溶液中就有一个临界破裂温度(约 90℃)，当温度低于该温度，试件长期不发生应力腐蚀破裂。

关于浓度的影响，只是发现宏观环境中如 Cl^-或 OH^-越高，应力腐蚀敏感性越强。

溶液中 pH 值下降会使应力腐蚀敏感性增大，破裂时间缩短。

3. 冶金因素

冶金因素主要是指合金成分、组织结构和热处理等的影响。

以奥氏体不锈钢在氯化物介质中应力腐蚀破裂为例：

① 合金成分的影响。不锈钢中加入一定量的 Ni、Cu、Si 等可改善耐应力腐蚀性能，而 N、P 等杂质元素对耐应力腐蚀性能是有害的。

② 组织结构的影响。具有面心立方结构的奥氏体不锈钢易产生应力腐蚀，而体心立方结构的铁素体不锈钢较难发生应力腐蚀。

③ 热处理影响。如奥氏体不锈钢敏化处理后，应力腐蚀敏感性增大。

三、应力腐蚀的控制方法

控制应力腐蚀的方法应针对具体材料使用的环境，考虑到有效、可行和经济性等方面因素来选择，一般可从应力、环境和材料三方面因素来思考。

1. 降低或消除应力

① 首先应改进结构设计。设计时要尽量避免和减少局部应力集中。对应力腐蚀事故分析表明，由残余应力引起的事故所占比例最大，因此在加工、制造、安装中应尽量避免产生较大的残余应力。结构设计时应尽量采用流线型设计，选用大的曲率半径，将边、缝、孔置于低应力或压应力区，防止可能造成腐蚀液残留的死角，使有害物质(如 Cl^-、OH^-)浓缩；应尽量避免缝隙。

对焊接设备要尽量减少聚集的焊缝，尽可能避免交叉焊缝以减少残余应力。闭合的焊缝越少越好。最好采用对接焊，避免搭接焊，减少附加的弯曲应力。

② 采取热处理工艺消除加工、制造、焊接、装配中造成的残余应力。如钢铁材料可在 500~600℃处理 0.5~1h，然后缓慢冷却。对于那些有可能产生应力腐蚀破裂的设备特别是内压设备，焊接后均需进行消除焊接应力的退火处理。

③ 改变金属表面应力的方向。既然引起应力腐蚀破裂的应力为拉应力，那么给予一定的压缩应力可以降低应力腐蚀破裂的敏感性，如采用喷丸、滚压、锻打等措施，都可减小制造拉应力。

④ 严格控制制造工艺。对制造工艺必须严格控制，特别是焊接的设备、焊接工艺尤为重要。例如，未焊透和焊接裂缝往往就可以扩展而形成应力腐蚀破裂；焊接过程中的一切缺陷如飞溅物、气孔等可以形成点蚀源，进而引发出应力腐蚀破裂。不锈钢设备的焊接更需要谨慎。另外，应保证焊接部件在施焊过程中伸缩自如，防止因热胀冷缩形成内应力。

2. 严格控制腐蚀环境

① 为了防止 Cl^-、OH^- 等的浓缩，一方面要防止水的蒸发，另一方面还应对设备定期清洗。有的水中 Cl^- 含量虽然很低，但不锈钢表面由于 Cl^- 的吸附、浓缩，腐蚀产物中 Cl^- 含量可以达到很高的程度。因此，对于像不锈钢换热器这样的设备很有必要进行定期清洗和及时排污，防止局部地方 Cl^- 浓缩，高温设备更应如此。

② 由于应力腐蚀与温度有很大关系，应控制好环境温度，条件许可应降低温度使用，还应考虑减少内外温差。

要控制好含氧量和 pH 值。一般说来，降低氧含量、升高 pH 值是有益的。

③ 添加缓蚀剂(又称腐蚀抑制剂)。对一些有应力腐蚀敏感性的材料-环境体系，添加某种缓蚀剂，能有效降低应力腐蚀敏感性。如储存和运输液氨的容器常发生应力腐蚀破裂。防止碳钢和普通低碳钢的破裂措施就是保持 0.2%以上的水，效果良好，这里所加的水就是缓蚀剂。

3. 选择适当的材料。

① 一种合金只有在特定的介质中，才会发生应力腐蚀破裂。通常一种材料只有几种应力腐蚀环境，因此在特定环境中选择没有应力腐蚀破裂敏感性的材料，是防止应力腐蚀的主要途径之一。化工过程中广泛采用的奥氏体不锈钢装置就发生过大量的应力腐蚀破裂事故。从材料现点看来，既要选择具有与奥氏体不锈钢相当或超过它的耐全面腐蚀的能力，又要有比它低的应力腐浊破裂敏感性。镍基合金、铁素体不锈钢、双相不锈钢、含高硅的奥氏体不锈钢等，都具有上述的优越性能。

② 采用保护性覆盖层。保护性覆盖层种类很多，这里所讲的主要是电镀、喷镀、渗镀等所形成的金属保护层和以涂料为主体的非金属保护层。

使用对环境不敏感的金属作为敏感材料的镀层，可减少材料对应力腐蚀的敏感性。铝、锌等金属保护层在有些情况下可以起到缓和或防止应力腐蚀破裂的作用。非金属覆盖层用得最多的是涂料，可使材料表面与环境隔离。

③ 开发耐应力腐蚀的新材料以及改善冶炼和热处理工艺。采用冶金新工艺，减少材料中的杂质，提高纯度；通过热处理改变组织，消除有害物质的偏析、细化晶粒等，都能减少材料应力腐蚀敏感性。

第七节　腐蚀疲劳

一、腐蚀疲劳的概念及特征

1. 概念

材料或构件在交变应力和腐蚀环境共同作用下引起的材料疲劳强度降低并最终导致脆性

断裂现象称为腐蚀疲劳。在船舶推进器、涡轮叶片、汽车的弹簧和轴、泵轴和泵杆、矿山的钢绳等常出现这种破坏。在化工行业中，在泵及压缩机的进、出口管连接处，间歇性输送热流体的管道、传热设备、反应釜等，都有可能因承受(因振动产生的)交变应力或周期性温度变化而产生腐蚀疲劳。

2. 腐蚀疲劳的特征

事实上只有在真空中的疲劳才是真正的纯疲劳，干燥纯空气中的疲劳通常称之为疲劳。而腐蚀疲劳是指除干燥纯空气以外的腐蚀环境中的疲劳行为。一般，随着空气腐蚀作用的增强，疲劳极限下降，但还存在某个疲劳极限值。所以腐蚀环境与交变应力共同作用下的腐蚀疲劳有下列特征：

① 在干燥纯空气中的疲劳存在着疲劳极限，但腐蚀疲劳往往已不存在明确的腐蚀疲劳极限。一般规律是：在相同应力下，腐蚀环境中的循环次数大为降低，而在同样循环次数下，无腐蚀环境所承受交变应力要比腐蚀环境下的大得多。

② 与应力腐蚀不同，纯金属也会发生腐蚀疲劳，而且不需要材料-腐蚀环境特殊组合就能发生腐蚀疲劳。金属在腐蚀介质中不管是处于活化态或钝态，在交变应力下都可能发生腐蚀疲劳。

③ 腐蚀疲劳强度与其材料耐蚀性有关。耐蚀材料的腐蚀疲劳强度随抗拉强度提高而提高；耐蚀性差的材料尽管它的疲劳极限与抗拉强度有关，但在海水、淡水中的腐蚀疲劳强度与抗拉强度无关。

④ 腐蚀疲劳裂纹多起源于表面腐蚀坑或表面缺陷处，往往成群出现。若材料表面处于活化态，会出现许多裂纹，断口通常也是多裂纹的；若材料表面处于钝化态，一般出现单个腐蚀点，最后导致断裂(平面断口)。腐蚀疲劳裂纹主要是穿晶型，但也可出现沿晶或混合型，并随腐蚀发展而裂纹变宽。见图 2-7。

⑤ 腐蚀疲劳断裂属脆性断裂，没有明显宏观塑性变形，断口有疲劳特征(如疲劳辉纹)，又有腐蚀特征(如腐蚀坑、腐蚀产物、二次裂纹等)。

二、腐蚀疲劳的影响因素

影响腐蚀疲劳的因素可从三方面来讨论，即力学因素、环境因素和材料因素。

1. 力学因素

① 应力交变(循环)频率：当应力交变频率很高时，腐蚀作用不明显，以机械疲劳为主；当应力交变频率很低时，又与静拉伸应力的作用相似，只是在某一频率范围内最容易产生腐蚀疲劳。这是因为低频循环增加了金属和腐蚀介质的接触时间。

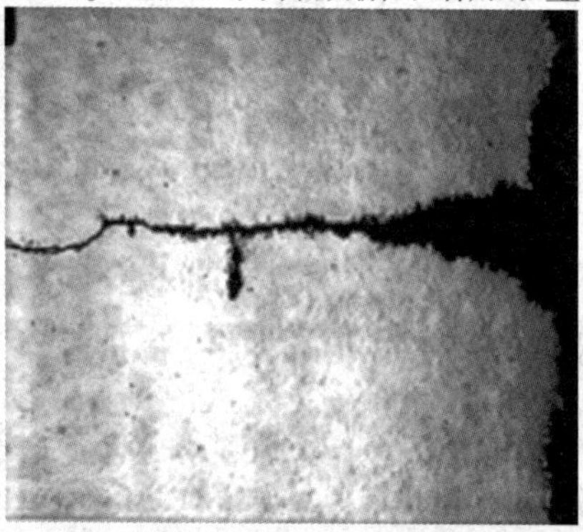

图 2-7　蒸汽管线上的腐蚀疲劳

② 应力集中：表面缺陷处易引起应力集中引发裂纹，尤其对腐蚀疲劳初始影响较大。但随疲劳周次增加，对裂纹扩展影响减弱。

2. 环境因素

① 介质的腐蚀性：一般来讲介质的腐蚀性越强，腐蚀疲劳强度越低。而腐蚀性过强时，形成腐蚀疲劳裂纹可能性减少，裂纹扩展速度下降。当介质 pH 值 <4 时，疲劳寿命较低；当 pH 值在 4~10 时疲劳寿命逐渐增加；pH 值>12 时与纯疲劳寿命相同。在介质中添加氧化剂，可提高钝化金属的腐蚀疲劳强度。

② 温度影响：随温度升高，耐腐蚀疲劳性能下降。

③ 外加电流的影响：阴极极化可使裂纹扩展速度明显降低，甚至接近空气中的疲劳强度；但阴极极化进入析氢电位后，对高强钢的腐蚀疲劳性能会产生有害作用。对处于活化态的碳钢而言，阳极极化加速腐蚀疲劳，但对氧化性介质中使用的碳钢，特别对不锈钢，阳极极化可提高腐蚀疲劳强度。

3. 材料因素

耐蚀性较好的金属，如钛、青铜、不锈钢等，对腐蚀疲劳敏感性较小；耐蚀性较差的高强铝合金、镁合金等对腐蚀疲劳敏感性较大。

材料的组织结构也有一定影响，例如提高强度的热处理有降低腐蚀疲劳强度的倾向。另外如表面残余的压应力对耐腐蚀疲劳性能比拉应力好。

在材料的表面有缺陷处(或薄弱环节)易发生腐蚀疲劳断裂。施加某些保护镀层(或涂层)也可改善材料耐腐蚀疲劳性能。

三、腐蚀疲劳的控制方法

① 尽量消除或减少交变应力。首先是合理设计，注意结构平衡，采用合理的加工、装配方法以及消除应力等措施减少构件的应力；其次要提高机器、设备的安装精度和质量，避免颤动、振动或共振出现；生产中还要注意控制工艺参数(如温度、压力)，减少波动。

② 合理选材和保护材料表面。可以采用改善和提高耐蚀性的合金化元素来提高合金耐腐蚀疲劳性能，如在不锈钢中增加 Cr、Ni、Mo 等元素含量能改善海水中的耐孔蚀性能，也改善了耐腐蚀疲劳性能。

也可造成材料表面压应力或采用表面涂镀层来改善耐腐蚀疲劳性能，如镀锌钢丝可提高耐海水的腐蚀疲劳寿命。

③ 采用阴极保护可改善海洋金属结构的耐腐蚀疲劳性能。

④ 还可以添加缓蚀剂。例如加重铬酸盐可以提高碳钢在盐水中耐腐蚀疲劳性能

在防止腐蚀疲劳的各种措施中，以镀锌和阴极保护应用最广且非常有效。

第八节　磨损腐蚀

一、磨损腐蚀的概念及特征

1. 概念

磨损腐蚀是由于腐蚀流体和金属表面间以较高速度作相对运动，引起金属的加速破坏或腐蚀。一般这种运动的速度很快，同时还包括机械磨耗或磨损作用。金属以溶解的离子状态脱离表面，或是生成固态腐蚀产物，然后受机械冲刷脱离表面。

从某种程度上讲，这种腐蚀是流动引起的腐蚀，亦称流体腐蚀。只有当腐蚀电化学作用与流体动力学作用同时存在，交互作用，磨损腐蚀才会发生，缺一不可。

暴露在运动流体中的所有类型设备、构件都遭受磨损腐蚀。例如，管道系统，特别是弯头、三通，泵和阀及其过流部件，鼓风机、离心机、推进器、叶轮、搅拌桨叶，有搅拌的容器、换热器、透平机叶轮等。

2. 磨损腐蚀的特征

① 磨损腐蚀的外表特征是槽、沟、波纹、圆孔和山谷形，还常常显示有方向性。如图2-8所示。在许多情况下，磨损腐蚀是在较短的时间内就能造成严重的破坏，而且破坏往往

出乎意料。因此，特别要注意，决不能把静态的选材试验数据不加分析地用于动态条件下的选材，应该在模拟实际工况的动态条件下进行实验才行。

② 大多数的金属和合金都会遭受磨损腐蚀。依靠产生某种表面膜(钝化)的耐蚀金属，如铝和不锈钢，当这些保护性表层受流动介质的破坏或磨损，金属腐蚀会以很高的速度进行，结果形成严重的磨损腐蚀。而软的、容易遭受机械破坏或磨损的金属，如铜和铅，也非常容易遭受磨损腐蚀。

③ 许多类型的腐蚀介质都能引起磨损腐蚀，包括气体、水溶液、有机介质和液态金属，悬浮在液体或气体中的固体颗粒对磨损腐蚀特别有害。见图 2-9。

图 2-8　316 不锈钢海水泵叶轮表面的磨损腐蚀

图 2-9　蒸汽冷凝管弯头的磨损腐蚀

二、磨损腐蚀的影响因素

在流动体系中，影响磨损腐蚀的因素很多。除影响一般腐蚀的所有因素外，直接有关的因素如下。

1. 流速

流速在磨损腐蚀中起重要作用，它常常强烈地影响腐蚀反应的过程和机理。一般说来，随流速增大，腐蚀速度随之增大。开始时，在一定的流速范围内，腐蚀速度随之缓慢增大。当流速高达某临界值时，腐蚀速度急剧上升。在高流速的条件下，不仅均匀腐蚀随之严重，而且出现的局部腐蚀也随之严重。

2. 流动状态

流体介质的运动状态有两种：层流与湍流。介质流动状态不仅取决于流体的流速，而且与流体的物性有关，也与设备的几何形状有关。不同的流动状态具有不同的流体动力学规律，对流体腐蚀的影响也很不一样。湍流使金属表面的液体搅动程度比层流时剧烈得多，腐蚀的破坏也更严重。例如，工业上常见的冷凝器、管壳式换热器的入口管端的“进口管腐蚀”就是一典型。这是由于流体从大口径管突然流入小口径管，介质的流动状态改变而引起的严重湍流腐蚀。除高流速外，有凸出物、沉积物，缝隙、突然改变流向的截面以及其他能破坏层流的障碍存在，都能引起这类腐蚀。

3. 表面膜

材料表面不管是原先就已形成的保护性膜，还是在与介质接触后生成的保护性腐蚀产物膜，它的性质、厚度、形态和结构，是流动加速腐蚀过程中的一个关键因素。而膜的稳定性、附着力、生长和剥离都与流体对材料表面的剪切力和冲击力密切相关。如不锈钢是依靠钝化而耐蚀的，在静滞介质中，这类材料完全能钝化，所以很耐蚀；可在高流速运动的流体中，却不耐磨损腐蚀。对碳钢和铜而言，随流速增大，从层流到湍流，表面腐蚀产物膜的沉积、生长和剥离对腐蚀均起着重要的作用。

4. 第二相

当流动的单相介质中存在第二相(通常是固体颗粒或气泡)时，特别是在高流速下，腐蚀明显加剧，随着流体的运动，固体颗粒对金属表面的冲击作用不可忽视。它不仅破坏金属表面上原有的保护膜，而且也使在介质中生成的保护膜受到破坏，甚至会使材料机体受到损伤，从而造成材料的严重腐蚀破坏。另外，颗粒的种类、浓度、硬度、尺寸对磨损腐蚀也有显著影响，

例如，316 不锈钢在含石英砂的海水中磨损腐蚀要比在不含固体颗粒的海水中严重得多(见图 2-8)。

三、磨损腐蚀的特殊形式

由高速流体引起的磨损腐蚀，其表现的特殊形式主要有湍流腐蚀和空泡腐蚀两种。

1. 湍流腐蚀

在设备或部件的某些特定部位，介质流速急剧增大形成湍流。由湍流导致的金属加速腐蚀称之为湍流腐蚀。例如管壳式热交换器，离入口管端高出少许的部位，正好是流体从大管径转到小管径的过渡区间，此处便形成了湍流，磨损腐蚀严重。这是由于湍流不仅加速阴极去极剂的供应量，而且又附加了一个流体对金属表面的剪切应力，这个高剪切应力可使已形成的腐蚀产物膜剥离并随流体带走，如果流体中还含有气泡或固体颗粒，还会使切应力的力矩增大，使金属表面磨损腐蚀更加严重。当流体进入列管后很快又恢复为层流，层流对金属的磨损腐蚀并不显著。

遭受湍流腐蚀的金属表面常呈现深谷或马蹄形凹槽，蚀谷光滑没有腐蚀产物积存，根据蚀坑的形态很容易判断流体的流动方向。见图 2-10。

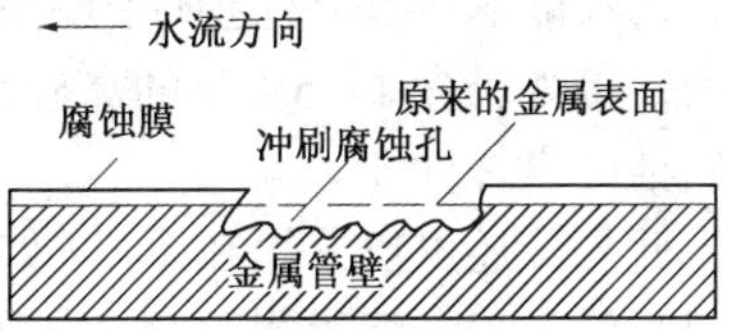

图 2-10　受到湍流腐蚀的换热器管断面图

构成湍流腐蚀除流体速度较大外，不规则的构件形状也是引起湍流的一个重要条件，如泵叶轮、蒸汽透平机的叶片等构件是容易形成湍流的典型的不规则几何构型。

在输送流体的管道内，管壁的腐蚀是均匀减薄的，但在流体突然改向处，如弯管、U 形换热管等的弯曲部位，其管壁的腐蚀要比其他部位的腐蚀严重，甚至穿洞。这种由高流速流体或含颗粒、气泡的高速流体直接不断冲击金属表面所造成的磨损腐蚀又称为冲击腐蚀，但基本上可属于湍流腐蚀的范畴，这类腐蚀都是力学因素和电化学因素共同作用对金属破坏的结果。

2. 空泡腐蚀

空泡腐蚀是流体与金属构件作高速相对运动，在金属表面局部区域产生涡流，伴随有汽泡在金属表面迅速生成和破灭而引起的腐蚀，又称空穴腐蚀或汽蚀。在高流速液体和压力变化的设备中，如水力透平机、水轮机翼、船用螺旋桨、泵叶轮等容易发生空泡腐蚀。

当流体速度足够大时，局部区域压力降低，当低于液体的蒸气压力时，液体蒸发形成气泡，随流体进入压力升高区域时，气泡会凝聚或破灭。这一过程以高速反复进行，气泡迅速

生成又溃灭，如“水锤”作用，使金属表面遭受严重的损伤破坏。这种冲击压力足以使金属发生塑性变形，因此遭受空蚀的金属表面会出现许多孔洞(如图2-11~图2-13)。

图2-11　316不锈钢海水泵叶轮表面汽蚀

图2-12　水泵叶轮的汽蚀

图2-13　离心泵进水口因汽蚀引起的损坏

通常，空泡腐蚀的形貌有些类似孔蚀，但前者蚀孔分布紧密，且表面往往变得十分粗糙。空蚀的深度视腐蚀条件而异，有时在局部区域有裂纹出现；有时气泡破灭时其冲击波的能量可把金属锤成细粒，此时，金属表面便呈海绵状。

四、磨损腐蚀的控制方法

磨损腐蚀的控制通常要根据工作条件、结构形式、使用要求和经济等因素综合考虑。通常为了避免或减缓磨损腐蚀，最有效的方法是合理的结构设计与正确选择材料。

1. 正确选材

选择能形成良好保护性的表面膜的材料，以及提高材料的硬度，可以增强耐磨损腐蚀的能力。例如，含14.5%Si的高硅铸铁，由于有很高的硬度，所以在很多介质中都具有抗磨损腐蚀的良好性能。

此外，还可以采用在金属(如碳钢、不锈钢)表面涂覆覆盖层的表面工程技术，如：整体热喷涂、表面熔覆耐蚀合金、采用高分子耐磨涂层等。相比较而言，采用高分子耐磨涂层较为经济，目前得到广泛的应用。

2. 合理设计

合理的设计可以减轻磨损腐蚀的破坏。如适当增大管径可减低流速，保证流体处于层流状态；使用流线型化弯头以消除阻力减小冲击作用；为消除空泡腐蚀，应改变设计使流程中流体动压差尽量减小等。设计设备时也应注意腐蚀严重部位、部件检修和拆换的方便，可降低磨损腐蚀的费用。

3. 改变环境

去除对腐蚀有害的成分(如去氧)或加缓蚀剂，特别是采用澄清和过滤除去固体颗粒物，是减轻磨损腐蚀的有效方法，但在许多情况下不够经济。对工艺过程影响不大时，应降低环境温度。温度对磨损腐蚀的影响非常大，事实证明，降低环境温度可显著降低磨损腐蚀，例如，常温下双相不锈钢耐高速流动海水的磨损腐蚀性能很好，腐蚀轻微。但当温度升至55℃，当流速超过10m/s时，腐蚀急剧增大。

4. 涂料与阴极保护联合保护

单用涂料不能很好地解决磨损腐蚀问题，而当涂料与阴极保护联合，综合了两者的优点，是最经济、有效的一种防护方法。

实例分析

实例一 某化工厂制造了四台体积为 $30m^3$ 的不锈钢储罐，材质为1Cr18Ni9Ti。造好后经试压后安装。因基础沉降要求，罐内装满当地河水(未投入使用)。1~2个月后，发现焊缝处泄漏。修理后继续装水，经1~2个月后又泄漏。放掉水检查，发现罐底积有1mm厚的黄色沉积物，除去沉积物发现罐底和罐壁有许多蚀孔，且多在焊缝处；母材上的蚀孔则集中于热影响区和焊渣飞溅区。蚀孔处腐蚀产物为黑色固体物质。

分析 显然，这是不锈钢储罐发生了孔蚀。经分析发现，使用的河水中 Cl^- 含量为300~600mg/L，pH中性。Cl^- 含量如此高的河水装在不锈钢储罐中，不锈钢发生孔蚀是必然的。由于在焊缝及其附近表面缺陷较为集中，故蚀孔多集中于这些部位。最终导致四台不锈钢储罐因孔蚀严重不能使用而报废。

实例二 某厂一台水冷器原用碳钢制造，使用一年多后发生腐蚀破坏。后将水冷器管束改为不锈钢制造。但仅仅使用半年，不锈钢管从水侧发生腐蚀穿孔。即不锈钢管比碳钢管使用寿命更短。

分析 该厂使用的冷却水为未处理的河水，水中含有可溶性的盐类(如氯化物)和不溶性固体物质(如泥沙)。虽然不锈钢在这种中性介质中全面腐蚀速度很小，但却更容易发生孔蚀、缝隙腐蚀等局部腐蚀。泥沙等容易在冷却管表面沉积，形成缝隙腐蚀。而碳钢在这种冷却水中不能钝化，对缝隙腐蚀的敏感性反而较低。

实例三 某厂空分车间有一台单级单吸立式离心泵，泵主轴材料为45#钢表面镀铬。工作介质为水。该泵运行两年多后，在机械密封处出现大量漏水，以致不能正常运行而停车检修。从泵的解体检修中发现，泵轴表面在机械密封安装段与动、静环(材质为硬质合金)对应处出现了多处凹坑，显然漏水是由于动环与轴之间的O形密封圈不能与轴形成线形密封造成的。

分析 由于机械密封的特点之一就是轴不受磨损，因此泵轴表面出现凹坑并不是由于机械磨损造成的。拆下动、静环检查发现，其内表面与轴表面之间均有垢层，由此可判断：泵轴表面缺陷主要是由缝隙腐蚀造成的。

实例四 某厂冷却水系统使用的海水泵叶轮在使用约10~12个月后损坏严重。叶轮材料为316奥氏体不锈钢铸造(CF-8M)。检查发现，叶片厚度明显减薄，外边缘棱边已磨圆并局部有缺损，叶片及盖板正面遍布冲刷沟槽，局部有较深的破损坑；叶片背面光滑但零星存在麻点状破损坑(如图例所示)。

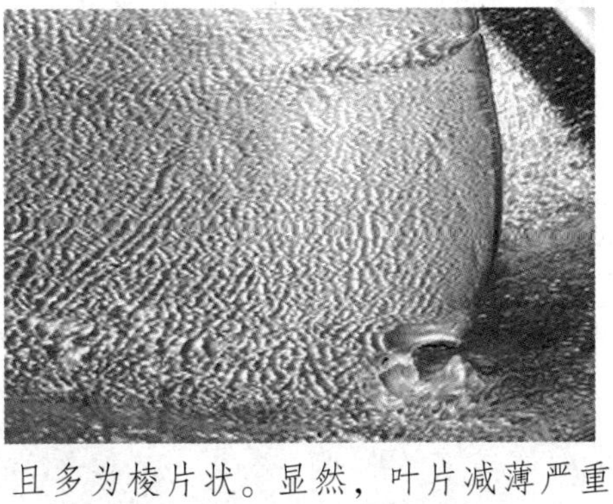

分析 据分析，该泵的工作介质(海水)盐分含量为7500~18500mg/L，仅为一般海水的1/3~1/2；但以黏性细颗粒粉沙为主的悬浮物含量500~2300mg/L；粉沙的矿物成分则主要为石英和正长石，且多为棱片状。显然，叶片减薄严重并导致失效的主要原因是高流速海水中的固体颗粒(粉砂)的磨削作用加速的磨损腐蚀。

实例五 某厂的一根地下蒸汽冷凝回流管原用碳钢制造，由于冷凝液的腐蚀发生破坏，后改用304不锈钢管。但使用不到两年便出现泄漏，检查发现管道外表面(土壤侧)出现了裂纹。

分析 原来该埋地管道穿过公路。由于冬季道路上使用了防冻盐，使潮湿土壤中氯化物浓度达0.5%，因此引起热的奥氏体不锈钢管道产生应力腐蚀破裂。可见，将奥氏体不锈钢管道用在这种含氯化物很高的潮湿土壤中，其表现可能还不如碳钢管。

实例六 某人决定为其居室安装户外纱窗。为保证经久耐用而不生锈，他选择了铝丝网制作的纱窗，但安装固定纱窗时却选择了钢铆钉而不是厂家提供的铝铆钉，因为他觉得用钢铆钉更牢固。经过几个月潮湿的夏季之后，大部分纱窗网已经松散，到处飘落着被风吹下来的铝丝网。

分析 由于铝是活泼金属，电位很负，因此铝和大多数金属组成电偶对时，铝都是阳极。虽然作为阴极的钢铆钉面积很小，但与之接触的铝丝网面积更小。当纱窗处于潮湿大气中时，铝丝网因产生电偶腐蚀而被迅速破坏。

实例七 某发电厂锅炉高温再热器管用0Cr18Ni10不锈钢制造，结构形式为蛇形管排。再热器管制造好后，工厂曾进行退火处理，目的是消除残余应力。采取的退火温度为680℃，时间30min。在工厂制造好后，由海路运至工地，并在海边工地露天存放一年后组装。在试压过程中，发现多处泄漏。

分析 检查发现，泄漏处区域有蚀孔，且金相检查表明，泄漏处区域有晶间腐蚀裂纹。这是因为工地在海边，空气中含有较多氯化物，随着不锈钢管表面水汽的冷凝和蒸发，造成氯化物浓缩。因此，一方面会导致不锈钢管表面产生孔蚀，另一方面由于热处理温度为680℃，处于敏化温度范围，从而使不锈钢管产生敏化，因而管排在存放期间就发生孔蚀和晶间腐蚀。

第三章　金属在典型环境中的腐蚀

材料是国家建设的重要基础。材料总是在一定的环境中使用，导致金属腐蚀的环境有两类：一类是自然环境，如大气、海水与土壤等；另一类是工业环境，如酸、碱、盐等溶液以及高温气体等。

现已发现，几乎所有材料在自然环境作用下都存在着电化学腐蚀问题。其特点是：自然环境腐蚀是一个渐进的过程，一些腐蚀是在不知不觉中发生的，易为人所忽视；同时自然环境条件各不相同，差别很大。例如，我国有 8 个气候带，7 类大气环境(农村、城市、工业、海洋、高原、沙漠、热带雨林)，5 大水系(黄河、长江、松花江、淮河和珠江)，4 个海域(渤海、黄海、东海和南海)，40 多种土壤材料在不同自然环境中的腐蚀速度可以相差几倍至几十倍，因此，材料在不同自然环境条件下的腐蚀规律各不相同。另外，材料自然环境腐蚀情况十分复杂，影响因素很多。因此，研究掌握各类材料在典型自然环境中的腐蚀规律和特点，对于控制材料的自然环境腐蚀，减少经济损失，合理选材、科学用材、采用相应的防护措施，并为保证工程质量和可靠性提供科学依据。

第一节　大气腐蚀

金属在大气条件下发生腐蚀的现象称为大气腐蚀。大气腐蚀是金属腐蚀中最普遍的一种。金属材料从原材料库存、零部件加工和装配以及产品的运输和储存过程中都会遭到不同程度的大气腐蚀。例如，表面很光洁的钢铁零件在潮湿的空气中过不多久就会生锈，光亮的铜零件会变暗或产生铜绿。又如长期暴露在大气环境下的桥梁、铁道、交通工具及武器装备等都会遭到大气腐蚀。

据估计因大气腐蚀而引起的金属损失，约占总腐蚀损失量的一半以上，随着大气环境的不同，其腐蚀严重性有着明显的差别。在含有硫化物、氯化物、煤烟、尘埃等杂质的环境中会大大加重金属腐蚀。例如，钢在海岸的腐蚀要比在沙漠中的大 400~500 倍。离海岸越近，钢的腐蚀也越严重。又如一个 10^5kW 的火力发电站，每昼夜由烟囱中排出的 SO_2就有 100t 之多，空气中的 SO_2对钢、铜、镍、锌、铝等金属腐蚀的速度影响很大。特别是在高湿度情况下，SO_2会大大加速金属的腐蚀。因此讨论大气成分及其对腐蚀的影响，掌握大气腐蚀规律、机理和控制就非常重要。

一、大气腐蚀类型及特点

1. 大气腐蚀类型

和浸在溶液中的金属腐蚀相对照，大气腐蚀指的是暴露在空气中金属的腐蚀，它概括了范围很宽广的一些条件，其分类是多种多样的。有按地理和空气中含有微量元素的情况(工业、海洋和农村)分类的；有按气候分类(热带、湿热带、温带等)的；也有按水汽在金属表面的附着状态分类的。从腐蚀条件看，大气的主要成分是水和氧，而大气中的水汽是决定大气腐蚀速度和历程的主要因素。因此，根据腐蚀金属表面的潮湿程度可把大气腐蚀分为“干的”、“潮的”和“湿的”三种类型。

(1) 干的大气腐蚀

这种大气腐蚀也叫干氧化和低湿度下的腐蚀，即金属表面基本上没有水膜存在时的大气腐蚀，属于化学腐蚀中的常温氧化。在清洁而又干燥的室温大气中，大多数金属生成一层极薄的不可见的氧化膜，其厚度为1~4nm。在室温下某些非铁金属能生成一层可见的膜，这种膜的形成通常称为失泽作用。金属失泽和干氧化作用之间有着密切的关系。

(2) 潮的大气腐蚀

这种大气腐蚀是相对湿度在100%以下，金属在肉眼不可见的薄水膜下进行的腐蚀。如铁在没有被雨、雪淋到时生锈。这种水膜是由于毛细管作用、吸附作用或化学凝聚作用而在金属表面上形成的。所以，这类腐蚀是在超过临界相对湿度情况下发生的。此外，它还需要有微量的气体沾污物或固体沾污物存在，当超过临界湿度时，沾污物的存在能强烈增大腐蚀速率，而且沾污物还常会使临界湿度值降低。

(3) 湿的大气腐蚀

这是水分在金属表面上凝聚成肉眼可见的液膜层时的大气腐蚀。当空气相对湿度约为100%或水分(雨、飞沫等)直接落在金属表面上时，就发生这种腐蚀。潮的和湿的大气腐蚀都属于电化学腐蚀。由于表面液膜层厚度的不同，它们的腐蚀速度也不相同。

随着气候条件和金属表面状态(氧化物、盐类的附着情况)的变化，各种腐蚀形式可以互相转换。例如，在空气中起初以干的腐蚀历程进行的构件，当湿度增大或由于生成吸水性的腐蚀产物时，就会开始按照潮大气腐蚀形式进行腐蚀。若雨水直接落到金属上时，潮的大气腐蚀又转变为湿的大气腐蚀，而当雨后金属表面上的可见水膜被蒸发掉，又重新按潮的大气腐蚀形式进行腐蚀。但通常所说的大气腐蚀，是指常温下潮湿空气中的腐蚀。

2. 大气腐蚀特点

大气腐蚀基本上属于电化学腐蚀范围。它是一种液膜下的电化学腐蚀，和浸在电解质溶液内的腐蚀有所不同。由于金属表面上存在着一层饱和了氧的电解液薄膜，使大气腐蚀优先以氧去极化过程进行腐蚀。

对于湿的大气腐蚀(液膜相对较厚)，腐蚀过程主要受阴极控制，但其受阴极控制的程度和全部浸没于电解质溶液中的腐蚀情况相比，已经大为减弱。随着金属表面液层变薄，大气腐蚀的阴极过程通常将更容易进行，而阳极过程相反变得困难。对于潮大气腐蚀，由于液膜较薄，金属离子水化过程难以进行，使阳极过程受到较大阻碍，而且在薄层电解液下很容易产生阳极钝化，因此腐蚀过程主要受阳极控制。

一般说来，在大气中长期暴露的钢，其腐蚀速度是逐渐减慢的。一方面，固体腐蚀产物(锈层)常以层状沉积在金属表面，增大了电阻和氧渗入的阻力，因而带来一定的保护性；另一方面，附着性好的锈层内层将减小活性阳极面积，增大了阳极极化，使大气腐蚀速度减慢。这也为采用合金化的方法提高金属材料的耐蚀性指出了有效的途径。例如，钢中含有千分之几的铜，由于生成一层致密的、保护性较强的锈膜，使钢的耐蚀性得到明显改善。

二、大气腐蚀的影响因素

影响大气腐蚀的主要因素包括：气候条件、大气中的腐蚀性气体及金属表面状态等。

1. 大气中的腐蚀性气体

全球范围内大气中的主要成分几乎不变，但在不同的环境中，大气中会有其他污染物，其中对金属大气腐蚀有影响的腐蚀性气体有二氧化硫(SO_2)、硫化氢(H_2S)、二氧化氮

(NO_2)、氨气(NH_3)、二氧化碳(CO_2)、臭氧(O_3)、氯化氢(HCl)、有机物及尘粒等。

① 二氧化硫(SO_2)。在大气污染物质中，SO_2对金属腐蚀的影响最大，含硫的石化燃料燃烧、金属的冶炼过程都会产生和释放SO_2。目前已有62.3%的城市SO_2年平均浓度超过国家2级标准(0.06mg/m^3)或3级标准(0.25 mg/m^3)。目前，年均降水pH值低于5.6的地区占全国面积的40%。

大气中SO_2对金属的腐蚀机理研究得比较多，目前主要的一种说法是"酸的再生循环"作用。以铁为例，"酸的再生循环机理"认为，SO_2首先被吸附在钢铁表面上，大气中的SO_2与Fe和O_2作用形成硫酸亚铁，然后，硫酸亚铁水解形成氧化物和游离的硫酸。硫酸又加速腐蚀铁，所生成的新鲜硫酸亚铁再水解生成游离酸，如此反复循环。此时大气中SO_2对Fe的加速腐蚀是一个自催化反应过程。

由大气暴露试验结果表明，铜、铁、锌等金属的大气腐蚀速度与空气中所含的SO_2量近似地成正比，耐稀硫酸的金属如铅、铝、不锈钢等在工业大气中腐蚀比较慢，而铁、锌、镉等金属则较快。

SO_2对大气腐蚀的影响还会由于空气中沉降的固体颗粒而加强。

② 硫化氢(H_2S)。在污染的干燥空气中，痕量硫化氢的存在会引起银、铜、黄铜等变色，即生成硫化物膜，其中铜、黄铜、银、铁变色最为明显。而在潮湿空气中会加速铁、锌、黄铜，特别是铁和锌的腐蚀。

H_2S的影响主要是由于其溶于水中会形成酸性水膜，增加水膜的导电性。

③ 氨气(NH_3)。由于NH_3极易溶于水，所以当空气中含有NH_3时会使潮湿处的pH值迅速变化。液膜中含$NH_3$0.5%时，pH值即上升到8，NH_3浓度达到13%~25%时，pH值增到9~10。在这种碱性液膜中铁能得到缓蚀，而对有色金属的腐蚀加快，其中对铜的影响特别大，NH_3能剧烈地腐蚀铜、锌、镉等金属，并生成络合物。

④ 二氧化碳(CO_2)。尽管全球大气中CO_2的平均浓度以每年0.5%的速度递增，但CO_2对金属大气腐蚀的影响不是很大，因为碳酸是很弱的酸，往往它的影响被大气中其他强腐蚀性组分的影响所掩盖。

⑤ 固体颗粒物。城市大气中大约含2 mg/m^3的固体颗粒物，而工业大气中固体颗粒物含量可达1000 mg/m^3，估计每月每平方公里的降尘量大于100 t。工业大气中固体颗粒物的组成多种多样，有煤烟、灰尘等碳和碳的化合物、金属氧化物、砂土、硫酸盐、氯化物等，这些固体颗粒落在金属表面上，与潮气组成原电池或氧浓差电池而造成金属腐蚀。固体颗粒物与金属表面接触处会形成毛细管，大气中水分易于在此凝聚。如果固体颗粒物是吸潮性强的盐类，则更有助于金属表面上形成电解质溶液，尤其是空气中各种灰尘与二氧化硫、水共同作用时，腐蚀会大大加剧，在固体颗粒下的金属表面常易发生点蚀。

⑥ 海洋大气环境。在海洋大气环境中，海风吹起海水形成细雾，由于海水的主要成分是氯化物盐类，这种含盐的细雾称为盐雾。当夹带着海盐粒子盐雾沉降在暴露的金属表面上时，由于海盐(特别是NaCl和$MgCl_2$)很容易吸水潮解，所以趋向于在金属表面形成一层薄薄的液膜，促进了碳钢的腐蚀。在Cl^-作用下，金属钝化膜遭到破坏，丧失保护性，使碳钢在液膜作用下一层一层地剥落。

常用的结构钢和合金，大多数均受海水和多雾的海洋大气腐蚀。

2. 气候条件

大气湿度、气温及润湿时间、日光照射、风向及风速等是影响大气腐蚀的气候条件。

(1) 大气湿度

空气中含有水蒸气的程度叫做湿度，水分愈多，空气愈潮湿。通常以1m^3空气中所含的水蒸气的质量(g)来表示潮湿程度，称为绝对湿度。在一定温度下，空气中能包含的水蒸气量不高于其饱和蒸气压。温度愈高，空气中达到饱和的水蒸气量就愈多。所以习惯用某一温度下空气中实际水汽含量(绝对湿度)与同温度下的饱和水汽含量的百分比值定义相对湿度，用符号 RH 表示。

如果水汽量达到了空气能够容纳水汽的限度，这时的空气就达到了饱和状态，相对湿度为100%。在饱和状态下，水分不再蒸发。相对湿度的大小不仅与大气中水汽含量有关，而且还随气温升高而降低。

潮湿大气腐蚀并不是单纯由于水汽或雨水所造成的腐蚀，而同时存在着大气中所含有害气体的综合影响。图3-1 表示在含 0.01%SO_2的空气中，铁的腐蚀增重随相对湿度变化的关系。

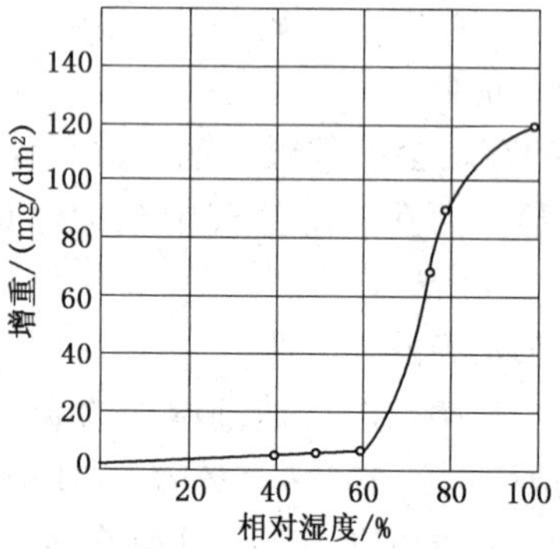

图3-1　铁的大气腐蚀与相对湿度的关系

在非常纯净的空气中，湿度对金属锈蚀的影响并不严重，相对湿度由零逐渐增大时，腐蚀增重是很小的，也无腐蚀速度突变的现象。而大气中含有 SO_2等腐蚀性气体时，情况就不同了。由图3-1 可知，在相对湿度由零增加到60%前，腐蚀增重同样增加缓慢，与纯净空气差不多，当相对湿度达到60%左右时，腐蚀增重突然上升，并随相对湿度增加。这一数值就称为临界相对湿度。

可见，在污染大气中，低于临界湿度时，金属表面没有水膜，是化学作用引起的腐蚀，腐蚀速度很小；高于临界湿度时，水膜形成，便产生了严重的电化学腐蚀，腐蚀速度突然增加。

临界相对湿度随金属的种类、金属表面状态以及环境气氛的不同而有所不同。对于钢铁、钢、镍和锌来说，临界相对温度一般在50%~70%之间。

(2) 气温和温差的影响

空气的温度和温度差对金属大气腐蚀速度有一定的影响。尤其是温度差比温度的影响还大，因为它不但影响着水汽的凝聚，而且还影响着凝聚水膜中气体和盐类的溶解度。

对于温度很高的雨季或湿热带，温度会起较大作用，一般随着温度的升高，腐蚀速度加快。

在一些大陆性气候的地区，日夜温差很大，造成相对湿度的急剧变化，使空气中的水分在金属表面上结露，引起锈蚀；或由于白天供暖气而晚上停止供暖的仓库和工厂；或在冬天将钢铁零件从室外搬到室内时，由于室内温度较高，冷的钢铁表面上就会凝结一层水珠等。这些因素都会促使金属锈蚀。特别是周期性地在金属表面结露，腐蚀更为严重。

(3) 总润湿时间

总润湿时间是指金属表面被水膜层覆盖的时间。在实际的大气环境中，受空气的相对湿度、雨、雾、露等天气条件的持续时间及频率，以及金属的表面温度、风速、光照时间等多种因素影响，使金属表面发生电化学腐蚀的水膜层并不能长期存在，因此金属表面的大气腐蚀过程不是一个连续的过程，而是一个干、湿交替的循环过程。大气腐蚀实际上是各个独立的润湿时间内腐蚀的积累。总润湿时间越长，金属大气腐蚀也越严重。

3. 金属表面状态

金属的表面加工方法和表面状态对大气中水汽的吸附凝聚有较大的影响。光亮洁净的金属表面可以提高金属的耐蚀性，加工粗糙的表面比精磨的表面易腐蚀，而经喷砂处理的新鲜且粗糙的表面易吸收潮气和污物，易遭受锈蚀。

金属表面存在污染物质或吸附有害杂质，会进一步促进腐蚀过程。如空气中的固体颗粒落在金属表面，会使金属生锈。一些比表面积大的颗粒(如活性炭)可吸附大气中的 SO_2，会显著增加金属的腐蚀速度。

在固体颗粒下的金属表面常发生缝隙腐蚀或点蚀。有些固体颗粒虽不具腐蚀性，也不具吸附性，但由于能造成毛细凝聚缝隙，促使金属表面形成电解液薄膜，形成氧浓度电池，也会导致缝隙腐蚀。

另外，金属表面的腐蚀产物对大气腐蚀也有影响。如：已生锈的钢铁表面的腐蚀速度大于表面光洁的钢铁件，是因为腐蚀产物具有较大的吸湿性，而且腐蚀产物比较疏松，使其丧失保护作用，甚至会产生缝隙腐蚀，从而使腐蚀加速。某些金属(如耐候钢)的腐蚀产物膜由于合金元素富集，使锈层结构致密，有一定的隔离腐蚀介质的作用，因而使腐蚀速度有所降低。

三、防止大气腐蚀的措施

防止金属大气腐蚀的方法很多，可以根据金属制品所处环境及对防腐蚀的要求，选择合适的防护措施。

① 采用金属或非金属覆盖层是最常用的方法。其中最普通的为涂料保护层，也就是涂漆保护。化工大气腐蚀性特别严重，普通钢铁包括低合金钢在化工大气中使用时，一般都采用金属或非金属覆盖层保护，如利用电镀、喷镀、渗镀等方法镀镍、锌、铬、锡等金属；也有用涂料或玻璃钢等非金属覆盖层来保护钢铁不受大气腐蚀。

② 采用耐大气腐蚀的金属材料。耐大气腐蚀的金属材料，一般有耐候钢、不锈钢、铝等。其中工程结构材料多采用耐候钢。如含铜、磷、铬、镍等合金元素的低合金钢就是一类在大气中比普通碳钢耐蚀性要好得多的钢种。

③ 控制环境条件。一般相对湿度低于 35%时金属不易生锈，低于 60%~70%金属锈蚀较慢。所以可以采用降低环境相对湿度来降低大气腐蚀。此外，还应注意文明生产，及时除去金属表面的灰尘；开展环境保护，减少大气污染。

④ 使用气相缓蚀剂和暂时性保护涂层。这些都是暂时性的保护方法，主要用于储藏和运输过程中的金属制品。保护钢铁的气相缓蚀剂有亚硝酸二环己胺和碳酸环己胺等。气相缓蚀剂一般有较高的蒸气压，能在金属表面形成吸附膜而发挥缓蚀作用。暂时性保护涂层和防锈剂有凡士林、石油磺酸盐、亚硝酸钠等。

第二节 海水腐蚀

金属结构在海洋环境中发生的腐蚀称为海水腐蚀。海水是自然界中含量大并且是最具腐蚀性的天然电解质溶液。我国海域辽阔，大陆海岸线长达 18000km，拥有近 300 万平方公里的海域。近年来海洋开发受到普遍重视，港口的钢桩、栈桥、跨海大桥、海上采油平台、海滨电站、海上舰船以及在海上和海水中作业的各种机械，无不受到海水腐蚀问题的侵扰。而且未来的世界会遇到更多海水腐蚀的问题。因此，研究海水腐蚀规律，探讨防腐蚀措施，就具有十分重要的意义。

一、海水腐蚀的特点

1. 海水的性质及特点

海水是平均含盐量高达3.5%并有溶解氧的强腐蚀性电解液，所有的海水对金属都有较强的腐蚀性。

海水作为腐蚀性介质，其特性首先在于它的含盐量相当大。世界性的大洋中，水的成分和总盐度较为恒定，但内海里的含盐量则差别较大，因地区条件的不同而异，如地中海的总盐度高达3.7%~3.9%，而里海则低至1.0%~1.5%。

海水中含量最多的盐类是氯化物，其次是硫酸盐。氯化物含量占总盐量的88.7%，氯离子的含量约占总离子数的55%。

除了这些主要成分之外，海水中还有含量小的其他成分，如臭氧、游离的碘和溴也是强烈的阴极去极化剂和腐蚀促进剂。此外，海水中还含有少量的、对腐蚀不产生重大影响的许多其他元素。

海水中还含有较多的溶解氧，在表层海水中溶解氧接近饱和。

但各个海域的海水性质(如含盐量、含氧量、温度、pH值、流速、海洋生物等)差别很大，同时，波、浪、潮等在海洋设施和海工结构上产生低频往复应力和飞溅带浪花与飞沫的持续冲击；海洋微生物、附着生物和它们新陈代谢的产物(如硫化氢、氨基酸等)对腐蚀过程产生直接与间接的加速作用。加之海洋设施和海工结构种类、用途以及工况条件有很大差别，因此它们发生的腐蚀类型和严重程度也各不相同。金属的腐蚀行为与这些因素的综合作用有关。

2. 海水腐蚀的特点

海水作为中性含氧电解液的性质决定了海水中金属腐蚀的电化学特性。电化学腐蚀的基本规律都适用于海水腐蚀。但基于海水本身的特点，海水腐蚀的电化学过程又具有自己的特点。

① 海水腐蚀是氧去极化过程。多数金属受氧的去极化阴极过程所控制，过程的快慢取决于氧的扩散的快慢。负电性很强的金属，如镁及其合金，腐蚀时阴极才发生氢的去极化作用。

尽管表层海水被氧所饱和，但氧通过扩散到达金属表面的速度却是有限的，也小于氧还原的阴极反应速度。在静止状态或海水流速不大时，金属腐蚀的阴极过程一般受氧到达金属表面的速度控制。所以钢铁等在海水中的腐蚀几乎完全决定于阴极去极化反应。减小扩散层厚度、增加流速，都会促进氧的阴极极化反应，促进钢的腐蚀。如对于普通碳钢、低合金钢、铸铁，海水环境因素对腐蚀速度的影响远大于钢本身成分和组分的影响。

② 海水中含有大量的Cl^-，对于大多数金属(如铁、钢、锌、铜等)，其阳极极化程度是很小的。对于铁、铸铁、低合金钢和中合金钢来说，在海水中建立钝态是不可能的。由于Cl^-的存在，使钝化膜易遭破坏，对于含高铬的合金钢来说，在海水中的钝态也不完全稳定，即使是不锈钢也可能出现小孔腐蚀。只有少数易钝化金属，如钛、锆、铌、钽等，才能在海水中保持钝态。因而有较强的耐海水腐蚀性能。

③ 海水的电导率很大，电阻性阻滞很小，在金属表面形成的微电池和宏观电池都有较大的活性。

在海水中异种金属的接触能造成显著的电偶腐蚀，且作用强烈，影响范围较远。如海船的青铜螺旋桨可引起远达数十米处的钢制船身的腐蚀。再如铁板和铜板同时浸入海水中，让两者接触时，则铁板腐蚀加快，而铜板受到保护，此即为海水中的电偶腐蚀(宏电池腐蚀)现象。即使两种金属相距数十米，只要存在足够的电位差并实现稳定的电连接，就可以发生电偶腐蚀。所以在海水中，必须对异种金属的连接予以重视，以避免可能出现的电偶腐蚀。

④ 海水中除易发生均匀腐蚀外，还易发生局部腐蚀，由于钝化膜的破坏，很容易发生孔蚀和缝隙腐蚀。且在高流速的情况下，还易产生空蚀和冲刷腐蚀。

二、海水腐蚀的影响因素

海水是含有多种盐类的电解液，且含有海洋生物、悬浮泥沙、溶解气体和腐败的有机物质。此外，含盐量的多少、温度、流速等因素，都会对海水腐蚀产生综合作用。比单纯的盐溶液影响要复杂得多。

1. 含盐量

海水中含盐量以盐度表示。盐度是指1000g海水中溶解的固体盐类物质的总克数。

海水的总盐度随地区而变化，一般在相通的海洋中盐度相差不大，但在某些海区和隔离性的内海中，盐度有较大的变化。海水的盐度波动直接影响到海水的比电导，这是影响金属腐蚀速度的因素之一。

一般，随着海水中含盐量增大，金属腐蚀速度增大，但若盐浓度过大，海水中溶解氧量会下降，故盐浓度超过一定值后，金属腐蚀速度下降。海水中盐的浓度对钢来讲，刚好接近于最大腐蚀速度的浓度范围。此外，海水中含盐量增大，其中的 Cl^- 含量也增大，易破坏金属钝化。

2. 含氧量

大多数金属在海水中发生的是吸(耗)氧腐蚀。海水腐蚀是以阴极氧去极化控制为主的腐蚀过程。海水中含氧量增加，可使金属腐蚀速度增加。

海水表面因与大气接触面积相当大，海水还不断受到海浪的搅拌作用并有强烈的自然对流，所以通常海水中含氧量较高。除特殊情况外，可以认为海水表面层被氧饱和。

盐度的增加和温度的升高，会使溶解氧量有所降低。随海水深度的增加，含氧量减少，但深度再增加则溶解氧量反而增多，这可能与绿色植物的光合作用有关。

3. 温度

海水的温度随地理位置和季节的不同在一个较大的范围变化。从两极高纬度到赤道低纬度海域，表层海水的温度可由0℃增加到35℃。例如，北冰洋海水温度为2~4℃，热带海洋可达29℃。温热带海水温度随海水深度而变化，深度增加，水温下降。

海水温度升高，腐蚀速度加快。一般认为，海水温度每升高10℃，金属腐蚀速度将增大一倍。但是温度升高后，氧在海水中的溶解度下降，金属腐蚀速度减小。但总的效果是温度升高，腐蚀速度增大。因此在炎热的季节或环境中，海水腐蚀速度较大。

4. 构筑物接触海水的位置

从海洋腐蚀的角度出发，以接触海水的位置从下至上将海洋环境划分为3个不同特性的腐蚀区带，即全浸带、潮差带和飞溅带。图3-2示出了普通碳钢构

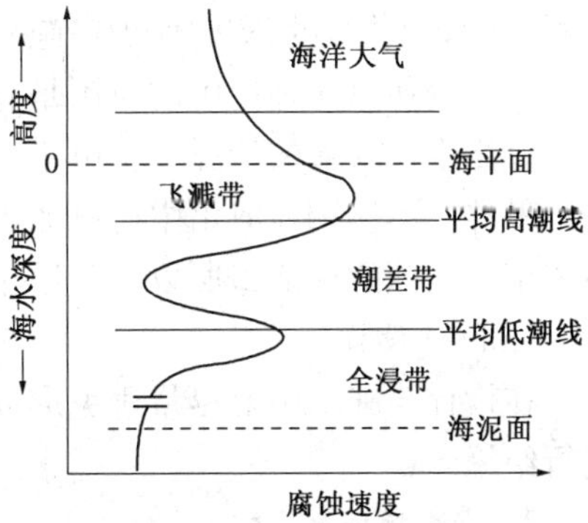

图3-2　碳钢构件在海水中不同部位的腐蚀情况

件在海水中不同部位的腐蚀情况。

处于干、湿交替区的飞溅带，此处海水与空气充分接触，氧供应充足，再加上海浪的冲击作用，使飞溅带腐蚀最为严重。潮差带是指平均高潮线和平均低潮线之间的区域。高潮位处因涨潮时受高含氧量海水的飞溅，腐蚀也较严重。高潮位与低潮位之间，由于氧浓差作用而受到保护。在紧靠低潮线的全浸带部分，因供氧相对缺少而成为阳极，使腐蚀加速。平静海水处(全浸带)的腐蚀受氧的扩散控制，腐蚀随温度变化，生物因素影响大。随深度增加腐蚀减弱。污泥区有微生物腐蚀产物(硫化物)，泥浆一般有腐蚀性，有可能形成泥浆海水间腐蚀电池，但污泥中溶氧量大大减少，又因腐蚀产物不能迁移，使腐蚀减小。

5. 流速

海水流速也是表征海水性质的一个重要参数。海水的流速增大，将使金属腐蚀速度增大。海水流速对铁、铜等常用金属的腐蚀速度的影响存在一个临界值 V_c，超过此流速，金属的腐蚀速度显著增加。在平静海水中流速极低、均匀，氧的扩散速度慢，腐蚀速度较低。当流速增大时，因氧扩散加快，使腐蚀加速。对一些在海水中易钝化的金属(如钛、镍合金和高铬不锈钢)，有一定流速反而能促进钝化和耐蚀；但很大的流速，因受介质的冲击、摩擦等机械作用影响，会出现冲刷腐蚀或空蚀。

6. 海洋生物

生物因素对腐蚀影响很复杂，在大多数情况下是加大腐蚀的，尤其是局部腐蚀。海洋中叶绿素植物，可使海水的含氧量增加，是加大腐蚀的；海生物放出的 CO_2，使周围海水呈酸性，海生物死亡、腐烂可产生酸性物质和 H_2S，因而可使腐蚀加速。

此外，有些海生物会破坏金属表面的油漆或金属镀层，因而也会加速腐蚀。甚至由于海生物在金属表面的附着，可形成缝隙而引起缝隙腐蚀。

三、防止海水腐蚀的措施

1. 合理选材

不同金属材料在海水中的耐蚀性，其差别是很大的。钛合金和镍铬钼合金的耐蚀性最好，铸铁和碳钢较差，铜基合金如铝青铜、铜镍合金也较耐蚀。不锈钢虽耐均匀腐蚀，但易产生孔蚀。

大量的海洋工程构件仍然使用普通碳钢或低合金钢。从海水腐蚀挂片试验来看，普通碳钢与低合金钢腐蚀失重相差不大，但腐蚀破坏的情况不同。一般说来。普通碳钢的腐蚀破坏比较均匀，而低合金钢的局部腐蚀破坏比碳钢严重。所以普通碳钢和低合金钢可以用于海洋工程，但必须加以切实的保护措施。

不锈钢在海洋环境中的应用是有限的。除了价格较贵的原因之外，不锈钢在海水流速小和有海洋生物附着的情况下，由于供氧不足，在 Cl^- 作用下钝态容易遭到破坏，促使发生点蚀。另外，不锈钢在海水中还可能出现应力腐蚀破裂。在不锈钢中添加合金元素钼可以提高不锈钢耐孔蚀的性能，所以一些适用于海水介质的不锈钢都是含钼的不锈钢。

2. 改进设计

在设计与施工中要尽量避免形成电偶和缝隙。尽可能减少阴极性接触物的面积或对它们进行绝缘。

3. 覆盖层保护

这是防止金属材料海水腐蚀普遍采取的方法，除了应用防锈油漆外，有时还采用防生物污染的防污漆。对于处在潮差带和飞溅带的某些固定结构物，可以使用蒙乃尔合金包覆。

海洋工程用钢的主要保护措施是在钢的表面施加涂层(如富锌涂料)。但是，任何一种有机涂层长时间浸泡在水溶液中，水分子都会渗过涂层到达金属表面，在涂层下发生电化学腐蚀。而且一旦涂层下的金属表面发生腐蚀过程，阴极反应所生成的 OH^- 会使涂层失去与金属表面的附着力而剥离，另外整个腐蚀过程所产生的固相腐蚀产物也会将涂层挤得鼓起来，所以光用简单的油漆涂层不能起到很好的保护作用。为达到更好的保护效果，通常采用涂料和阴极保护相结合的办法。

海工结构在飞溅带的防护措施通常包括：采用厚浆型重防腐涂料、采用耐蚀材料包套和留有足够的腐蚀裕量。

4. 阴极保护

阴极保护是防止海水腐蚀常用的方法之一，但只在全浸带才有效。阴极保护又分为外加电流法和牺牲阳极法。外加电流阴极保护便于调节，而牺牲阳极法则简单易行。海水中常用的牺牲阳极有锌合金、镁合金和铝合金。

这是保护海底管线和海工结构水下部分的首选措施。已有的研究结果表明，对钢质海洋平台的水下部分，不采用涂料，只采用阴极保护同样能得到良好的保护效果。

5. 使用缓蚀剂

第三节　土壤腐蚀

土壤腐蚀是自然界中一类很重要的腐蚀形式。随着工业现代化的发展，大量的金属管线(如油管、水管、蒸汽和煤气管道)、通信电缆、地基钢桩、高压输电线及电视塔等金属基座埋设在地下，由于土壤腐蚀造成管道穿孔损坏，引起油、气、水的渗漏或使电信设备发生故障，甚至造成火灾、爆炸事故。一些地下基础构件的腐蚀破坏会影响地面构筑物的牢固性。这些地下设备往往难于检修，给生产带来很大的损失和危害。因此，研究土壤腐蚀的规律，寻找有效的防护措施，具有重要的意义。

金属在土壤中的腐蚀与在电解液中的腐蚀本质上都是电化学腐蚀，但由于土壤作为腐蚀性介质所具有的特性，使土壤腐蚀的电化学过程具有其自身的特点。

一、土壤腐蚀的特点

1. 土壤电解质的特点

(1) 土壤的复杂性和多相性

土壤是由土粒、水、空气所组成的复杂的多相结构。土壤是无机和有机胶质混合颗粒的集合，含有固体颗粒砂子、灰、泥渣和植物腐烂后的腐殖土以及水分、盐类和氧。大多数土壤是中性的，但有些是碱性的砂质黏土和盐碱土，pH 值为 7.5~9.5。也有的土壤是酸性腐殖土和沼泽土，pH 值为 3~6。

(2) 土壤的多孔性

土壤颗粒间形成大量毛细微孔或孔隙，孔隙中充满空气和水，盐类溶解在水中，常形成胶体体系。溶解有盐类和其他物质的土壤是一种特殊的电解质，土壤的导电性与土壤的干湿程度及含盐量有关。

(3) 土壤的不均性

土壤的性质和结构是不均匀的、多变的。从小范围看，土壤有各种微结构组成的土粒、气孔、水分以及结构紧密程度的差异；从大范围看，有不同性质的土壤变化等。因此，土壤组成和性质的复杂多变性，使不同的土壤腐蚀性相差很大。

(4) 土壤的相对固定性

土壤的固体部分对埋设在其中的金属结构来说，是固定不动的，而土壤中的气、液相则可作有限运动。

土壤的这些物理化学性质，尤其是电化学特性直接影响着土壤腐蚀过程的特点。

2. 土壤腐蚀过程的特点

土壤腐蚀和其他介质中的电化学腐蚀过程一样，因金属和介质的电化学不均匀性形成腐蚀电池；由于土壤介质具有多相性、不均匀性等特点，所以除了有可能生成和金属组织的不均匀性有关的腐蚀微电池外，土壤腐蚀中因介质不均匀性所引起的腐蚀宏电池往往起着更大的作用。

① 大多数金属在土壤中的腐蚀是属于氧的去极化腐蚀，只有在强酸性土壤中，才发生氢去极化型的腐蚀。

铁在潮湿土壤中阳极过程无明显阻碍，与溶液中腐蚀相似。在干燥且透气性良好的土壤中，阳极过程因钝化或离子化困难而产生很大的极化，此种情况与铁在大气中腐蚀的阳极行为相接近。由于腐蚀二次反应，不溶性腐蚀产物与土粘结形成紧密层，起到屏蔽作用。随着时间增长，阳极极化增大，使腐蚀减小。

阴极主要是氧的去极化过程，其中包括两个基本步骤，即氧输向阴极和氧离子化的阴极反应。但氧输向阴极过程比较复杂，在多相结构的土壤中由气相和液相两条途径输送。通过土壤中气液相的定向流动和扩散两种方式，最后通过毛细孔隙下形成的电解液薄层及腐蚀产物层。在某些情况下，阴极有氢的去极化过程或有微生物参与的阴极还原过程。

② 土壤腐蚀的条件极为复杂，使腐蚀过程的控制因素差别也较大。

大致有如下几种控制特征：对于大多数潮湿、密实的土壤来说，当腐蚀决定于腐蚀微电池或距离不太长的宏观腐蚀电池时，腐蚀主要为阴极过程控制，与全浸在静止电解液中的情况相似。在疏松、干燥的土壤中，随着氧渗透率的增加，腐蚀则转变为阳极控制。此时腐蚀过程的控制特征接近于潮的大气腐蚀。对于由长距离宏观电池作用下的土壤腐蚀，如地下管道经过透气性不同的土壤形成氧浓差腐蚀电池时，土壤的电阻成为主要的腐蚀控制因素，或阴极–电阻混合控制。见图 3–3。

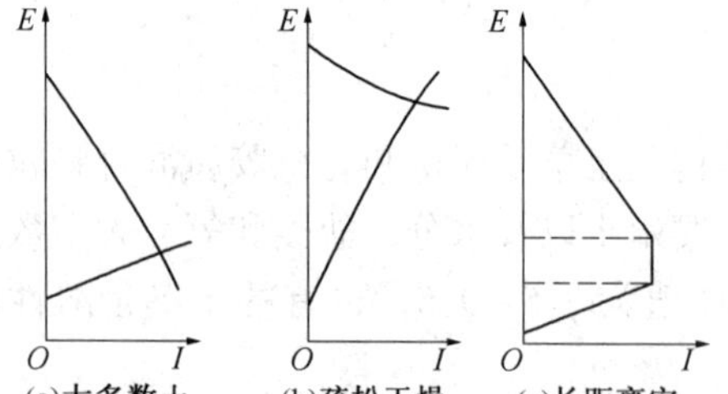

(a)大多数土壤中微电池腐蚀(阴极控制)　(b)疏松干燥土壤中微电池腐蚀(阳极控制)　(c)长距离宏电池腐蚀(阴极–电阻控制)

图 3–3　不同土壤条件下腐蚀过程控制特征

③ 在土壤腐蚀的情况下，除了因金属组织不均匀性引起的腐蚀微电池外，还可能由于土壤介质的不均匀性引起的宏观腐蚀电池。

由于土壤透气性不同，使氧的渗透速度不同，从而建立起氧浓差电池。对于比较短小的金属构件来说，可以认为周围土壤结构、水分、盐分、氧量等是均匀的，这时发生和金属组织不均匀性有关的微电池腐蚀。对于长的金属构件和管道，因各部分氧渗透率不同、黏土和砂土等结构的不同、埋设深度不同，引起氧浓差电池和盐分浓差电池。这类宏观电池造成局部腐蚀。在阳极部位产生较深的腐蚀孔，使金属构件遭受严重破坏。图 3–4 示出了管道在结构不同的土壤中所形成的氧浓差电池。

埋在密实、潮湿黏土中，氧的渗透性差，这里的钢作为阳极而被腐蚀。土壤性质的变化，如土壤中含有硫化物、有机酸或工业污水，同样会形成宏观腐蚀电池。

④ 土壤中易产生由杂散电流引起的腐蚀。

所谓杂散电流是指由原正常电路漏失而流入他处的电流。主要来源是应用直流电的大功率电气装置，如电气火车、有轨电车、电焊机、电解和电镀槽、电气接地以及防雷、防静电接地等。地下埋设的金属构筑物、管道、储槽、电缆等都容易因这种杂散电流引起腐蚀。

杂散电流腐蚀是外电流引起的宏观电池腐蚀，见图 3-5。电流从管线流出之处成为腐蚀电池的阳极区而加速腐蚀，腐蚀破坏程度与杂散电流的电流强度成正比。

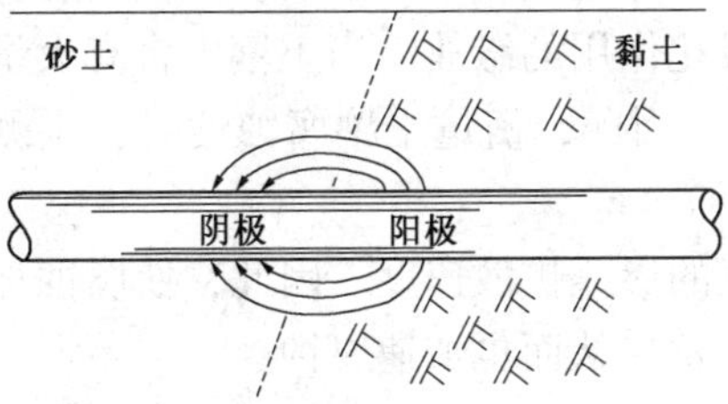

图 3-4　管道在结构不同的土壤中所形成的氧浓差电池

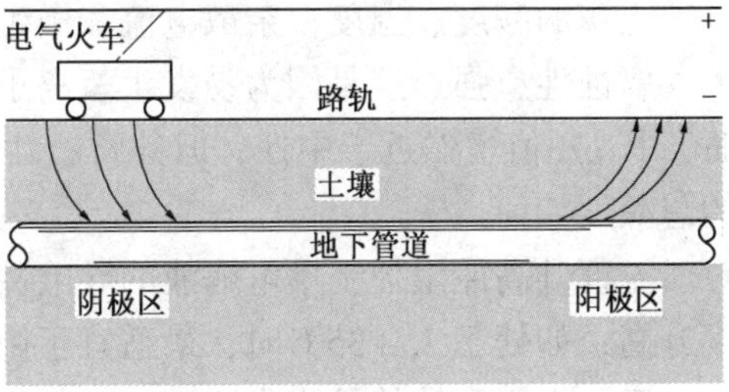

图 3-5　杂散电流引起的腐蚀电池

这种局部腐蚀可集中于阳极区的外绝缘涂层破损处。杂散电流还能引起电缆铅皮的晶间腐蚀。

交流杂散电流也会引起腐蚀。但这种杂散电流腐蚀破坏作用较小。如频率为 50Hz 的交流电，其作用约为直流电的 1%。

⑤ 土壤中各种微生物会加速金属的腐蚀。

二、土壤腐蚀的影响因素

影响土壤腐蚀的因素很多，有土壤的孔隙度(透气性)、含水量、导电性、酸碱度、含盐量、杂散电流和微生物等。有些因素相互联系着。

1. 孔隙度

孔隙度大的土壤(如干燥、疏松的砂土)，有利于氧的渗透、扩散，但水的渗透能力强，土壤中不易保持水分。而孔隙度小的土壤(如潮湿、密实的黏土)，则渗透力差，土壤的含水量大。

2. 含水量

土壤中的水分可以多种方式存在，有些紧密粘附在固体颗粒的周围，有些在微孔中流动或与土壤组分结合在一起。当土壤中可溶性盐溶解在其中时，就组成了电解液。水分的多少对土壤腐蚀影响很大，含水量很低时腐蚀速度不大，随着含水量的增加，土壤中盐分的溶解量增大，因而加大腐蚀速度。若水分过多时，因土壤颗粒膨胀堵塞了土壤的孔隙，氧的扩散渗透受阻，腐蚀速度反而减小。

对于长距离氧浓差宏观电池来说，随含水量增加，土壤电阻减少，氧浓差电池作用加大。

3. 含盐量

土壤中一般含有硫酸盐、硝酸盐和氯化钠等无机盐类。这些盐类大多是可溶性的，除了 Fe^{2+} 外，一般阳离子对腐蚀影响不大。SO_4^{2-}、NO_3^- 和 Cl^- 等阴离子对腐蚀影响较大。Cl^- 对土壤腐蚀有促进作用，海边潮汐区或接近盐场的土壤，腐蚀性更强。土壤中含盐量大，土壤的电导率增高，腐蚀性也增强。富含钙、镁离子的石灰质土壤(非酸性土壤)中，因在金属表面形成难溶的氧化物或碳酸盐保护层而使腐蚀减小。

4. 土壤的导电性

土壤的导电性受土质、含水量及含盐量等影响，孔隙度大的土壤(如砂土)，水分易渗透流失；而孔隙度小的土壤(如黏土)，水分不易流失。含水量大，可溶性盐类溶解得多，导电性好，腐蚀性强。尤其是对长距离宏观电池腐蚀来说，影响更为显著。一般的低洼地和盐碱地因导电性好，所以有很强的腐蚀性。

5. 其他因素

土壤的酸度、温度、杂散电流和微生物等因素对土壤腐蚀都有影响。一般认为，酸度愈大，腐蚀性愈强。这是因为易发生氢离子阴极去极化作用的缘故。当土壤中含有大量有机酸时，其 pH 值虽然近于中性，但其腐蚀性仍然很强。因此，衡量土壤腐蚀性时，应测定土壤的总酸度如何。

温度升高能增加土壤电解液的导电性，加快氧的渗透扩散速度，因此，使腐蚀加速。温度升高，如处于 25~35℃时，最适宜于微生物的生长，从而也加速腐蚀。

三、土壤腐蚀的防止方法

防止土壤腐蚀可采用如下几种措施。

① 覆盖层保护：较广泛采用的是石油沥青和煤焦油沥青的覆盖层(防腐绝缘层)，一般用填料加固或用玻璃纤维布、石棉等把管道缠绕加固绝缘起来。近年来发展的重防腐涂料，如环氧煤沥青涂层、熔结环氧粉末涂层、泡沫塑料防腐保温层等，有的已应用于西气东输的长输管线上。

② 耐蚀金属材料和金属镀层：采用某些合金钢和有色金属(如铅)，或采用锌镀层来防止土壤腐蚀。但这种方法由于不经济很少使用，且不宜用于酸性土壤。

③ 处理土壤，减少其浸蚀性：如用石灰处理酸性土壤，或在地下构件周围填充石灰石碎块，移入浸蚀性小的土壤，加强排水，以改善土壤环境，降低腐蚀性。

④ 阴极保护：在上述保护方法的同时，可附加阴极保护措施。如适当的覆盖层和阴极保护相结合，对延长地下管道寿命是最经济的方法。这样既可弥补保护层的不足，又可减少阴极保护的电能消耗。

第四节　金属在高温气体中的腐蚀

在石油化工生产中，处于高温气体中工作的设备很多，例如，乙烯裂解炉、合成氨转化炉、废热锅炉、氨合成塔等等。这里所谓的高温是指在金属表面不致凝结出液膜，又不超过金属表面氧化物熔点的温度。金属在高温气体中的氧化是一种很普遍而又重要的腐蚀形式，因此，了解金属氧化的机理及其规律，对于正确选用高温结构材料、防止或减缓金属在高温气体中的腐蚀是十分必要的。

实际上，在任何高温环境下，甚至在室温下的干燥空气中，也可能发生金属氧化，其腐蚀产物称为氧化膜或锈皮。它对腐蚀的继续进行有着不同的影响：可能抑制腐蚀的进行，起到防护作用；也可能没有保护性，甚至可加速腐蚀的进行。因此，探讨高温腐蚀锈皮的形成规律，有助于了解高温腐蚀破坏的性质，并寻找有效的防护措施。高温腐蚀锈皮的保护作用成为高温耐蚀合金设计中的重要依据。

一、金属的高温氧化与氧化膜

1. 高温氧化的可能性判断

金属的氧化有两种含义，狭义的氧化是指金属与环境介质中的氧化合而生成金属氧化物的过程。在反应中，金属原子失去电子变成金属离子，同时氧原子获得电子成为氧离子，可用下式表示：

$$M+\frac{x}{2}O_2=MO_x \tag{3-1}$$

实际上能获取电子的并不一定是氧，也可以是硫、卤素元素或其他可以接受电子的原子或原子团。因此，广义的金属氧化就是金属与介质作用失去电子的过程，氧化反应产物不一定是氧化物，也可以是硫化物、卤化物、氢氧化物或其他化合物。

金属的高温氧化从热力学角度看是一个自由能降低的过程。对于一个金属的氧化反应

$$M+\frac{1}{2}O_2=MO \tag{3-2}$$

可以根据氧的分压(p_{O_2})与氧化物的分解压力(p_{MO})比较高低来判定氧化反应能否自发进行，即在给定温度下，如果氧的分压高于氧化物的分解压力($p_{O_2}>p_{MO}$)，则金属氧化反应能自发进行；反之($p_{O_2}<p_{MO}$)，则金属不能被氧化。表 3-1 列出了几种金属氧化物在不同温度下的分解压力数值。

由表 3-1 可以看出，金属氧化物的分解压力随温度升高而急剧增加，即金属的氧化趋势随温度的升高而显著降低。例如空气中，Cu 在 1800K 时能被氧化，但是当温度高达 2000K 时，CuO_2的分解压力就已超过空气中氧的分压(0.21atm)，因而 Cu 就不可能被氧化了。而对于 Fe，即使在这样高的温度下，其氧化物的分解压力还是远小于氧的分压，因此氧化反应仍然可能进行。只有剧烈地降低氧的分压，例如将金属转移到无氧的或还原性气氛中，金属才不会发生氧化反应。

表 3-1 金属氧化物在各种温度下的分解压力

温度/K	各种金属氧化物按下式分解时的分解压力/atm					
	$2Ag_2O \rightleftharpoons 4Ag+O_2$	$2Cu_2O \rightleftharpoons 4Cu+O_2$	$2PbO \rightleftharpoons 2Pb+O_2$	$2NiO \rightleftharpoons 2Ni+O_2$	$2ZnO \rightleftharpoons 2Zn+O_2$	$2FeO \rightleftharpoons 2Fe+O_2$
300	8.4×10^{-5}					
400	6.9×10^{-1}					
500	24.9×10	0.56×10^{-30}	3.1×10^{-38}	1.8×10^{-46}	1.3×10^{-68}	
600	360.0	8.0×10^{-24}	9.4×10^{-31}	1.3×10^{-37}	4.6×10^{-56}	5.1×10^{-42}
800		3.7×10^{-16}	2.3×10^{-21}	1.7×10^{-25}	2.4×10^{-40}	9.1×10^{-30}
1000		1.5×10^{-11}	1.1×10^{-15}	8.4×10^{-20}	7.1×10^{-31}	2.0×10^{-22}
1200		2.0×10^{-8}	7.0×10^{-12}	2.6×10^{-15}	1.6×10^{-24}	1.6×10^{-19}
1400		3.6×10^{-6}	3.8×10^{-9}	4.4×10^{-12}	5.4×10^{-20}	5.9×10^{-14}
1600		1.8×10^{-4}	4.4×10^{-7}	1.2×10^{-9}	1.4×10^{-16}	2.8×10^{-11}
1800		3.8×10^{-3}	1.8×10^{-5}	9.6×10^{-8}	6.8×10^{-14}	3.3×10^{-9}
2000		4.4×10^{-1}	3.7×10^{-4}	9.3×10^{-6}	9.5×10^{-12}	1.6×10^{-7}

注：1atm=101325Pa。

2. 金属氧化膜的完整性和保护性

金属氧化膜的完整性是具有保护性的必要条件。金属氧化过程中形成的氧化膜是否具有保护性，首先决定于膜的完整性。完整性的必要条件是：氧化时所生成的金属氧化膜的体积(V_{MO})比生成这些氧化膜所消耗的金属的体积(V_M)要大，即：

$$V_{MO}/V_M>1 \tag{3-3}$$

此比值称为 $P-B$ 比，以 r 表示。

可见，只有 $r>1$ 时，金属氧化膜才是完整的，才具有保护性。当 $r<1$ 时，生成的氧化膜不完整，不能完全覆盖整个金属表面，即形成了疏松多孔的氧化膜，不能有效地把金属与环境隔离开来，因此这类氧化膜不具有保护性，或保护性很差。例如，碱金属或碱土金属的氧化物 MgO、CaO 等。

$r>1$ 只是氧化膜具有保护性的必要条件，但不是充分条件。因为 r 过大(如 $r>2$)，膜的内应力大，易使膜破裂，从而失去保护性或保护性很差。表 3-2 列出了一些金属氧化膜的 $P-B$ 比。

表 3-2　氧化物-金属体积比 r

保护性氧化物		非保护性氧化物		保护性氧化物		非保护性氧化物		保护性氧化物		非保护性氧化物	
Be	1.59	Li	0.57	Mn	1.79	Ti	1.95	Pd	1.60	W	3.40
Cu	1.68	Na	0.57	Fe	1.77	Mo	3.4	Pb	1.40	Ta	2.33
Al	1.28	K	0.45	Co	1.99	Nb	2.61	Ce	1.16	U	3.05
Si	2.27	Ag	1.59	Ni	1.52	Sb	2.35			V	3.18
Cr	1.99	Cd	1.21								

一般，保护性较好的氧化膜的 $P-B$ 比是 r 稍大于 1。

实践证明，并非所有的固态氧化膜都有保护性，只有那些组织结构致密、能完整覆盖金属表面的氧化膜才有保护性。因此，氧化膜要具有保护性，必须满足以下条件：

① 膜必须是完整性的。金属氧化膜的 $P-B$ 比在 1~2 之间，膜完整，保护性好。

② 膜必须是致密性的。膜的组织结构致密，金属离子或氧离子在其中扩散系数小，电导率低，可以有效地阻碍腐蚀环境对金属的腐蚀。

③ 膜在高温介质中是稳定的。金属氧化膜的热力学稳定性要高，而且熔点要高，蒸气压要低，才不易熔化和挥发。

④ 膜与基体的附着性要好，不易剥落，而且膜要有足够的强度和塑性。

⑤ 膜与基体金属的膨胀系数越接近越好。

⑥ 膜中的应力要小，以免造成膜的机械损伤。

二、影响金属高温氧化的因素

1. 金属的抗氧化性能

不同的金属抗氧化性能也不同。耐氧化的金属可分为两类，一是贵金属，如 Au、Pt、Ag 等，其热力学稳定性高；二是与氧的亲和力强，且生成致密的保护性氧化膜的金属，如 Al、Cr、耐热合金等。前者昂贵，很少使用，因此，工程上多利用第二类耐氧化金属的性质，通过合金化提高钢和其他合金的抗氧化性能。

由于 Al、Cr 与氧的亲和力比 Fe 更大，因而加入到 Fe 中后，在高温下发生选择性氧化，分别形成 Al_2O_3 或 Cr_2O_3 的氧化膜，这些氧化膜薄而致密，阻碍氧化的继续进行。

2. 氧化膜的保护性

所谓金属的抗氧化性并不是指在高温下完全不被氧化，而通常是指在高温下迅速氧化，但在氧化后能形成一层连续而致密的、并能牢固地附着在金属表面的薄膜，从而使金属具有不再继续被氧化或氧化速度很小的特性。

例如，钢铁在空气中加热时，在570℃以下，氧化膜由Fe_3O_4和Fe_2O_3组成，它们的结构致密，有较好的保护性，离子在其中的扩散速度较小，所以氧化速度较慢；但在570℃以上高温氧化时，生成的氧化膜结构是十分复杂的，即从内到外为FeO 、Fe_3O_4和Fe_2O_3。在这些氧化物中，FeO结构疏松，易于破裂，保护作用较弱，而Fe_3O_4和Fe_2O_3结构较致密，有较好的保护性。

3. 温度的影响

温度升高会使金属氧化的速度显著升高。如上所述，钢铁在较低的温度下(200～300℃)，表面已生成一层可见的、保护性能良好的氧化膜，氧化速度非常缓慢，随着温度的升高，氧化速度逐渐加快，但在570℃以下，氧化膜由Fe_3O_4和Fe_2O_3组成，相对来说，它们有保护作用，氧化速度仍然较低。而当温度超过570℃以后，氧化层中出现大量有晶格缺陷的FeO，形成的氧化膜层结构变得疏松(称为氧化铁皮)，不能起保护作用，这时氧原子容易穿过膜层而扩散到基体金属表面，使钢铁继续氧化，且氧化速度大大增加。如表3-3所示。

表3-3　钢在热空气中的氧化

温度/℃	腐蚀率/(mg/dm² · d)	温度/℃	腐蚀率/(mg/dm² · d)	温度/℃	腐蚀率/(mg/dm² · d)	温度/℃	腐蚀率/(mg/dm² · d)
100	0	400	45	700	1190	1000	13500
200	3. 3	500	62	800	4490	1100	20800
300	12. 7	600	463	900	5710	1200	39900

当温度高于700℃时，除了生成氧化铁皮外，同时还发生钢的脱碳(钢组织中的渗碳体减少)现象。脱碳作用中析出的气体破坏了钢表面膜的完整性，使耐蚀性降低，同时随着碳钢表面含碳量的减少，造成表面硬度、疲劳强度的降低。

4. 气体介质的影响

不同气体介质对钢铁的氧化有很大的影响。大气中含有SO_2、H_2O和CO_2可显著地加速钢的氧化；碳钢在含有CO、CH_4等高温还原性气体长期作用下，将使其表面产生渗碳现象，可促进裂纹的形成；在高温高压的H_2中，钢材会出现变脆甚至破裂的现象(称为氢侵蚀)；在合成氨工业中除了氢侵蚀外，还有钢的氮化问题，氮化的结果使钢材的塑性和韧性显著降低，变得硬而脆；

大气或燃烧产物中，含硫气体的存在会导致产生高温硫化腐蚀。高温硫化腐蚀比氧的高温氧化腐蚀严重得多，主要是硫化物膜层易于破裂、剥落，无保护作用，有些情况下不能形成连续的膜层。金属硫化物的熔点常低于相应的氧化物的熔点。例如铁的熔点为1539℃，铁的氧化物的熔融温度大致接近于这一温度，但铁的硫化物共晶体的熔融温度只有985℃，大大低于铁的熔点，因此限制了它的工作温度。

高温硫的腐蚀介质，常见的有SO_2、SO_3、H_2S和有机硫等。

三、耐热金属结构材料

参见金属材料一章。

实例分析

实例一 美国军方在西南沙漠地带许多地点进行了卡车、导弹、通讯设备的各种操作试验，以考察对环境的耐蚀性。这样一些装备在东南亚一类地区使用时，耐蚀性能却达不到预期要求。

分析 这是因为沙漠的干燥气候和东南亚地区的湿热气候差别太大了。

虽然大气的主要成分变化不大，但大气的次要成分，特别是含水量和污染物，却随地域不同而有很大变化。比如，在印度德里有一根铁柱，经历了1600多年仍然光亮如新，经专家研究认为，铁柱的成分并无多少特别之处，主要原因还是在于当地空气非常干燥，而且空气洁净。试验发现，工业区大气的腐蚀性比沙漠地区可能大50~100倍；钢铁在海岸附近的大气腐蚀速度比在沙漠中大400~500倍。在干燥的沙漠地区所获得的试验结果，和在湿热地区获得的结果肯定是不一样的。

实例二 有一家化工厂新建了一座生产装置，其仪表管路是用铜管和黄铜配件组合而成。使用几个星期后，配件因应力腐蚀破裂而破坏。结果装置只好停工，用不锈钢替换所有的管子和配件。

分析 调查发现，这个新建装置的上风方向不远处有另一个生产装置，不时地向大气中排放少量氮氧化物。试验证明，氮氧化物是黄铜发生应力腐蚀破裂的一种特定介质，这就为存在残余应力的黄铜配件发生应力腐蚀破裂提供了环境条件。

因此，在生产装置选址时，要避免建在释放腐蚀性气体的生产装置的下风方向。散发腐蚀性气体的设备应尽量露天设置，以利于自然通风。为保证仪表工作正常，控制室、配电室等仪表集中场所，应远离散发腐蚀性气体的设备。

实例三 某厂一根地下不锈钢管道，原来使用法兰联接。因为联接处泄漏，决定改为全焊接联接。在施工过程中，夜里下大雨，管沟积水，使已完成的管段浸没在水中。第二天继续施工，结果水中的不锈钢管被腐蚀产生大量的小孔。管道只好重新施工。

分析 这里的肇事者是电焊机产生的杂散电流。直流电流漏入土壤和水中，会对地下和水中的钢铁设备造成严重的腐蚀危害。

本事例中为不锈钢管，水中含氯离子，在杂散电流流出区域造成不锈钢管表面钝化膜被击穿，形成蚀孔，不锈钢管很快被腐蚀穿。

基本技能二　确定防腐方法的能力

基本要求

掌握各种结构材料的耐蚀特点；

了解影响金属腐蚀的因素；

会有针对性地采取防腐方法。

相关知识和基本原理

1. 金属材料的耐蚀性；
2. 非金属材料的耐蚀性；
3. 影响金属腐蚀的因素；
4. 金属防护方法的确定。

第四章　金属材料的耐蚀性能

第一节　金属耐蚀合金化原理

一、纯金属的耐蚀性

工业上广泛应用的金属结构材料大多数都是合金，为了更好的掌握并改进合金的耐蚀性，对于作为合金基体或合金元素的纯金属，了解其耐蚀特性是完全必要的。

在各种腐蚀环境中，金属的耐蚀能力主要体现在以下三个方面：

1. 金属的热力学稳定性

各种纯金属的热力学稳定性，大体上可按它们的标准电位值来判断。标准电极电位较正者，其热力学稳定性较高；标准电极电位越负，热力学稳定性越差，也就越容易被腐蚀。

2. 金属的钝化

有不少热力学不稳定的金属在适当的条件下能发生钝化而获得耐蚀能力，可钝化的金属有锆、钛、钽、铌、铝、铬、铍、钼、镁、镍、钴、铁，其中大多数都是在氧化性介质中容易钝化，而在 Cl^-、Br^-等离子的作用下，钝态容易受到破坏。

3. 腐蚀产物膜的保护性能

在热力学不稳定的金属中，除了因钝化而腐蚀者外，还有因在腐蚀过程初期或一定阶段生成致密的保护性能良好的腐蚀产物膜而耐腐蚀。

工业用耐蚀金属材料，主要是铜、镍、铝、镁、钛、锆等，而应用比较广泛的是铁合金、铜合金、铝合金、钛合金、镍合金、镁合金等。纯金属的应用并不多。

二、金属耐蚀合金化的途径

从前面的讨论我们知道，金属的电化学腐蚀速度可用腐蚀电流的大小表征，即：

$$I_{corr}=\frac{E_{0,C}-E_{0,A}}{P_C+P_A+R}$$

可以看出，腐蚀电池的腐蚀电流大小，在很大程度上为 R、P_C、P_A 等所控制，式中的分子，表示腐蚀反应的推动力，亦即系统的热力学稳定性，分母表示腐蚀过程的阻力。显然，如果能减小腐蚀过程的推动力，或者增大系统的阻力，都能有效地降低腐蚀电流而提高耐蚀性。那么，如何通过合金化的方法来实现？

根据各种金属的不同特性，一般工业上金属耐蚀合金化有以下几种途径。

1. 提高金属的热力学稳定性

这种方法就是通过向本来不耐蚀的纯金属或者合金中加入热力学稳定性高的合金元素，制成合金。加入的元素将其固有的高热力学稳定性带给了合金，提高了合金的电极电位，从而提高了合金整体的耐蚀性能。例如，铜中加入金，镍中加入铜，铬钢中加入镍等。

但是，这种方法应用很有限，因为往往需要添加大量的贵重金属才有效。

2. 减弱合金的阴极活性

这种方法适用于阴极控制的腐蚀过程。

(1) 减小金属或合金中的活性阴极面积

金属或合金在酸溶液中腐蚀时，阴极析氢过程优先在析氢超电压低的阴极性合金组成物或夹杂物上进行，如果减少合金中的这种阴极相(如降低含碳量)，就减少了活性阴极数目或面积，使阴极极化电流密度增大，增加了阴极极化程度，从而提高合金的耐蚀性。

另外，也可以采用热处理的方法，如固溶处理，使阴极性夹杂物转入固溶体内，消除了作为活性阴极的第二相，也能提高合金的耐蚀性。

(2) 加入析氢超电压高的合金元素

往合金中加入析氢超电压高的合金元素，增大合金阴极析氢反应的阻力，可以显著降低合金在酸中的腐蚀速率。这种办法只适应于基体金属不会钝化、有析氢超电压控制的析氢腐蚀过程。

例如，在碳钢和铸铁中加入砷、铋、锡等，可以显著降低其在非氧化性酸中的腐蚀速率。

3. 减弱合金的阳极活性

用合金化的方法，减弱合金的阳极活性，阻滞阳极过程的进行，以提高合金的耐蚀性，是金属耐蚀合金化措施中最有效、应用最广泛的方法。

(1) 减小阳极相的面积

在腐蚀过程中合金基体是阴极而第二相(例如强化相)或合金中其他微小区域(例如晶界)是阳极的情况下，如果能进一步减小这些微阳极的面积，则可加大阳极极化电流密度，增加阳极极化程度。

例如，在海水中，Al-Mg 合金中的强化相 Al_2Mg_3，对基体而言是阳极，腐蚀过程中起阳极作用的 Al_2Mg_3 相逐渐被腐蚀掉，合金表面微阳极总面积逐渐减小，腐蚀速率降低。

但是，实际合金中第二相是阳极的情况很少，绝大多数合金中的第二相都起阴极作用(阴极相)，所以，应用这种耐蚀合金化途径的局限性很大。

(2) 加入易钝化的合金元素

工业上大量应用的合金的基体元素铁、铝、镁、镍等都属于可钝化元素，其中应用最多的钢铁材料中的元素铁，钝化能力不强，一般需要在氧化性较强的介质中才能钝化。为了显著提高耐蚀性，可以往这些基体金属中加入更容易钝化的元素，以提高合金整体的钝化性能。例如，往铁中加入 12%~30%Cr，制得不锈钢或耐酸钢。这种加入易钝化元素以提高合金的钝化能力的方法是耐蚀合金化途径中应用最广泛的一种。

(3) 加入阴极合金元素促进阳极钝化

对于有可能钝化的腐蚀体系(包括合金与腐蚀环境)，如果往金属或合金中加入强阴极性元素，由于电化学腐蚀中阴极过程加剧，使其阴、阳极电流增加，当腐蚀电流密度超过钝化电流密度时，阳极出现钝态，其腐蚀电流急剧下降。这是一种很有发展前途的耐蚀合金化措施。

4. 使合金表面生成电阻大的腐蚀产物膜

加入某些元素使合金表面生成致密的腐蚀产物膜，加大了体系的电阻，也能有效地阻滞腐蚀过程的进行。

例如，耐大气腐蚀钢的耐蚀锈层结构中一般含有非晶态羟基氧化铁，它的结构是致密的，保护性能非常好。而钢中加入 Cu 或 P 与 Cr，则能促进此种非晶态保护膜的生成。因此以 Cu 和 P，或 P 与 Cr 来合金化，可制成耐大气腐蚀的低合金钢。

第二节　铁 碳 合 金

铁碳合金是碳钢和普通铸铁的总称，也是工业上应用最广泛的金属材料，产量较大，价格低廉，有较好的力学性能及工艺性能；在耐蚀性方面，虽然它的电极电位较负，在自然条件下(大气、水及土壤中)化学稳定性较差，但是可采用多种方法对它进行保护，如采用覆盖层及电化学保护等。防腐蚀的主要对象也多数是指铁碳合金，因此，铁碳合金现在仍然是主要的结构材料。在使用普通碳钢和铸铁时，除了要考虑耐蚀性外，还应注意其他性能，例如，普通铸铁属于脆性材料，强度低，不能用来制造承压设备，也不用来处理和储存有剧毒或易燃、易爆的液体和气体介质的设备。通常只有在铁碳合金不能满足要求时，才选用其他耐蚀材料。

一、合金元素对耐蚀性能的影响

铁碳合金的主要元素为铁和碳，它的基本组成相为铁素体、渗碳体及石墨，三者电极电位相差很大，当与电解质溶液接触构成微电池时，就会使铁碳合金产生电化学腐蚀。

铁碳合金的基本组成相与耐蚀性的关系可用表 4-1 来说明。

表 4-1　铁碳合金基本组成相与耐蚀性的关系

基本组成相	铁素体	渗碳体	石墨
电极电位	负	介于二者之间	正
构成微电池中的电极性质	阳极	阴极（碳钢）	
	阳极	阴极（铸铁）	阴极（铸铁）

由表 4-1 可知，铁碳合金中的渗碳体和石墨分别成为碳钢和铸铁的微阴极，从而影响铁碳合金的耐蚀性能。

铁碳合金的成分除了铁和碳外，还有锰、硅、硫、磷等元素。合金元素对铁碳合金的耐蚀性能的影响如下。

(1) 碳

铁碳合金中，随着含碳量的增加，则渗碳体和石墨所形成的微电池的阴极面积相应增大，因而加速了析氢反应的速度，导致了在非氧化性酸中的腐蚀速度随含碳量的增加而加快，见图 4-1。由于铸铁含碳量比碳钢高，所以在非氧化性酸中铸铁的腐蚀比碳钢快。如在常温的盐酸中，高碳钢的溶解速度比纯铁高得多；在氧化性酸中，例如在浓硫酸中则正好相反，铁碳合金中的微阴极组分渗碳体或石墨使合金转变为钝态的过程变得容易，有着微阴极夹杂物的铸铁在较低浓度的硝酸中比纯铁易于钝化。在中性介质中铁碳合金的腐蚀，其阴极过程主要为氧的去极化作用，含碳量的变化(即阴极面积的变化)对它的腐蚀速度无

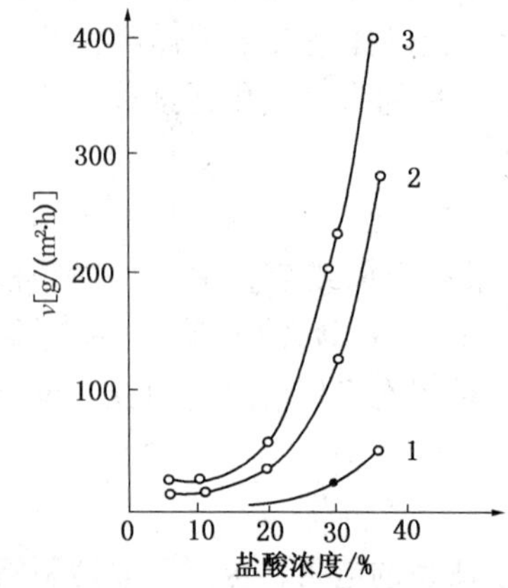

图 4-1　铁在盐酸中的腐蚀速度与含碳量的关系

1—工业纯铁；2—含 0.1%C 的碳钢；3—含 0.3%C 的碳钢

重大影响。

(2) 锰

在低碳钢中存在于固溶体中的锰含量一般为0.5%~0.8%，锰对铁碳合金的耐蚀性无明显影响。

(3) 硅

一般碳钢中硅含量为0.1%~0.3%，铸铁中硅含量为1%~2%；硅对腐蚀的影响一般很小。当碳钢中硅含量高于1%，铸铁硅含量高于3%时，它们的化学稳定性甚至还有所下降。只有当合金中硅含量达到高硅铸铁所含硅量的程度时，才能对铁的耐蚀性产生有利影响。

(4) 硫

碳钢和铸铁中硫含量一般在0.01%~0.05%的范围内变动。硫是有害物质，当硫同铁和锰形成硫化物，成单独的相析出时，起阴极夹杂物的作用，从而加速腐蚀过程。

这种影响在酸性溶液中的腐蚀更为显著。对局部腐蚀的影响，则通过夹杂物能诱发点蚀和硫化物腐蚀破裂。

(5) 磷

碳钢中磷含量一般不超过0.05%，铸铁中可达0.5%。在酸性溶液中，当磷含量增大，能促进析氢反应，导致耐蚀性下降，但影响较小，过高的磷含量会使材料在常温下变脆(冷脆性)，对力学性能影响较大。在海水及大气中，当磷含量高于1.0%，与铜配合使用时，能促进钢的表面钝化，从而改善钢的耐大气腐蚀和海水腐蚀的性能。

二、铁碳合金的耐蚀性能

总的说来，铁碳合金在各种环境介质中，它们的耐蚀性都较差，因此一般在使用过程中都采取不同的保护措施。碳钢在水和大气中的腐蚀性，在水中溶解氧或大气中的氧的作用下产生吸氧腐蚀，其阴极过程主要由氧的浓度扩散所控制。同时受其他因素的影响，明显加剧了碳钢或铸铁的腐蚀。下面讨论在几种常见介质中铁碳合金的耐蚀性。

(一) 在中性或碱性溶液中的腐蚀

1. 在中性溶液中的腐蚀

在中性溶液中铁碳合金主要的腐蚀为氧去极化腐蚀，碳钢和铸铁的腐蚀行为相似。

2. 在碱性溶液中的腐蚀

常温下浓度小于30%的稀碱水溶液可以使铁碳合金表面生成不溶且致密的钝化膜，因而稀碱溶液具有缓蚀作用。

例如，在浓的碱液中，浓度大于30%的NaOH溶液，表面膜的保护性能降低，这时膜溶于NaOH溶液生成可溶性铁酸钠；随着温度的升高，普通铁碳合金在浓碱液中的腐蚀将更加严重，在一定的拉应力共同作用下，几乎在5%NaOH以上的全部浓度范围内，都可产生碱脆，而以靠近30%浓度的NaOH溶液为最危险。对于某一浓度的NaOH溶液，碱脆的临界温度约为该溶液沸点。

现在普遍认为，碱脆是应力腐蚀破裂。在制碱工业中典型事例是碱液蒸发器和熬碱锅的损坏，用作碱液蒸发器的管壳式热交换器，管子与管板焊接或胀接，产生较大的残余应力，在与高温浓碱(120℃左右，约450~600g/L的NaOH溶液)共同作用下，不需很长时间，在离管板一定距离处的管子就发生断裂。

此外，用于储存和运输液氨的容器也曾发生过应力腐蚀破裂，国外普遍规定，对于碳钢或低合金钢制的这类容器，采取在液氨中加0.2%的水作为缓蚀剂，并在焊后热处理等措施，防止应力腐蚀破裂。

一般地说，当拉应力小于某一临界应力时，NaOH 溶液浓度小于 35%、温度低于 120℃，碳钢可以用；铸铁耐碱腐蚀性能优于碳钢。

熔融烧碱对铸铁的腐蚀是一类特殊的腐蚀问题，铸铁制的熬碱锅和熔碱锅的损坏主要原因是铸铁锅经常遭受不均匀的周期性加热和冷却所产生的很大应力，这种应力与高温浓碱共同作用产生碱脆而导致破裂。根据中国的生产经验，用普通灰铸铁铸造的碱锅应保持组织细致紧密、以珠光体为基体，并具有细而分布均匀的不连续石墨体较为适宜，同时应特别注意严格控制铸造质量，避免各种铸造缺陷。

（二）在酸中的腐蚀

酸对铁碳合金的腐蚀类型主要根据酸分子中的酸根是否具有氧化性确定。非氧化性酸对铁碳合金腐蚀的特点是其阴极过程为氢离子去极化作用，如盐酸就是典型的非氧化性酸；氧化性酸对铁碳合金腐蚀的特点是其阴极过程主要是酸根的去极化作用，如硝酸就是典型的氧化性酸。但是如果把酸硬性划分为氧化性酸和非氧化性酸是不恰当的，例如，浓硫酸是氧化性酸，但当硫酸稀释之后与碳钢作用也与非氧化性酸一样，发生氢离子去极化而析出氢气。因而区分这两种性质的酸应根据酸的浓度，同时与金属本身的电极电位高低也有密切关系，特别当金属处于钝态的情况下，氧化性酸与非氧化性酸对金属作用的区别，显得更为突出。此外，温度也是一个重要的因素。

下面列举几种酸说明铁碳合金的腐蚀规律。

1. 盐酸

盐酸是典型的非氧化性酸，铁碳合金的电极电位又低于氢的电位，因此，它的腐蚀过程是析氢反应，腐蚀速度随酸的浓度增高而迅速加快。同时在一定浓度下，随温度上升，腐蚀速度也直线上升。在盐酸中铸铁的腐蚀速度比碳钢大。所以，铁碳合金都不能直接用作处理盐酸设备的结构材料。

2. 硫酸

碳钢在硫酸中的腐蚀速度与浓度有密切关系（见图 4-2），当硫酸浓度小于 50%时，腐蚀速度随浓度的增大而加大，这属于析氢腐蚀，与非氧化性酸的行为一样。在浓度为 47%~50%时，腐蚀速度达最大值，以后随着硫酸浓度的增高，腐蚀速度下降；在浓度为 75%~80%的硫酸中，碳钢钝化，腐蚀速度很低，因此储运浓硫酸时，可用碳钢和铸铁制作设备和管道，但在使用中必须注意浓硫酸易吸收空气中的水分而使表面酸的浓度变稀，从而使得气液交界处的器壁部分遭受腐蚀，因而这类设备可适当考虑采用非金属材料衬里或其他防腐措施。

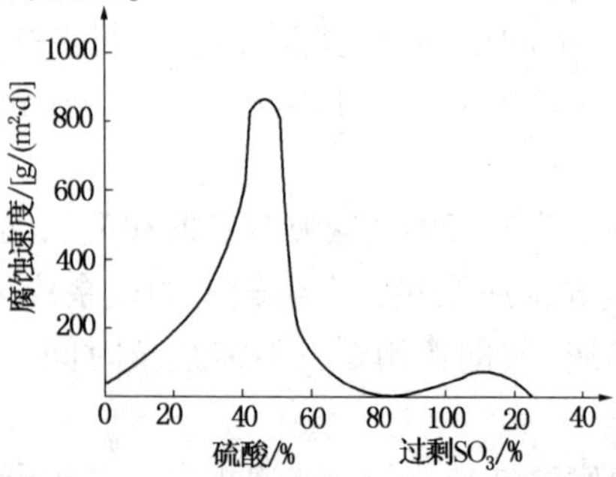

图 4-2　铁的腐蚀速度与硫酸浓度的关系

当硫酸浓度大于 100%后，由于硫酸中过剩 SO_3 增多，使碳钢腐蚀速度重新又增大，因而碳钢在发烟硫酸中的使用浓度范围应小于 105%。

铸铁与碳钢有相似的耐蚀性，除发烟硫酸外，在 85%~100%的硫酸中非常稳定。总的说来，在浓硫酸中特别是温度较高、流速较大的情况下，铸铁更适宜；而在发烟硫酸的一定范围内，碳钢能耐蚀，铸铁却不能。这是因为发烟硫酸的渗透性促使铸铁内部的碳和石墨被氧化，会产生晶间腐蚀。在小于

65%的硫酸中，在任何温度下，铁碳合金都不能使用。当温度高于 65℃时，不论硫酸浓度多大，铁碳合金一般也不能使用。

3. 硝酸

碳钢在硝酸中的耐腐蚀性与钝化特性的关系如图 4-3 所示，在硝酸中铁碳合金的腐蚀速度以 30%时为最大，当浓度大于 50%时腐蚀速度显著下降；如果浓度提高到大于 85%，腐蚀速度再度上升。在 50%~85%的硝酸中，铁碳合金比较稳定的原因就是因为它的表面钝化而使腐蚀电位正移。

碳钢在硝酸中的钝化随温度的升高而易被破坏，同时当浓度增高时，又会产生晶间腐蚀，为此，从实际应用的角度出发，碳钢与铸铁都不宜作为处理硝酸的结构材料。

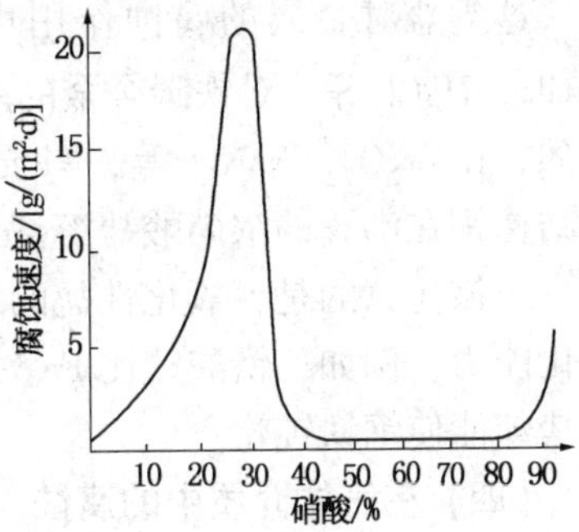

图 4-3　低碳钢在 25℃时腐蚀速度与硝酸浓度的关系

4. 氢氟酸

碳钢在低浓度氢氟酸(浓度 48%~50%)中迅速腐蚀，但在高浓度(大于 75%~80%，温度 65℃以下)时，则具有良好的稳定性。这是由于表面生成铁的氟化物膜不溶于浓的氢氟酸中，在无水氢氟酸中，碳钢更耐蚀，然而当浓度低于 70%时，碳钢很快被腐蚀。因此，可用碳钢制作储存和运输 80%以上的氢氟酸容器。

5. 有机酸

对铁碳合金腐蚀最强烈的有机酸是草酸、甲酸(蚁酸)、乙酸(醋酸)及柠檬酸，但它们与同等浓度的无机酸(盐酸、硝酸、硫酸)的侵蚀作用相比要弱得多。铁碳合金在有机酸中的腐蚀速度随着酸中含氧量增大及温度升高而增大。

(三) 在盐溶液中的腐蚀

铁碳合金在盐类溶液中的腐蚀与这种盐水解后的性质有密切关系，根据盐水解后的酸碱性有以下三种情况。

1. 中性盐溶液

以 NaCl 为例，这类盐水解后溶液呈中性，铁碳合金在这类盐溶液中的腐蚀，其阴极过程主要为溶解氧所控制的吸氧腐蚀，随浓度增加，腐蚀速度存在一个最高值(3%NaCl)，此后则逐渐下降，图 4-4 所示为 NaCl 浓度与碳钢腐蚀速度的关系，这是因为氧的溶解度是随盐浓度增加连续下降的。随着盐浓度的增加，一方面溶液的导电性增加，使腐蚀速度增大；另一方面，又由于氧的溶解度减小而使腐蚀速度降低；所以钢铁在高浓度的中性盐溶液中，腐蚀速度是较低的，但当盐溶液处于流动或搅拌状态时，因氧的补充变得容易，腐蚀速度要大得多。

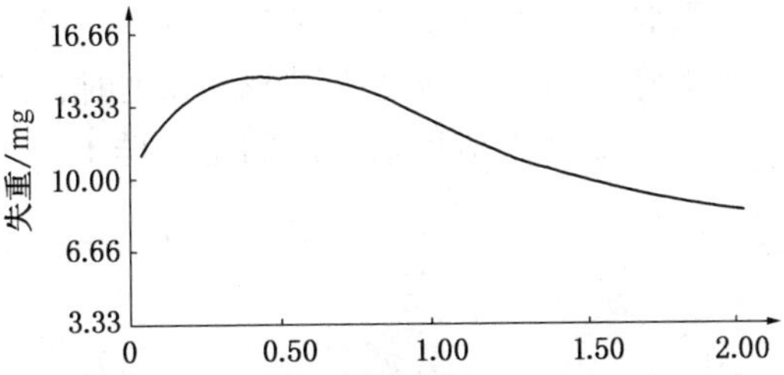

图 4-4　NaCl 浓度对碳钢腐蚀速度的影响

2. 酸性盐溶液

这类盐水解后呈酸性，引起铁碳合金的强烈腐蚀，因为在这种溶液中，其阴极过程既有氧的去极化，又有氢的去极化；如果是铵盐，则 NH_4^+ 与铁形成络合物，增加了它的腐蚀性；高浓度的 NH_4NO_3，由于 NO_3^- 的氧化性，更促进了腐蚀。

3. 碱性盐溶液

这类盐水解后呈碱性，当溶液 pH 值大于 10 时，同稀碱液一样，腐蚀速度较小，这些盐，如 Na_3P0_4、Na_2SiO_3等，能生成铁盐膜，具有保护性，腐蚀速度大大降低而具有缓蚀性。

4. 氧化性盐溶液

这类盐对金属的腐蚀作用可分为两类：一类是强去极剂，可加速腐蚀，例如 $FeCl_3$、$CuCl_2$、$HgCl_2$等，对铁碳合金的腐蚀很严重；另一类是良好的钝化剂，可使钢铁发生钝化，例如，$K_2Cr_2O_7$、$NaNO_2$等，只要用量适当，可以阻止钢铁的腐蚀，通常是良好的缓蚀剂。但结构钢在沸腾的浓硝酸盐溶液中易产生应力腐蚀破裂。

应该注意的是，氧化性盐的浓度不是它们氧化能力的标准，而腐蚀速度也不都是正比于氧化能力，例如，铬酸盐比 Fe^{3+}盐是更强的氧化剂，但 Fe^{3+}盐能引起钢铁更快的腐蚀，而铬酸盐却能使钢铁钝化。

（四）在气体介质中的腐蚀

化工过程中的设备、管道常受气体介质的腐蚀，大致有高温气体腐蚀、常温干燥气体腐蚀、湿气体腐蚀等。常温干燥条件下的气体，如氯碱厂的氯气，硫酸厂的 SO_2及 $S0_3$等，对铁碳合金的腐蚀均不强烈，一般均可采用普通钢铁处理；而湿的气体，如 Cl_2、SO_2、SO_3等，则腐蚀强烈，其腐蚀特性与酸相似。

（五）在有机溶剂中的腐蚀

在无水的甲醇、乙醇、苯、二氯乙烷、丙酮、苯胺等介质中，碳钢是耐蚀的；在纯的石油烃类中，碳钢实际上也耐蚀，但当水存在时就会遭受腐蚀，例如石油储槽或其他有机液体的钢制容器，如果介质中含有水分，则水会积存在底部的某一部位，与水接触部位成为阳极，与油或有机液体接触的表面则成为阴极，而这个阴极面积很大，为油膜覆盖阻止了腐蚀；当油中含溶解氧或其他盐类、H_2S、硫醇等杂质，将导致阴极反应迅速发生，使碳钢阳极部位的腐蚀速度剧增。

总之，碳钢和普通铸铁的耐蚀性虽然基本相同，但又不完全一样，在一般可以采用铁碳合金的场合下，究竟是用碳钢还是铸铁，应根据具体条件并结合力学性能进行综合比较，有时还应通过试验才能确定。

第三节　高硅铸铁

在铸铁中加入一定量的某些合金元素，可以得到在一些介质中有较高耐蚀性的合金铸铁。高硅铸铁就是其中应用最广泛的一种。含硅 10%～16%的一系列合金铸铁称为高硅铸铁，其中除少数品种含硅量在 10%～12%以外，一般含硅量都在 14%～16%。当含硅量小于 14.5%时，力学性能可以改善，但耐蚀性能则大大下降。如果含硅量达到 18%以上时，虽然耐蚀，但合金变得很脆，以致不适用于铸造了。因此，工业上应用最广泛的是含硅 14.5%～15%的高硅铸铁。

一、性能

（一）耐蚀性能

含硅量达 14%以上的高硅铸铁之所以具有良好的耐蚀性，是因为硅在铸铁表面形成一层由 SiO_2组成的保护膜，如果介质能破坏 SiO_2膜，则高硅铸铁在这种介质中就不耐蚀。

一般地说，高硅铸铁在氧化性介质及某些还原性酸中具有优良的耐蚀性，它能耐各种温度和浓度的硝酸、硫酸、醋酸、常温下的盐酸、脂肪酸及其他许多介质的腐蚀。它不耐高温盐酸、亚硫酸、氢氟酸、卤素、苛性碱溶液和熔融碱等介质的腐蚀。不耐蚀的原因是由于表面的 SiO_2保护膜在苛性碱作用下，形成了可溶性的 Na_2SiO_3，在氢氟酸作用下形成了气态 SiF_4等而使保护膜破坏。

(二) 力学性能

高硅铸铁性质为硬而脆，力学性能差，应避免承受冲击力，不能用于制造压力容器。铸件一般不能采用除磨削以外的机械加工。

二、机械加工性能的改善

在高硅铸铁中加入一些合金元素，可以改善它的机械加工性能。在含 15%硅的高硅铸铁中加入稀土镁合金，可以起净化除气的作用，并改善铸铁基体组织，使石墨球化，从而提高了铸铁的强度、耐蚀性能及加工性能，对铸造性能也有所改善。这种高硅铸铁除可以磨削加工以外，在一定条件下还可车削、攻丝、钻孔，并可补焊，但仍不宜骤冷骤热；它的耐蚀性能比普通高硅铸铁好，适应的介质基本相近。

在含硅 13.5%~15%的高硅铸铁中加入 6.5%~8.5%的铜可改善机械加工性能，耐蚀性与普通高硅铸铁相近，但在硝酸中较差。此种材料适宜制作耐强腐蚀性及耐磨损的泵叶轮和轴套等。也可用降低含硅量、另外加合金元素的方法来改善机械加工性能。在含硅 10%~12%的硅铸铁(称为中硅铁)中加入铬、铜和稀土元素等，可改善它的脆性及加工性能。能够对它进行车削、钻孔、攻丝等，而且在许多介质中，耐蚀性仍接近于高硅铸铁。

在含硅量为 10%~11%的中硅铸铁中，再外加 1%~2.5%的钼、1.8%~2.0%铜和 0.35%稀土元素等，机械加工性能有所改善，可车削，耐蚀性与高硅铸铁相近似。实践证明，这种铸铁用作硝酸生产中的稀硝酸泵叶轮及氯气干燥用的硫酸循环泵叶轮，效果都很好。

以上所述的这些高硅铸铁，耐盐酸的腐蚀性能都不好，一般只有在常温低浓度的盐酸中才能耐蚀。为了提高高硅铸铁在盐酸(特别是热盐酸)中的耐蚀性，可增加钼的含量，如在含硅量为 14%~16%的高硅铸铁中加入 3%~4%的钼得到含钼高硅铸铁，会使铸件在盐酸作用下表面形成氯氧化钼保护膜，它不溶于盐酸，从而显著地增加了高温下抗盐酸腐蚀的能力，在其他介质中耐蚀性保持不变，这种高硅铸铁又称抗氯铸铁。

三、应用

由于高硅铸铁耐酸的腐蚀性能优越，已广泛用于化工防腐蚀，最典型的牌号是 STSi15，主要用于制造耐酸离心泵、管道、塔器、热交换器、容器、阀件和旋塞等。

总地来说，高硅铸铁质脆，所以安装、维修、使用时都必须十分注意。安装时不能用铁锤敲打；装配必须准确，避免局部应力集中现象；操作时严禁温差剧变，或局部受热，特别是开停车或清洗时升温和降温速度必须缓慢；不宜用作受压设备。

第四节　耐腐蚀低合金钢

低合金钢是指加入到碳钢中的合金元素的质量分数小于 3%的一类钢。耐腐蚀低合金钢是低合金钢中的一个重要类别，合金元素添加在钢中的主要作用是改善钢的耐腐蚀性。这类钢成本低，强度高，综合力学性能及加工工艺性能好，由于合金元素含量较低，耐腐蚀性低于不锈钢而优于碳钢，强度则显著高于奥氏体不锈钢，适用于中等腐蚀性的各种环境，如作为大气、海水、石油、化工、能源等环境中的设备、管道和结构材料等。

一、耐腐蚀低合金钢的类别

根据耐腐蚀低合金钢的适用环境，主要分为以下几类：

① 耐大气腐蚀钢(耐候钢)；② 耐海水腐蚀钢；③ 耐硫酸露点腐蚀钢；④ 耐硫化物腐蚀破裂钢；⑤ 耐高温高压氢、氮、氨腐蚀钢(抗氢钢)。

二、合金元素对低合金钢耐腐蚀性的影响

低合金钢在其使用环境中通常都不能够钝化，合金元素的作用主要是提高表面锈层的致密性、稳定性和附着性。能够改善钢的耐蚀性的元素有铜、磷、铬、镍、钼、硅、铈等，其作用如下。

(1) 铜

铜能显著改善钢的抗大气和海水腐蚀性能，促使钢表面的锈层致密且附着性提高，从而延缓进一步腐蚀。当铜与磷共同加入钢中时作用更显著。含 Cu 0.2%~0.5%的钢与不含铜的钢相比，在海洋性和工业性大气中的耐腐蚀性提高 50%以上。

(2) 磷

磷是改善钢的耐大气腐蚀性能的有效元素之一，促使锈层更加致密，与铜联合作用时效果尤为明显。磷的加入量一般为 0.06%~0.10%，加入量过多会使钢的低温脆性增大。

(3) 铬

铬是钝化元素，但在低合金钢中含量较低，不能形成钝化膜，主要作用仍是改善锈层的结构，经常与铜同时使用，加入量一般为 0.5%~3%。

(4) 镍

镍化学稳定性比铁高，加入量大于 3.5%时有明显的抗大气腐蚀作用，Ni 含量在 1%~2%时主要作用是改善锈层结构。

(5) 钼

在钢中加入 0.2%~0.5%的钼也能提高锈层的致密性和附着性，并促进生成耐蚀性良好的非晶态锈层。

(6) 铈

少量的铈(0.10%~0.20%)与铜、磷、铬等元素配合加入钢中，可显著改善锈层的致密性和附着性。

(7) 碳

提高碳含量会使钢的强度升高，但由于 Fe_3C 数量增多，耐蚀性明显下降，因此耐腐蚀低合金钢中的碳含量一般不超过 0.10%~0.20%。

图 4-5 是几种常用合金元素对耐候钢在工业大气中的腐蚀速率的影响。

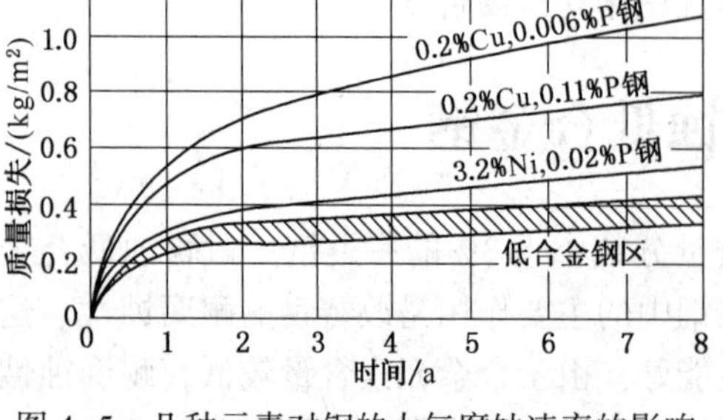

图 4-5 几种元素对钢的大气腐蚀速率的影响

三、耐大气腐蚀钢(耐候钢)

1. 成分特点

钢在大气中的腐蚀是因为钢表面附着了一层薄层水膜而发生电化学腐蚀反应，大气湿度增大及含有 SO_2、H_2S、CO_2、HCl、NH_3、NaCl、$MgCl_2$等杂质时，腐蚀性明显增强。钢在海洋大气和工业性大气中的腐蚀速率比在污染较轻的乡村大气中一般高 1~2 倍。

美国在20世纪30年代研制的Corten—A钢是最早的耐大气腐蚀钢，其成分特点是：碳含量控制在0.1%左右，加入少量Cu、P、Cr和Ni构成复合的致密腐蚀产物层以阻碍腐蚀反应，适量的Si对耐蚀性有益，Mn的主要作用是提高强度，有害的S控制在低水平。根据美国发表的15年工业大气腐蚀试验结果，Corten钢的腐蚀速率为0.0025mm/a，而碳钢为0.05mm/a；Corten钢屈服强度为343MPa，有良好缺口韧性和焊接性，广泛用作桥梁、建筑、井架等结构件。

以Corten钢为基础，加入碳化物形成元素Ti、Zr、Nb、V、Mo等，可提高钢的强度，这类钢有美国的A441和Mayri—R钢、日本的SMA58和Cupten60钢等。降低Corten钢中P含量，可提高钢的焊接性，这对于厚钢板尤为重要，可以加入其他元素来弥补P含量降低造成的耐蚀性损失。这类钢种有美国的Corten—B(Cu—Cr)系，英国的BS968钢(加Mn)，前苏联的MM钢(加入Mn和Ti)等。大部分耐大气腐蚀钢都含有Cu，唯法国的APS10C和APS20A例外，这两种钢为Cr—Al系，不含Cu和Ni。

2. 我国的耐大气腐蚀低合金钢钢种

我国的耐大气腐蚀低合金钢，主要有仿Corten钢系列、铜系、磷钒系、磷稀土系和磷铌稀土系等钢种。仿Corten—A的钢种主要有06CuPCrNiMo、10CrCuSiV、09CuPCrNi、09CuPCrNiAl、15MnMoVN等，仿CortenB的主要有09CuPTiRE、10CrMoAl、14MnMoNbB等。

铜系钢主要有16MnCu、09MnCuPTi、15MnVCu、10PCuRE、06CuPTiRE等，这些钢种在干燥风沙地区与A3碳钢的耐蚀性差别不大，但在南方潮湿大气、海洋大气和工业大气环境中，Cu系低合金钢的腐蚀速率在0.01mm/a左右，耐蚀性比A3钢提高50%以上。这类钢的屈服强度均为343MPa左右，适用于制造车辆、船舶、井架、桥梁、化工容器等。

磷钒系钢有12MnPV、08MnPV，磷稀土系有08MnPRE、12MnPRE，磷铌稀土系有10MnPNbRE等，这些钢种利用我国的富产资源稀土元素，可改善钢中加磷导致的脆性，耐大气腐蚀性能一般比碳钢提高20%~40%。

表4-2和表4-3分别列出了我国和国外的主要耐大气腐蚀钢的成分和主要性能。

表4-2 我国的耐大气腐蚀钢

钢号	化学成分/%						σ_s/ (kg/mm^2)	厚度/mm 与备注
	C	Si	Mn	P	S	其他		
16MoCo	0.12~0.20	0.20~0.60	1.20~1.60	≤0.050	≤0.050	(Cu0.20~0.40)	≥33~35	YB13~69
09MnCuPTi	≤0.12	0.20~0.50	1.0~1.5	0.05~0.12	≤0.045	Cu0.02~0.45 Ti≤0.03	35	7~16 YB13~69
15MnVCo	0.12~0.18	0.20~0.60	1.00~1.60	≤0.05	≤0.05	V0.04~0.12 (Cu0.2~0.4)	≥34~42	YB13~69
10PcuRE	≤0.12	0.2~0.5	1.0~1.4	0.08~0.14	≤0.04	Cu0.25~0.40 Al0.02~0.07 RE(加入)0.15	36	
12MnPV	≤0.12	0.2~0.5	0.7~1.0	≤0.12	≤0.045	V0.076		
08MnPRE	0.08~0.12	0.20~0.45	0.60~1.20	0.08~0.15	≤0.04	RE(加入) 0.10~0.20	36	5~10
10MnPNbRE	≤0.16	0.2~0.6	0.80~1.20	0.06~0.12	≤0.05	Nb0.015~0.050 RE(加入) 0.10~0.20	≥40	≤40 YB13~69

注：1kg/mm^2=9.8MPa。

表 4-3 国外耐大气腐蚀钢

国名	规格或高品名	化学成分/%									σ_s/(kg/mm²)	板厚
		C	Si	Mn	P	S	Cu	Cr	Ni	其他		
美国	ASTM A242	≥0. 22	—	≤1. 23	—	≤0. 05	—	—	—	—	35 32 30	≤3/4in 3/4~3/2in 3/2~4in
美国	ASTM A440	≤0. 28	0. 30	1. 10~1. 60	酸性≤0. 06 酸性≤0. 04	≤0. 05	≥0. 20	—	—	—	同 A242	同 A242
美国	ASTM A441	≤0. 22	≤0. 30	≤1. 25	≤0. 04	≤0. 05	≥0. 20	—	—	V≥0. 02	同 A242	同 A242
美国	Cor-Ten'A'	≤0. 12	0. 25~0. 75	0. 20~0. 05	0. 07~0. 15	≤0. 05	0. 25~0. 55	0. 30~1. 25	≤0. 65	—	≥35	0. 8~13mm
美国	Cor-Ten'B'	0. 10~0. 19	0. 15~0. 30	0. 90~1. 25	≤0. 04	≤0. 05	0. 25~0. 40	0. 40~0. 65	—	V0. 02~0. 10	≥35	13~75mm
美国	Mayari-R	≤0. 12	0. 20~0. 90	0. 50~1. 00	≤0. 12	≤0. 05	≤0. 50	0. 40~1. 00	≤1. 00	Zr≥0. 120	35	
日本	SMA41 A B C	≤0. 20	≤0. 35	≤1. 40	≤0. 040	≤0. 040	0. 20~0. 60	0. 20~0. 65	—		≥25 ≥24 ≥22	≤16mm 17~40mm >40mm
日本	SMA50 A B C	≤0. 19	≤0. 75	≤1. 40	≤0. 040	≤0. 040	0. 20~0. 70	0. 30~1. 20		Mo，Nb，Ni，Ti，V，Zr 三种以上	≥37 ≥36 ≥34	≤16mm 17~40mm >40mm
日本	SMA58	≤0. 19	≤0. 75	≤1. 40	≤0. 040	≤0. 040	0. 20~0. 70	0. 30~1. 20		同 SMA50	≥47 ≥46 ≥44	≤16mm 17~40mm >40mm
日本	Cupten	≤0. 12	≤0. 60	≤0. 60	≤0. 06~0. 12	≤0. 010	0. 25~0. 55	0. 40~0. 80	—	Mo0. 15~0. 35	≥35	0. 8~60mm

续表

国名	规格或高品名	化学成分/%									σ_s/（kg/mm^2）	板厚
		C	Si	Mn	P	S	Cu	Cr	Ni	其他		
日本	Cupten60	≤0.18	≤0.55	≤1.20	≤0.04	≤0.04	0.20~0.50	0.4~1.2	—	V≤0.1 Mo≤0.35	46	<32
	River-Ten	≤0.12	≤0.6	0.3~0.7	0.035~0.10	≤0.04	0.20~0.50	0.3~1.0	≤0.5	Nb<0.05	36	6~19mm
	Zirten	≤0.12	0.35~0.65	0.3~0.8	0.06~0.12	≤0.04	0.25~0.55	0.4~0.8	—	Zr≤0.15	≥32	3.2~50
	HI-YAW-TEN	≤0.12	0.25~0.75	0.2~0.5	0.06~0.12	≤0.03	0.25~0.50	0.4~1.0	≤0.65	Ti≤0.15	≥40	6~20mm
	YAW-TE60	≤0.16	0.15~0.55	0.6~1.4	≤0.035	≤0.030	0.25~0.50	0.04~0.65	—	Ti≤0.15	≥47	6~16mm
前苏联	ИМ	0.12~0.18	0.30~0.65	0.6~0.8			0.25~0.45	0.35~0.6	0.5~0.75	Ti 0.1~0.2	45	
	10СНЛ	0.12	0.8~1.1	0.5~0.8	≤0.035	≤0.04	0.4~0.65	0.6~0.9	0.5~0.8	—	40	
英国	BS968	≤0.23	0.10~0.35	1.30~1.80	≤0.05	≤0.50	≤0.60	≤0.80	≤0.50	—	≥33	
法国	APS 10C APS 20A APS 25	0.10 0.10 0.15	≤0.50	0.40 0.40 0.40	≤0.03	≤0.025	— — —	2.5 4.0 4.0	— — 0.80	A10.50 A10.90 A10.60 Mo0.15	3.5 31.5 60	

注：$1kg/mm^2 \approx 9.8MPa$。

四、耐海水腐蚀低合金钢

钢在海洋环境中的腐蚀特征为全面腐蚀和局部腐蚀(孔蚀)同时存在，其中全面腐蚀呈非均匀状，有蚀坑和溃疡状腐蚀。在潮差区，由于海水冲刷的作用，腐蚀迅速并持续很长时间。在海水全浸条件下，开始时腐蚀较快，但因腐蚀产物和海洋生物附着的影响，几个月后腐蚀逐渐减慢并维持一个较稳定的速率。表 4-4 显示了海水深度对碳钢腐蚀速率的影响，随着海水深度增加，氧含量降低；在较深海水中氧含量基本维持一个低值，腐蚀速率也基本不再变化。

表 4-4　海水深度对碳钢腐蚀速率的作用

浸没深度/m	海水温度/℃	氧含量/(μg/g)	浸没时间/d	腐蚀速率/(μm/a)
海面	5~30	5~10	365	130
715	7.2	0.6	197	43
1615	2.5	1.8	1604	23
1720	2.8	1.2	123	50
	2.3	2.1	751	20
2065	2.7	1.7	403	58

1. 耐海水腐蚀钢的成分特点

钢在海水飞溅区和全浸区的腐蚀过程和影响因素有所不同，合金元素的作用也有差别。Si、Cu、P、Mo、W 和 Ni 等元素都能改善钢在飞溅区和全浸区的耐蚀性，复合加入时效果更明显。Cr 和 Al 主要提高全浸区的耐蚀性，Cr、Al、Mo、Si 同时加入钢中耐蚀效果更佳。钢中加入 Mn 可提高强度，对耐蚀性影响不大。

2. 国内外主要耐海水腐蚀钢种

国外耐海水腐蚀钢主要有 Ni—Cu—P 系、Cu—Cr 系和 Cr—Al 系。美国的 Mariner 钢为 Ni—Cu—P 系，在海水飞溅区的耐蚀性比碳钢提高一倍，但因钢中含磷量较高，低温冲击韧性和焊接性较差，主要用于钢桩等非焊接结构。日本的 MariloyG 钢为 Cu—Cr 一 Mo—Si 系，对于飞溅区和全浸区海水均有良好耐蚀性，腐蚀速率约为碳钢的 1/3，由于磷含量低，焊接性亦较好。法国的 Cr—Al 系低合金钢 APS20A，兼具良好的耐大气和海水腐蚀性能，在全浸海水中耐蚀性比碳钢提高一倍以上。表 4-5 所示为国外主要耐海水腐蚀钢种。

我国耐海水腐蚀低合金钢主要有铜系、磷钒系、磷铌稀土系和铬铝系等类型，例如，08PV、08PVRe、10crPV 等。含 Cu、P 的钢种一般耐飞溅区腐蚀性能较好，而含 Cr、Al 的钢种更耐全浸区腐蚀。我国主要耐海水腐蚀钢种见表 4-6。

五、耐硫酸露点腐蚀低合金钢

1. 硫酸露点腐蚀

在以高硫重油或劣质煤为燃料的燃烧炉中，燃料中的硫燃烧后转变为 SO_2，SO_2与 O_2可进一步反应生成 SO_3。SO_2通常随燃气排出，但 SO_3可以与燃气中的水蒸气结合生成硫酸，凝结在低温部件上，造成腐蚀，称作硫酸露点腐蚀或露点腐蚀。它多发生在锅炉系统中温度较低的部位，如节煤器、空气预热器、烟道、集尘器等处，在硫酸厂的余热锅炉及石油化工厂的重油燃烧炉等装置中也时常发生。

露点腐蚀与燃气中的 SO_3浓度有关，随 SO_3浓度升高，露点升高，当金属表面温度低于露点时，就能够发生硫酸凝聚，凝聚硫酸浓度主要与燃气中的水含量和凝聚面温度有关。在露点以下，表面温度越高，凝聚硫酸浓度越高。

表 4-5 国外主要耐海水腐蚀低合金钢

商品名	研制单位	化学成分/%								强度级别 σ_s/MPa	主要用途
		C	Si	Mn	P	S	Cu	Cr	其他		
Mariner	美钢铁公司	≤0.22	≤0.10	0.60~0.90	0.080~0.150	≤0.040	≥0.50	—	Ni0.40~0.65	353	钢板桩
Taicor	日神户制铁	≤0.15	≤0.55	1.0~2.0	≤0.040	≤0.040	≤0.40	≤0.50	Mo≤0.20	333~363	要求飞溅区耐蚀的结构
CR4A-50	日住友金属	≤0.15	≤0.55	≤1.20	0.070~0.150	≤0.040	≥0.20	0.30~0.80	加Ni、Nb、V	353	钢管桩
CR4B-50	日住友金属	≤0.15	≤0.55	≤1.50	≤0.040	≤0.040	≥0.20	0.80~1.50	加Ni、Nb、V	353	钢管桩
CR4B-50	日住友金属	≤0.15	≤0.55	≤1.50	≤0.040	≤0.040	≥0.20	0.80~1.50	Nb+V<0.15	314~324	要求焊接者
2Cr-0.2Mo	日住友金属	≤0.08	0.35~0.75	0.40~1.20	≤0.030	≤0.030	≤0.40	1.90~2.40	Mo≤0.30 Al≤1.0	295	海水冷却传热器用
Mariloy P50	新日本制铁	≤0.14	≤1.00	≤1.50	≤0.030	≤0.030	0.15~0.40	0.30~0.80	—	314~324	系船桩等
Mariloy S41	新日本制铁	≤0.12	≤0.55	≤1.50	≤0.030	≤0.030	—	0.80~1.30	—	235~245	上下水管、海中结构
Mariloy S50	新日本制铁	≤0.14	≤0.55	≤1.50	≤0.030	≤0.030	—	0.80~1.30	Nb≤0.10	314~324	上下水管、海中结构
Mariloy G41	新日本制铁	≤0.14	≤0.55	≤1.50	≤0.030	≤0.030	0.15~0.40	0.80~1.30	Mo≤0.30	235~245	飞溅带、全浸带均需耐蚀
Mariloy G50	新日本制铁	≤0.14	≤1.00	≤0.50	≤0.030	≤0.030	0.15~0.40	0.80~1.30	Mo≤0.30	314~324	飞溅带、全浸带均需耐蚀
Mariloy T50	新日本制铁	≤0.14	≤1.00	≤0.50	≤0.030	≤0.030	0.15~0.40	1.70~2.20	Mo≤0.30	235	输油管

续表

商品名	研制单位	化学成分/%								强度级别 σ_s/MPa	主要用途
		C	Si	Mn	P	S	Cu	Cr	其他		
NK マリン G	美钢铁公司	≤0.20	≤0.55	≤0.90	0.070~0.150	≤0.040	0.20~0.60	0.20~0.80	必要时加 Nb, Al 0.15~0.55	353	钢板桩
NKマリン 50	日神户制铁	≤0.15	≤0.55	≤1.50	0.030	≤0.030	0.20~0.50	0.20~0.80	Ni≤0.4 Nb 或 V ≤0.1	323	要求飞溅区耐蚀的结构
Nep-Ten 50	日住友金属	≤0.13	≤0.50	≤0.60	0.080~0.150	≤0.030	0.60~1.50	0.50~3.00	Al 0.15~1.50	353	钢管桩
Nep-Ten 60	日住友金属	≤0.18	≤0.50	≤0.60	0.080~0.150	≤0.030	0.60~1.50	0.50~3.00	Al 0.15~1.50	292	钢管桩
昭 49-25527	日住友金属	≤0.20	≤0.60	≤1.50	—	—	0.25~0.60	2.50~3.00	Sb 0.05~0.20		要求焊接者
昭 51-21934	日	≤0.20	≤0.10	0.8~3.0	≤0.035	≤0.035	0.20~0.60	2~5	Al≤1 Ti≤0.5		海水冷却传热器用
SM53C	日	≤0.20	≤0.55	≤1.50	≤0.040	≤0.040	—	—	—		系船桩等
CXЛ-4	前苏联	0.98	0.58	—	0.03	≤0.030	0.33	0.83	Ni 0.87		
APS20A	法	≤0.13	≤0.50	≤1.50	≤0.030	≤0.25	—	3.9~4.3	Al 0.7~1.1	309	海水中
APS20M	法	≤0.10	—	≤0.40	—	—	—	4.0	Al 0.9 Mo 0.15	309	
APS 25	法	≤0.15	—	≤0.40	—	—	—	4.0		588	

表 4-6　我国主要耐海水腐蚀低合金钢

序号	钢　种	研制单位	化学成分/%									强度级别 σ_s/MPa	备　注
			C	Si	Mn	P	S	Cu	Re	V	其　他		
1	10MnNbRe	包头冶金研究所	≤0.16	0.20~0.60	0.80~1.20	0.06~0.20	≤0.05	—	0.10~0.20	—	Nb0.015~0.05	≥40	GB 1591—88
2	09MnCuPTi	武汉钢铁公司	≤0.12	0.20~0.55	1.00~1.50	0.05~0.12	≤0.040	0.20~0.45	—	—	Ti≤0.03	≥35	GB 1591—88
3	10NiCuAs	钢铁研究总院 韶关钢铁厂	≤0.12	0.17~0.37	≤0.60	0.045	≤0.045	0.30~0.50	—	—	As≤0.035	≥32	
4	10NiCuP	钢铁研究总院 天津研究所	≤0.12	0.17~0.37	0.60~0.90	0.008~0.15	≤0.040	≤0.05	—	—	Ni0.40~0.65	≥36	
5	08PVRe	鞍山钢铁公司	≤0.12	0.17~0.37	0.50~0.80	0.08~0.12	≤0.045	—	0.20	≤0.10	—	≥35	
6	10NbPAl	包头钢铁公司	≤0.16	0.30~0.60	0.80~1.20	0.06~0.12	≤0.05	—	—	—	Al0.15~0.35	≥35	
7	09CuWSn	武汉钢铁公司	≤0.12	0.17~0.37	0.50~0.80	≤0.04	≤0.04	0.20~0.50	—	—	W0.10~0.30 Sn0.20~0.40	≥38	
8	08PV	鞍山钢铁公司	≤0.12	0.17~0.37	0.50~0.80	0.08~0.12	≤0.04	—	—	≤0.10		≥35	
9	12NiCuWSn	武汉钢铁公司	≤0.14	0.30~0.55	0.50~0.90	≤0.040	≤0.04	0.20~0.45	—	—		≥40	
10	10CrPV	马鞍山钢铁公司	≤0.12	0.17~0.37	0.60~1.00	0.08~0.12	≤0.04	—	—	≤0.10		≥35	
11	10MoPV	马鞍山钢铁公司	≤0.12	0.17~0.37	0.60~1.00	0.08~0.12	≤0.04	—	—	≤0.10		≥35	
12	10CuPV	马鞍山钢铁公司	≤0.12	0.17~0.37	0.60~1.00	0.08~0.12	≤0.04	0.20~0.35	—	≤0.10		≥35	
13	10Cr2MoAlRe	浙江冶金研究所 杭州钢铁厂	≤0.12	0.17~0.37	0.50~0.80	≤0.040	≤0.04	—	≤0.20	Mo0.1~0.20	Cr1.8~2.4	≥40	
14	10AlCuP	钢铁研究总院 天津研究所	≤0.12	0.17~0.37	0.50~0.80	0.08~0.12	0.04	0.25~0.45	—	—		≥32	

续表

序号	钢　种	研制单位	化学成分/%									强度级别 σ_s/MPa	备　注
			C	Si	Mn	P	S	Cu	Re	V	其　他		
15	Q235	鞍山钢铁公司	0. 14～0. 22	0. 12～0. 30	0. 40～0. 65	≤0. 045	≤0. 045	≤0. 30	—	—			对比钢
16	SM41C	日本	0. 14	0. 25	0. 68	0. 13	0. 019	—	—	—			对比钢
17	15NiCuP		≤0. 12	≤0. 10	0. 60～0. 90	0. 08～0. 15	≤0. 040	≤0. 50	—	—	Ni 0. 40～0. 45	353	
18	10PCuRe		≤0. 12	0. 20～0. 50	1. 00～1. 40	0. 08～0. 14	≤0. 040	0. 25～0. 40	≤0. 15	—	Al0. 02～0. 07		
19	10CrMoAl		0. 08～0. 12	0. 20～0. 50	0. 35～0. 65	≤0. 045	≤0. 045	—	Al0. 4～0. 80	Mo0. 4～0. 80	Cr0. 80～1. 20	382	
20	10Cr4Al		≤0. 13	≤0. 050	≤0. 050	≤0. 050	≤0. 025	—	—	Cr 3. 9～4. 3	Al0. 7～1. 1		
21	09Cu		≤0. 12	0. 17～0. 37	0. 35～0. 65	≤0. 050	≤0. 50	0. 20～0. 50	—	—	—	235	
22	08CuVRe		0. 06～0. 12	0. 20～0. 50	0. 40～0. 70	0. 07～0. 13	≤0. 04	—	≤0. 20	0. 04～0. 12		343	
23	921		0. 08～0. 14	0. 17～0. 37	0. 3～0. 6	—	—	Cr0. 9～1. 2	Mo 0. 2～0. 7	V0. 04～0. 10	Ni 2. 6～3. 0		

防止硫酸露点腐蚀主要有以下方法：

① 采用含硫量低的重油燃料，通常燃料油中硫含量低于0.5%时不会发生硫酸露点腐蚀。

② 低过剩空气燃烧法。过剩空气量减少可以减少 SO_2 与空气中的 O_2 反应生成 SO_2 的机会，从而减少凝聚硫酸的量。

③ 重油中加入能同 SO_3 化合生成无腐蚀作用物质的缓蚀性添加剂，如加入氢氧化镁浆可以大幅降低 SO_3 浓度，减轻硫酸露点腐蚀。

④ 改变露点腐蚀严重部位的工作温度。由于露点腐蚀最严重的部位位于露点温度以下几十度的范围，如果有可能，将材料或部件的工作温度适当调整，避开这一温区，可以大大减轻露点腐蚀。

⑤ 使用耐硫酸露点腐蚀钢种。

2. 耐硫酸露点腐蚀钢种

国内外针对硫酸露点腐蚀的特殊性已开发了一系列耐硫酸露点腐蚀钢，其中的合金元素以 Cu、Si 为主，辅以 Cr、W、Sn 等元素，这些合金元素的作用主要是在钢表面形成致密、附着性好的腐蚀产物膜层，抑制进一步的腐蚀。例如我国的 09CuWSn 钢、09CrCuSb（ND 钢）和日本的 CRIA 钢，耐硫酸露点腐蚀性能比普通碳钢高出几十倍。表 4-7 是国内外主要耐硫酸露点腐蚀钢的化学成分。表 4-8 给出了 09Cu 和 09CuWSn 两种钢耐露点腐蚀的性能。表 4-9 则给出了 09CuWSn 与 A3 钢和 1Cr18Ni9 Ti 不锈钢在硫酸中腐蚀速率的对比。

六、耐硫化氢应力腐蚀开裂低合金钢

1. 碳钢和低合金钢的硫化氢应力腐蚀开裂

碳钢和低合金钢在含硫化氢的水溶液中发生的应力腐蚀开裂称硫化氢应力腐蚀开裂，简称 SSCC，其中沿钢材轧制方向伸展的台阶状裂纹或氢鼓泡，又常称作“氢致开裂”。溶液中硫化氢浓度越高，开裂倾向越大。

2. 影响应力腐蚀开裂的因素

（1）显微组织

马氏体组织的开裂敏感性最大，贝氏体组织也有较高的开裂倾向。马氏体经过高温回火后，形成的铁素体中均匀分布着细小球形碳化物的组织，耐硫化氢应力腐蚀破裂性能大大提高。含有粗大的板状或块状碳化物组织的破裂敏感性介于上述二者之间。因此，为消除马氏体组织的不利影响，用于硫化氢水溶液中的低合金钢淬火后应进行高温回火处理，也可采用长时间低温回火或二次回火。

（2）化学成分

碳含量提高使钢强度增高及淬火马氏体数量增多，增大破裂倾向。锰和硫在钢中会优先结合形成硬度低于基体的硫化锰，在钢材轧制后形成沿轧向伸长的硫化锰夹杂，往往成为氢致开裂的裂源；磷和镍具有促进渗氢的作用。这些都是有害元素。

钼、铌、钛、钒能促进细小稳定的球形碳化物形成，提高钢的抗开裂能力；稀土元素例如铈，可促使钢中的硫化物夹杂球化，改善钢的横向冲击韧性，也提高抗破裂能力；铝和硼对于抗硫化氢应力腐蚀破裂性能也有益；铬和硅的作用不明显。

（3）温度

温度升高，原子扩散速度加快，因此有利于由硫化氢还原出来的氢原子进入钢中，但温度升高也有利于钢中的氢原子及分子氢向外迁移，综合的影响是在室温（20~30℃）附近钢的硫化氢应力腐蚀开裂速度最快，温度降低或升高都会使开裂速度明显减缓。

表 4-7 国内外耐硫酸露点腐蚀低合金钢的化学组成

钢种或商品名	国别与生产厂	化学成分/%									
		C	Si	Mn	P	S	Cu	Cr	Ni	其他	
09Cu	中国武钢	≤0.12	0.17~0.37	0.35~0.65	≤0.050	≤0.050	0.20~0.50	—	—	—	—
09CuWSn	中国武钢	≤0.12	0.20~0.40	0.40~0.65	≤0.035	≤0.035	0.20~0.40	—	—	W0.10~0.25	Sn0.20~0.40
CRIA	日本住友金属	≤0.13	0.20~0.80	≤1.40	≤0.025	0.013~0.030	0.25~0.35	1.00~1.50	—	—	—
TAICOR-S	日本神户制钢	≤0.15	≤0.50	≤1.00	≤0.040	0.015~0.40	0.15~0.50	0.90~1.50	—	Al0.03~0.15	—
S-TEN-1	新日本制铁	≤0.14	≤0.55	≤0.70	≤0.025	≤0.025	≤0.25~0.50	—	—	Sb≤0.15	—
NAC-1	日本钢管	≤0.15	≤0.40	≤0.50	≤0.030	0.030	0.20~0.60	0.30~0.90	0.30~0.80	Sn0.04~0.35	Sb0.02~0.35
RIVER TEN-41S	日本川崎制铁	≤0.15	≤0.4	0.20~0.50	0.020~0.060	≤0.040	0.20~0.50	0.20~0.60	≤0.50	Nb≤0.04	—

表 4-8　09Cu 和 09CuWSn 钢耐硫酸露点腐蚀性能

钢　种	硫酸浓度/%	试验温度/℃	试验时间/h	腐蚀速率/(mm/a)		
				试验钢种	对比钢种 A3	对比钢种 1Cr18Ni9Ti
09Cu	5	室温	48	1.825	63.164	—
	40	室温	72	2.424	16.488	—
	4.18	36	—	3.625	3.633	—
	50	40	360	4.3	29.58	—
09CuWSn	5	室温	150	0.91	15.10	—
	20	室温	150	0.94	46.43	0.94
	40	室温	150	1.30	110.91	12.19
	40	50	48	6.89	485.7	404.58
	60	室温	150	3.62	128.30	36.78
	60	50	48	12.15	743.4	223.4

表 4-9　三种材料在硫酸中的腐蚀速率　　mm/a

钢　种	硫酸质量分数/%		温度/℃	试验时间/h
	40	60		
09CuWSn	6.89	12.15	50	48
A3 钢	485.7	743.4	50	48
1Cr18Ni9Ti	104.58	223.4	50	48

(4) 介质 pH 值的影响

在酸性溶液中硫化氢能够稳定存在并更容易进入钢中，因此随溶液 pH 值降低开裂倾向增大，当溶液 pH 值大于 9 时一般不会开裂。

(5)材质强度的影响

钢的硫化氢应力腐蚀开裂与材质强度关系密切，强度越高，开裂倾向越大。油、气井套管和油气输送管线钢由于强度级别较高，经常发生硫化氢应力腐蚀开裂，接触硫化氢溶液的炼油、化工设备也常发生开裂。钢的硬度如果低于 HRC22，一般不会开裂。

3. 耐硫化氢应力腐蚀破裂钢

耐硫化氢应力腐蚀破裂钢的设计特点是：严格控制有害元素 P、S 的含量，控制 Ni 含量，淬火后进行高温回火以消除马氏体组织，加入 Mo、Ti、Nb、V、Al、B、稀土等元素促进细小均匀的球形碳化物形成，以弥散强化来补充高温回火损失的强度并提高抗裂性能。此外还设法改进冶炼工艺控制硫化物夹杂的形状、数量和分布。这类钢可以达到较高强度级别且具有良好的抗硫化氢应力腐蚀破裂性能，广泛应用于石油、石油化工等领域。我国的典型耐 H_2S 钢有 12MoAlV、10MoVNbTi、15Al3MoWTi、12CrMoV、07Cr2AlMo 等。表 4-10 和表 4-11 分别列出了我国和国外开发的主要耐硫化氢腐蚀开裂钢种。

表 4-10　我国主要的耐硫化氢腐蚀开裂钢

钢　号	化　学　成　分/%										σ_s/MPa	σ_b/MPa
	C	Si	Mn	P	S	Cr	Mo	Al	V	其　他		
12AlV	≤0. 15	0. 50~0. 80	0. 30~0. 50	≤0. 45	≤0. 045			0. 80~1. 20	0. 03~0. 10		≥294	≥412
12MoAlV	≤0. 15	0. 50~0. 80	0. 30~0. 60	≤0. 045	≤0. 045		0. 30~0. 40	0. 70~1. 10	0. 03~0. 10		≥294	≥431
15MoAlV	0. 12~0. 18	0. 30~0. 60	0. 30~0. 60	≤0. 040	≤0. 040		0. 40~0. 60	0. 30~0. 60	0. 20~0. 40		≥343	≥490
10MoVAlTi	0. 12	0. 53	0. 61	0. 006	0. 004		0. 29	0. 93	0. 20	Ti0. 03	≥441	≥617
12SiMoVNb	0. 10~0. 15	0. 60~0. 90	0. 30~0. 60	≤0. 04	≤0. 04		0. 50~0. 70	0. 30~0. 60	0. 30~0. 60	Nb0. 03~0. 06	≥470	≥666
10MoVNbTi	0. 06~0. 12	0. 50~0. 80	0. 50~0. 80	≤0. 030	≤0. 030		0. 45~0. 65		0. 30~0. 45	Ti0. 06~0. 15 Nb0. 06~0. 12	≥343	≥490
10Cr4A1	≤0. 13	≤0. 05	≤0. 05	≤0. 050	≤0. 025	3. 90~4. 30		0. 70~1. 10			≥294	≥441
10CrMoA1	0. 08~0. 12	0. 20~0. 50	0. 35~0. 65	≤0. 045	≤0. 045	0. 80~1. 20	0. 40~0. 08	0. 40~0. 80			≥382	≥588
12Cr2Mo1	≤0. 15	0. 15~0. 30	0. 30~0. 60	≤0. 035	≤0. 035	2. 0~2. 5	0. 90~1. 10				≥314	≥519
12CrMoV	0. 08~0. 15	0. 17~0. 37	0. 40~0. 70	≤0. 040	≤0. 040	0. 9~1. 2	0. 25~0. 35		0. 15~0. 30		≥255	≥441
12CrMoAlV	≤0. 15	0. 50~0. 80	0. 30~0. 60	≤0. 045	≤0. 045	0. 40~0. 70	0. 30~0. 40	0. 8~1. 2	0. 03~0. 10		≥294	≥412
10MoWVNb	0. 07~0. 13	0. 50~0. 80	0. 50~0. 80	≤0. 040	≤0. 030		0. 60~0. 90		0. 30~0. 50	W0. 50~0. 80 Nb0. 06~0. 12	≥294	≥470
15Al3MoWTi	0. 13~0. 18	≤0. 50	1. 50~2. 00	≤0. 035	≤0. 035		0. 40~0. 60	2. 20~2. 80		W0. 40~0. 60 Ti0. 20~0. 40	≥314	≥490
40MnMoNb	0. 39~0. 46	0. 17~0. 37	0. 90~1. 25	≤0. 035	≤0. 035		0. 55~0. 65			Nb0. 06~0. 12	≥539	≥686

表 4-11 国外主要耐硫化氢应力腐蚀破裂低合金钢

钢种	国别	化学成分/%								力学性能				热处理方法
		C	Si	Mn	S(max)	P(max)	Cr	Mo	其他	σ_b/MPa	σ_s/MPa	δ/%	ψ/%	
H-40	美	0.17~0.22	0.30	0.60~0.70	0.060	0.040				414	276	27		
	德	0.20	0.25	0.50	0.060	0.040								
J-55	美	0.30~0.35	0.30	0.90~1.10	0.060	0.040				517	380~551	20		常化
	德	0.36	0.25	0.90	0.060	0.040			Cu					常化
	日	0.43~0.50	0.18~0.30	0.78~0.95	0.005~0.020				0.002~0.05					
K-55	美	0.40~0.60		1.2~1.5						655	380~551			
C-75	美	≤0.40	<0.35	<1.5	0.060	0.040				655	517~621	16		淬火+回火
	日	0.18~0.24	0.25~0.31	1.20~1.46	0.014~0.027	0.015~0.025								
L-80	美	0.25~0.30		1.20~1.50			≤0.30	≤0.30		657	549~657			
N-80	美	0.40~0.46	0.15~0.25	1.50~1.70	0.060	0.040				689	551~758	16		常化
	美	0.28~0.35	0.15~0.25	1.00~1.35	0.060	0.040								淬火+回火
	德	0.40~0.45	0.25~0.35	1.20~1.70	0.060	0.040								常化+回火
	英	0.40	0.25	0.60	0.060	0.040								常化+回火
	捷	0.38~0.45	0.32~0.38	0.80~1.05	0.035	0.030								淬火+回火
	波	0.40~0.50	0.17~0.37	1.25~1.65	0.035	0.035								常化+回火
C-90	美	0.25~0.30	0.8~1.10	0.4~0.9				0.20~0.40		726	618~726			
C-95	美	0.25~0.30		1.20~1.50			≤0.20	≤0.2		724	655~758			
P-105	美	0.23~0.29	0.15~0.25	240~275	0.060	0.040	1.05	0.15	V0.15	828	724~931	15		常化+回火
	德	0.34	0.25	0.65	0.060	0.040	1.05	0.20						常化+回火
	德	0.31~0.36	0.27~0.30	0.63~0.70	0.017~0.022	0.020~0.028	1.06~1.14	0.17~0.22						
P-110	美	0.40~0.46	0.25	0.90~1.20	0.060	0.040	0.45~0.65	0.30~0.35	V0.1~0.15	862	758~965	15		淬火+回火
	美	0.29~0.33	0.15~0.26	1.35~1.65	0.060	0.040								淬火+回火
	日	0.25~0.30	0.15~0.26	1.35~1.65	0.060	0.040								淬火+回火
	捷	0.34~0.39	0.32~0.38	1.40~1.55	0.035	0.030								
S-95	美	0.25~0.30		1.20~1.60			≤0.2	≤0.2		755	657~863			
	捷	0.32~0.37	0.30~0.40	1.20~1.25	0.035	0.030								淬火+回火

续表

钢种	国别	化学成分/%								力学性能				热处理方法
		C	Si	Mn	S(max)	P(max)	Cr	Mo	其他	σ_b/MPa	σ_s/MPa	δ/%	ψ/%	
125	美	0.20~0.27		1.20~1.70			≤0.4	≤0.3		961	863~1069			
135	美	0.20~0.27		1.20~1.70			≤0.6	≤0.4		1030	932~1138			
V-150	美	0.20~0.27		1.20~1.70			≤0.6	≤0.5		1117	1030~1245	12		
	德	0.35	0.25	0.65	0.035	0.035	1.0	0.02	Ni1.0					淬火+回火
	德	0.30	0.25	0.55	0.035	0.035	2.5	0.2	V0.15					淬火+回火
EHS-140	美	0.28~0.33	0.15~0.25	0.35~1.60	0.060	0.040		0.3	V0.15					淬火+回火
	捷	0.13~0.18	0.60~0.65	1.20~1.35	0.035	0.030	1.20~1.50	0.1~0.2						淬火+回火
X-200	美	0.43	1.50	0.85	0.060	0.040	2.0	0.5	V0.05					淬火+回火
C	德	0.33	0.25	0.60	0.060	0.040								常化
D	德	0.36	0.25	0.90	0.060	0.040				655	380	18	40	常化
	德	0.45	0.35	1.20	0.060	0.040								常化+回火
E	德	0.40	0.35	1.20	0.060	0.040								常化+回火
	日	0.18~0.24	0.30~0.33	1.25~1.47	0.016~0.029	0.014~0.023		0.023~0.027		689	517	18	40	
	日	0.44~0.47	0.23~0.31	1.40~1.58	0.011~0.028	0.015~0.021								淬火+回火
	捷	0.36~0.41	0.32~0.38	1.15~1.30	0.035	0.030								
SAE 4340	美	0.40	0.25	1.50				0.5	V0.06					常化+回火
	美	0.40	0.25	1.45			0.50	0.25	Ni0.50					常化+回火
	美	0.40	0.30	0.65			0.80		V0.06					常化+回火
A	前苏	0.18~0.25	0.15~0.23	0.30~0.60	0.045	0.045			Ni1.80	412	245	$\sigma_5=25$		
C	前苏	0.30~0.37	0.20~0.35	0.65~0.90	0.045	0.045				539	314	$\sigma_5=18$		
д	前苏	0.43~0.53	0.15~0.30	0.70~0.90	0.045	0.045				637	373	$\sigma_5=16$	40	常化
K	前苏	0.32~0.43	0.40~0.47	1.50~1.60	0.045	0.045				686	490	$\sigma_5=12$	40	常化
E	前苏	0.33~0.43	0.17~0.37	0.75~1.05	0.045	0.040	0.4~0.7	0.3~0.4	Ni0.4~0.7	735	539			常化+回火
	前苏	0.43~0.48	0.25~0.35	1.15~1.04	0.045	0.045	0.4~0.7	0.05~0.15	Ni0.3~0.7			$\sigma_5=12$	40	常化+回火
	前苏	0.35~0.42	0.15~0.30	0.70~0.90	0.045	0.045								常化+回火
д	前苏	0.32~0.38	0.40~0.70	1.40~1.80	0.045	0.045			W0.25~0.40	785	637	$\sigma_5=12$	40	常化+回火
	前苏	0.30~0.36	0.40~0.70	1.25~1.60	0.045	0.045								常化+回火

七、抗氢、氮、氨作用低合金钢

1. 氢、氮、氨与钢的作用

(1) 氢与钢的作用

氢或氢与其他气体的混合物，不论是常压的或高压的，也不论是常温的或高温的，都能对金属造成一定形式的破坏。氢致破坏是金属由于气体作用而造成破坏的最重要的形式之一。

在一定条件下，氢分子首先分解为原子态的氢，然后扩散进入到固态钢中(也可以由钢中逸出到钢外)。进入钢中的氢可能给钢的性能造成损害，这种损害可以是暂时的，即在氢逸出钢以后，受到损害的性能可以恢复；损害也可能是永久的，即对性能的损害是不可逆的，在氢离开钢以后性能仍不能恢复。

气态分子氢在室温下不易进入钢内，甚至在氢压高达数十兆帕也如此，但是当有某些腐蚀性介质例如水或酸存在时，由于这些腐蚀性介质的电化学作用，氢分子在钢表面上分解成为新生的氢原子，这些新生的氢原子扩散进入钢中，使钢特别是高强度钢的延性和韧性下降，有时还使钢形成裂纹，这类现象就是通常所说的氢脆。

脱碳反应是由于氢与钢中的碳形成甲烷(CH_4)的缘故。脱碳在大约700℃以上才变得显著，且随温度的升高而增加；在700℃以下，反应非常缓慢。氢压力的增加将使此极限温度下降。

(2) 氮、氨与钢的作用

在合成氨气氛中(温度在520℃以下，一般为480~520℃，压力一般为32MPa)，同时存在着氢、氮、氨。N_2和NH_3分子在400~600℃温度下，在铁的催化下会离解生成活性氮原子，氮原子渗入钢材，这就在钢铁表面一定深度范围内生成一层氮化层。氮化层硬而脆，使钢的塑性和强度降低，在应力集中处易产生裂纹，这就是所谓“氮化脆化”。在350℃以下氮化脆化问题可不予考虑，在360℃只产生轻微氮化，在400℃以上才会产生明显氮化。这里，既有氢腐蚀问题，又有渗氮脆化问题。在合成氨设备的选材问题上，要求同时防止氢腐蚀和氮化脆化。例如曾经使用在石油加氢设备上抗氢的铬钼钢(2%~6%Cr)用于合成氨设备，虽能抗氢腐蚀，但却产生氮化脆化，使其应用温度限制在260~300℃以下。2%~6%Cr钢氮化的结果，由于铬的碳化物转变为铬的氮化物，释放出碳，会促进钢的脱碳与氢腐蚀。

2. 合金元素对钢的抗氢腐蚀性能的影响

钢中的合金元素对钢的性能有重大影响，强碳化物形成元素和碳的亲和力大，形成碳化物后，避免了碳再和氢、氮化合，引发钢的破坏，如Cr、Mo、W、V、Nb、Ti能提高钢的抗氢侵蚀性能；Ti、Nb、V等元素除生成稳定的碳化物及氮化物外，表面生成的氮化物可延缓进一步氮化，提高钢抗氮化脆化的性能；Si、C、Ti、Nb等元素能降低氢在钢中的扩散速度；C、Si、Mo、W、Cr能减小氢在钢中的溶解度。非碳化物形成元素如镍、铜、硅则对钢的抗氢腐蚀能力无明显影响；硫、磷和硼等晶界偏析元素，由于它们的偏析降低了晶界界面能，减弱了晶界的开裂而提高钢的抗腐蚀能力。

操作温度低于220℃的处理高压氢的设备不产生氢侵蚀，普通碳钢便可胜任。在常温下，碳钢的氢腐蚀临界压力高达89.8MPa。但在中温(约600℃)下处理高压氢的设备，选材必须考虑氢侵蚀问题。微碳纯铁具有良好的抗中温高压氢侵蚀性能，它的缺点是强度低。

3. 抗氢、抗氮低合金钢

普遍应用的中温抗氢钢以Cr、Mo为主加元素。钢中Cr含量提高，碳化物稳定性也提高，钢的抗氢腐蚀临界温度也随之提高。Mo 比 Cr 具有更好的抗氢性能(见图 4-6)，它还能减少氢在钢中的吸留量和透过度。Mo 在晶界偏析降低了晶界能而使裂纹不易产生。Cr 和 Mo 都能降低碳在 α-Fe 中的扩散系数，但 Mo 钢在 470℃左右有石墨化倾向。

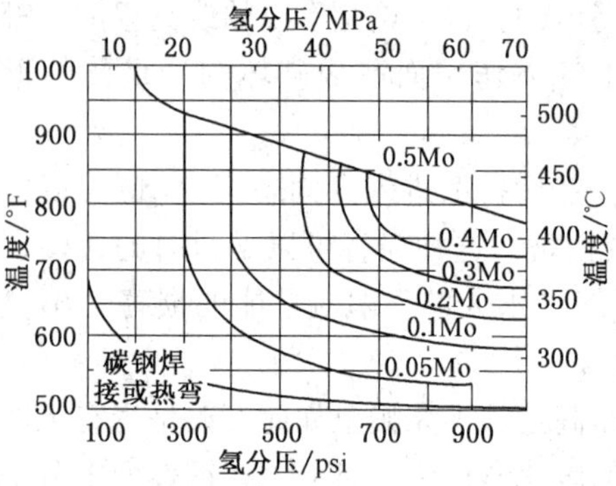

图 4-6　含 Mo 含量<0.5%及其他微量元素的钢氢腐蚀起始温度曲线

注：1psi=6.896kPa

近年来研究了一些不含 Cr 的抗氢钢，这些钢以。Mo、V、Nb、Ti 等为合金元素，也具有良好的抗氢性能。

在合成氨设备中，除了要求材料具有良好的抗氢性能外，还要求具有良好的抗氮化性能。微碳纯铁不渗氮，可作为氨合成塔内件使用。在 Cr—Mo 钢中，只有含 Cr 量较高的 Cr5Mo 和 Cr9Mo 钢抗氮化脆化性能较好。

近年来发展的以 Nh、V、Ti、Mo 等为合金元素的抗氢、氮低合金钢种，不仅其抗氢侵蚀性能良好，而且还具有良好的抗氮化脆化性能。各种中温高压抗氢和抗氢、氮、氨用钢的化学成分和力学性能见表 4-12。各种钢的应用范围和实例见表 4-13。

第五节　不　锈　钢

一、概述

1. 定义

不锈钢是指铁基合金中铬含量(质量分数)大于等于 13%的一类钢的总称。在大气及较弱腐蚀性介质中耐蚀的钢称为不锈钢，而把耐强腐蚀性酸类的钢称为耐酸钢。通常，我们把不锈钢和耐酸钢统称为不锈耐酸钢，简称为不锈钢。所以，习惯上所称的“不锈钢”常包括耐酸钢在内。

2. 性能

不锈钢除了广泛用作耐蚀材料外，同时还是一类重要的耐热材料，因为其具备较好的耐热性，包括抗氧化性及高温强度。奥氏体不锈钢在液态气体的低温下仍有很高的冲击韧性，因而又是很好的低温结构材料；因不具铁磁性，也是无磁材料；高碳的马氏体不锈钢还具有很好的耐磨性，因而又是一类耐磨材料。由此可见，不锈钢具有广泛而优越的性能。

但是必须指出，不锈钢的耐蚀性是相对的，在某些介质条件下，某些钢是耐蚀的，而在另一些介质中则可能要被腐蚀，因此没有绝对耐蚀的不锈钢。

3. 分类

不锈钢按其化学成分可分为铬不锈钢及铬镍不锈钢两大类。铬不锈钢的基本类型是 Cr13 型和 Cr17 型钢；铬镍不锈钢的基本类型是 18—8 型和 17—12 型钢(前边的数字为含铬质量分数，后边数字为含镍质量分数)。在这两大基本类型的基础上发展了许多耐蚀、耐热以及提高力学性能和加工性能等各具特点的钢种。

不锈钢按其金相组织分类有马氏体型、铁素体型、奥氏体型、奥氏体-铁素体型及沉淀硬化型五类。

不锈钢按金相组织分类及提高耐蚀性的途径见表 4-14。

表 4-12　抗氢、氮、氨低合金钢的化学成分和力学性能

钢　种	化学成分/%										力学性能		
	C	Si	Mn	P	S	Cr	Mo	V	Nb	其　他	σ_b/MPa	σ_s/MPa	σ_5/%
微碳纯铁	≤0.015	≤0.40	0.20~0.60	≤0.015	≤0.020					N≤0.06	314	196	25
0.25Mo	0.40~0.50	0.20~0.35	0.70~0.90	≤0.035	≤0.040		0.20~0.30						
0.5Mo	0.10~0.20	0.10~0.50	0.30~0.80	≤0.045	≤0.045		0.44~0.65				380	207	22
0.5Cr-0.5Mo	0.10~0.20	0.10~0.30	0.30~0.61	≤0.045	≤0.045	0.50~0.81	0.44~0.65				380	207	22
1Cr-0.5Mo	≤0.15	≤0.50	0.30~0.61	≤0.045	≤0.045	0.80~1.25	0.44~0.65				414	173	22
1.25Cr-0.5Mo	≤0.15	0.50~1.00	0.30~0.61	≤0.030	≤0.030	1.00~1.50	0.44~0.65				414	173	22
2Cr-0.5Mo	≤0.15	≤0.50	0.30~0.60	≤0.030	≤0.030	1.65~2.35	0.44~0.65				414	173	22
2.25Cr-1Mo	≤0.15	≤0.50	0.30~0.60	≤0.030	≤0.030	1.90~2.60	0.87~1.13				414	173	22
2.5Cr-0.5Mo	≤0.15	0.50~1.00	0.30~0.60	≤0.030	≤0.030	2.15~2.85	0.44~0.65				414	173	22
3Cr-1Mo	≤0.15	≤0.50	0.30~0.60	≤0.030	≤0.030	2.65~3.35	0.80~1.06				414	173	22
5Cr-0.5Mo	≤0.15	0.50	0.30~0.60	≤0.030	≤0.030	4.00~6.00	0.45~0.65				414	173	22
7Cr-0.5Mo	≤0.15	0.50~1.00	0.30~0.60	≤0.030	≤0.030	6.00~8.00	0.45~0.65				414	173	22
9Cr-1Mo	≤0.15	0.25~1.00	0.30~0.60	≤0.030	≤0.030	8.00~10.00	0.90~1.10				414	173	22
$18Cr_3MoWV$	0.15~0.21	0.20~0.40	0.30~0.60	≤0.040	≤0.040	2.50~3.00	0.50~0.70	0.05~0.12		W0.50~0.80 Ni≤0.35Cu≤0.30			
$20Cr_3MoWV$	0.17~0.24	0.20~0.40	0.30~0.60	≤0.040	≤0.040	2.60~3.00	0.35~0.50	0.70~0.90		W0.30~0.60 Ni≤0.35Cu≤0.30	785	539	14
10MoWVNb	0.07~0.13	0.50~0.80	0.50~0.80	≤0.040	≤0.030		0.60~0.90	0.30~0.50	0.06~0.12	W0.50~0.80	441	294	17
10MoVNbTi	0.06~0.12	0.50~0.80	0.50~0.80	≤0.030	≤0.030		0.45~0.65	0.30~0.45	0.06~0.12	Ti0.06~0.15	490	343	19
12SiMoVNb	0.08~0.14	0.50~0.80	0.60~0.90				0.90~1.10	0.30~0.50	0.04~0.08	B0.0015~0.0060	673	461	25
14MnMoVBRe	0.10~0.16	0.17~0.37	1.10~1.70	≤0.035	≤0.035		0.30~0.60	0.04~0.10		Re0.15~0.20	638	490	16
$12Cr_2MoWVB$	0.08~0.15	0.45~0.75	0.45~0.65	≤0.035	≤0.035	1.60~2.10	0.50~0.65	0.28~0.42		W0.30~0.55 Ti0.08~0.18 B0.008Cu≤0.25			
$1Cr_6Si_2Mo$	≤0.15	1.50~2.00	≤0.70	≤0.035	≤0.030	5.00~6.50	0.45~0.65			Ni≤0.69			

表 4-13　抗氢和抗氢、氮、氨用低合金钢的应用范围

钢　种	最高使用温度/℃		应用范围举例
	耐氧化	耐介质腐蚀	
微碳纯铁			小型氨厂合成塔内件
0.25Mo			高温高压设备的螺栓、螺母，变换气废热锅炉，甲烷化炉气体热交换器，锅炉给水预热器
0.5Mo	500~600	≤530	低中压锅炉受热面和联箱管道，超高压锅炉水冷壁管、省煤器、加氢脱硫反应器，H_2S吸收塔，转化气冷却换热器，变热炉，甲烷化炉，合成塔顶盖及壳体
0.5Cr-0.5Mo		≤540	高压、超高压锅炉受热面管，合成氨系统低压蒸汽过热器，第一工艺气预热器
1Cr-0.5Mo	≤600	≤560	高、中压锅炉受热面和联箱管道、氨厂第一废热锅炉夹套
1.25Cr-0.5Mo		≤550	氨厂第二废热锅炉炉管，第一废热锅炉出口接管，原料预热管器，原料混合器加热器
2Cr-1Mo 2Cr-0.5Mo	600~650		高压锅炉管
2.25Cr-1Mo	600~650	≤600	高压、超高压锅炉受热面管，炼厂高温高压加热炉管、连接管、转化制氢蒸汽过热器管，工艺气体及蒸汽预热管，合成塔底及底法兰
3Cr-1Mo			超高压锅炉过热器管道等
5Cr-0.5Mo	657~700		炼厂高压加氢设备部件、紧固件，650℃以下作加热锅炉管、连接管、热交换器管
7Cr-0.5Mo			氨合成塔副线接管本体及内套筒。炼厂高压用加热炉管
9Cr-0.5Mo 9Cr-1Mo	≤700 700~750		高压、超高压亚临界压力锅炉再热器与过热器管，氮厂开工加热炉加热盘管，炼厂高温、高压用加热炉管，热交换器管
10MoWVNb	在化肥系统抗H_2、NH_3腐蚀，可用于400℃左右；炼油厂高压抗H_2，可用于500℃以下		合成氨中量式锅炉，前置式锅炉
10MoVNbTi			合成氨中置式锅炉，氨合成塔内件热交换器管，400℃左右高压管
12SiMoVNb	400℃下抗H_2、NH_3、N_2试验，450℃下抗H_2试验，性能良好		合成氨厂400℃左右高压管
14MnMoVBe		≤500	可用于化工、石油中温高压单层容器，已用于小化肥氨合成塔，粉煤加压气化炉外壳等
$12Cr_2MoWVB$		≤620	高压、超高压锅炉过热能、再热器及联箱管道
$12Cr_3MoVSiTiB$	≤620	≤620	高压、超高压锅炉过热器、再热器及联箱管道
14MovNb	使用条件为450~480℃，压力约31.4MPa		氨合成塔前置式副产蒸汽锅炉外套管
14MoWVTi			氨合成塔和中置锅炉连接管
08SiWMoTiNb	使用条件为480~520℃，压力约31.4MPa		氨合成塔内件

表 4-14 不锈钢按金相组织分类及提高耐蚀性的途径

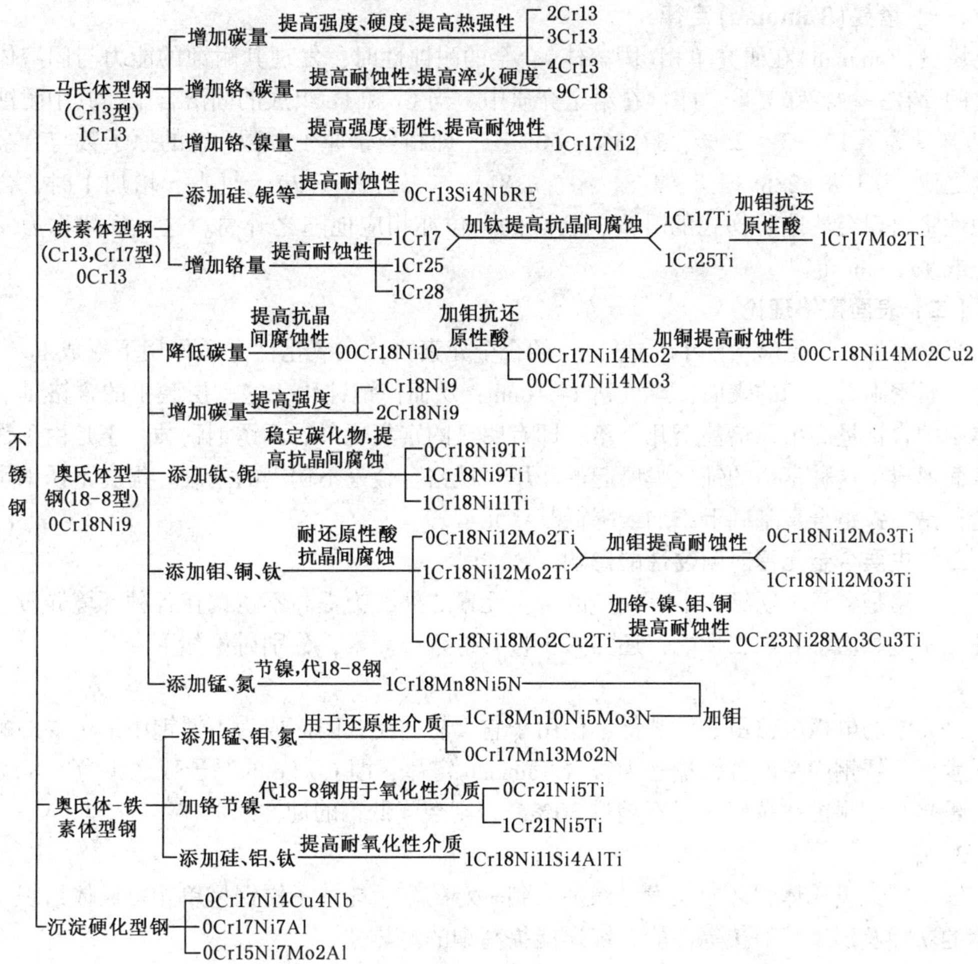

不锈钢的品种繁多，随着近代科学技术的发展，新的腐蚀环境不断出现，为了适应新的环境，发展了超低碳不锈钢和超纯不锈钢，还发展了许多具有特定用途的专用钢。因而不锈钢是一类用途十分广泛、对国民经济和科学技术的发展都十分重要的工程材料。

4. 牌号

中国不锈钢的牌号是以数字与化学元素来表示的。

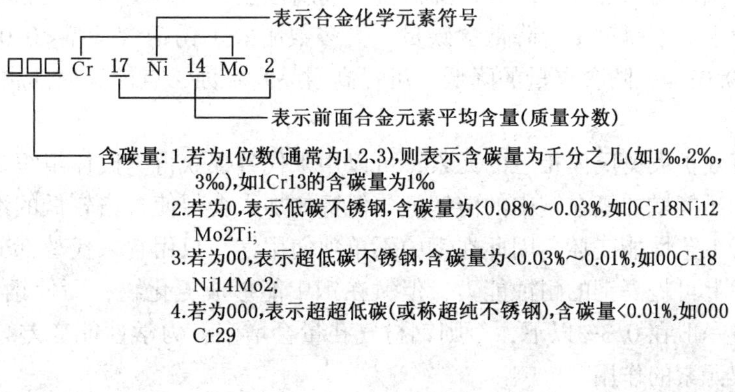

二、机理

（一）塔曼(Tamman)定律

塔曼(Tamman)在研究单相(固溶体)合金的耐蚀性时，发现其耐蚀的能力与固溶体的成分之间存在一种特殊关系。即：在给定介质中，当 Cr 和 Fe 组成的固溶合金，其中耐蚀组元 Cr 的含量等于 12.5%、25%、37.5%、50%…，即相当于原子分数(Cr 的原子数与合金总原子数之比)为 1/8、2/8、3/8、4/8、…、$n/8$($n=1$、2、…、7)，每当 n 增加 1 时，合金的耐蚀性将出现突然地阶梯式的升高，合金的电位亦相应地随之升高。这一规律称为 $n/8$ 定律，或 Tamman 定律。

（二）表面富铬理论

当钢中加入了足够量(>1/8 或 2/8)的合金元素铬，在氧化性介质作用下形成 Fe—Cr 氧化膜，紧密附着在钢的表面，厚度达 1~10nm，从而使钢钝化。这一层膜中的含铬量较之铁基体中的含铬量高出几倍甚至几十倍，即有明显的富集现象。不锈钢耐蚀，正是由于铁铬合金表面形成了这种富铬的钝化膜所起的作用。铁铬合金是不锈钢的基础。提高不锈钢耐蚀性的途径是在铁铬合金基础上添加或降低某些元素。

三、主要合金元素对耐蚀性的影响

除了铬是各类不锈钢中不可缺少的合金元素之外，为提高不锈钢在各种环境介质中的耐蚀性以及提高力学和加工性能，还加入少量其他合金元素，分别讨论如下。

1. 铬

铬元素的电极电位虽然比铁低，但由于它极易钝化，因而成为不锈钢中最主要的耐蚀合金元素。不锈钢中一般含铬量必须符合 Tamman 定律，即 Cr/Fe 的原子数之比为 1/8 或 2/8，铬含量越高，耐蚀性越好，但不超过 30%，否则会降低钢的韧性。

2. 镍

镍是扩大奥氏体相区的元素，镍加入到一定的量后能使不锈钢呈单相奥氏体组织，可改善钢的塑性及加工、焊接等性能。镍还能提高钢的耐热性。

3. 钼

由于钼可在 Cl^- 中钝化，可提高不锈钢抗海水腐蚀的能力，同时不锈钢中加入钼还能显著提高不锈钢耐全面腐蚀及局部腐蚀的能力。

4. 碳

碳在不锈钢中具有两重性，因为碳的存在能显著扩大奥氏体组织并提高钢的强度，而另一方面钢中碳含量增多会与铬形成碳化物，即碳化铬，使固溶体中含铬量相对减少，大量微电池的存在会降低钢的耐蚀性。尤其是降低抗晶间腐蚀能力，易使钢产生晶间腐蚀，因而对要求以耐蚀性为主的不锈钢中应降低含碳量。大多数耐酸不锈钢含碳量<0.08%，超低碳不锈钢的含碳量<0.03%，随含碳量的降低，可提高耐晶间腐蚀、点蚀等局部腐蚀的能力。

5. 锰和氮

锰和氮是有效扩大奥氏体相区的元素，可以用来代替镍获得奥氏体组织。锰不仅可以稳定奥氏体组织，还能增加氮在钢中的溶解度。但锰的加入会促使含铬较低的不锈钢耐蚀性降低，使钢材加工工艺性能变坏，因此在钢中不单独使用锰，只用它来代替部分镍。在钢中加入氮在一定程度上可提高钢的耐蚀能力，但氮在钢中能形成氮化物，而使钢易于产生点蚀。不锈钢中氮含量一般在 0.3%以下，否则钢材气孔量会增多，力学性能变差。氮与锰共同加入钢中起节省镍元素的作用。

6. 硅

硅在钢中可以形成一层富硅的表面层，硅能提高钢耐浓硝酸和发烟硝酸的能力，改善钢液流动性，从而获得高质量耐酸不锈钢铸件。硅又能提高抗点蚀的能力，尤其与钼共存时可大大提高耐蚀性和抗氧化性，可抑制在含 Cl^- 介质中的腐蚀。

7. 铜

在不锈钢中加入铜，可提高抗海水 Cl^- 侵蚀及抗盐酸侵蚀的能力。

8. 钛和铌

钛和铌都是强碳化物形成元素。不锈钢中加入钛和铌，主要是与碳优先形成 TiC 或 NbC 等碳化物，可避免或减少碳化铬（$Cr_{23}C_6$）的形成，从而可降低由于贫铬而引起的晶间腐蚀的敏感性，一般稳定化不锈钢中都加入钛。由于钛易于氧化烧损，因而焊接材料中多加入铌。

表 4-15 列出化学成分与国外钢号对照，表 4-16 列出常用铬镍奥氏体不锈钢的钢号。

表 4-15　常用铬镍奥氏体不锈钢与相应的外国钢号对照

中国国标（GB 1220-75）	相近似的外国钢号					
	美国（AISI）	日本（JIS）	法国（NF）	德国（DIN）	英国（BS）	前苏联（ГОСТ）
0Cr18Ni9	304	SUS304（27）	Z6CN18-9	X5CrNi189（4031）	BS304S15 EN58E	08X18H10
00Cr18Ni10	304L	SUS304L（28）	Z2CN18-10	X2CrNi189（4306）	BS304S12	03X18H10
1Cr18Ni9	302	SUS302（40）	Z10CN18-9	X12CrNi188（4300）	BS302S25 EN58A	1X18H9
0Cr18Ni9Ti	321	SUS321（29）	Z6CNT18-11		BS321S12	
1Cr18Ni9Ti			Z10CNT18-11	X10CrNiTi189（4541）	BS321S20 EN5813	1X18H10T
1Cr18Ni11Nb	347	SUS347（43）		X10CrNiNb189（4550）	BS347S17 EN58G	08X18H12B
00Cr17Ni14Mo2	316L	SUS316L（33）	Z2CND17-12	X2CrNiMo1810（4404）	BS316S12	
00Cr17Ni14Mo3	317L	SUS317L	Z2CND17-13			03X17H14M3
0Cr18Ni12Mo2Ti	316（无钛）	SUS316（32）（无钛）	Z6CND17-12（无钛）	X5CrNiMo1810（4401）（无钛）		
0Cr18Ni12Mo3Ti	317（无钛）	SUS317		X5CrNiMo1812（4436）（无钛）		
1Cr18Ni12Mo2Ti			Z8CNDT 17-12	X10CrNiMoTi1810（4571）	BS315S16 EN58H（无钛）	
1Cr18Ni12Mo3Ti				X10CrNiMoTi1812（4573）	BS316S16 EN58J（无钛）	
00Cr18Ni14Mo2Cu2		SUS316JIL				
0Cr23Ni28Mo3Cu3Ti	Carpenter-20（铬稍低，无钛）					
1Cr18Mn8Ni5N	204		Z10CMnN 19-9			X17r3AH4

表 4-16　常用铬镍奥氏体不锈钢的钢号与化学成分(GB 1220—75)

钢　号	化　学　成　分/%								
	C	Si	Mn	S	P	Cr	Ni	Ti	Mo	其　他
0Cr18Ni9	≤0. 06	≤1. 00	≤2. 00	≤0. 030	≤0. 035	17. 00～19. 00	8. 00～11. 00			
00Cr18Ni10	≤0. 03	≤1. 00	≤2. 00	≤0. 030	≤0. 035	17. 00～19. 00	8. 00～12. 00			
1Cr18Ni9	≤0. 12	≤1. 00	≤2. 00	≤0. 030	≤0. 035	17. 00～19. 00	8. 00～11. 00			
0Cr18Ni9Ti	≤0. 08	≤1. 00	≤2. 00	≤0. 030	≤0. 035	17. 00～19. 00	8. 00～11. 00	5×C%～0. 70		
1Crl8Ni9Ti	≤0. 08	≤1. 00	≤2. 00	≤0. 030	≤0. 035	17. 00～19. 00	8. 00～11. 00	5×(C%～0. 02)～0. 80		
1Cr18Ni11N6	≤0. 10	≤1. 00	≤2. 00	≤0. 030	≤0. 035	17. 00～20. 00	9. 00～13. 00			Nb 8×C%～1. 50
00Cr17Ni14Mo2	≤0. 03	≤1. 00	≤2. 00	≤0. 030	≤0. 035	16. 00～18. 00	12. 00～16. 00		1. 80～2. 50	
00Cr17Ni14Mo3	≤0. 03	≤1. 00	≤2. 00	≤0. 030	≤0. 035	16. 00～18. 00	12. 00～16. 00		2. 50～3. 50	
0Cr18Ni12Mo2Ti	≤0. 08	≤1. 00	≤2. 00	≤0. 030	≤0. 035	16. 00～19. 00	11. 00～14. 00	5×C%～0. 70	1. 80～2. 50	
0Cr18Ni12Mo3Ti	≤0. 08	≤1. 00	≤2. 00	≤0. 03	≤0. 035	16. 00～19. 00	11. 00～14. 00	5×C%～0. 70	2. 50～3. 50	
1Cr18Ni12Mo2Ti	≤0. 12	≤1. 00	≤2. 00	≤0. 030	≤0. 035	16. 00～19. 00	11. 00～14. 00	5×(C%～0. 02)～0. 80	1. 80～2. 50	
1Cr18Ni12Mo3Ti	≤0. 12	≤1. 00	≤2. 00	≤0. 030	≤0. 035	16. 00～19. 00	11. 00～14. 00	5×(C%～0. 02)～0. 80	2. 50～3. 50	
00Cr18Ni14Mo2Cu2	≤0. 03	≤1. 00	≤2. 00	≤0. 030	≤0. 035	17. 00～19. 00	11. 00～14. 00		1. 20～2. 50	Cu 1. 80～2. 20
0Cr18Ni18Mo2Cu2Ti	≤0. 07	≤1. 00	≤2. 00	≤0. 030	≤0. 035	17. 00～19. 00	17. 00～19. 00	≥7×C%	1. 80～2. 20	Cu 1. 80～2. 20
0Cr23Ni28Mo3Cu3Ti	≤0. 06	≤0. 80	≤0. 80	≤0. 030	≤0. 035	22. 00～25. 00	26. 00～29. 00	0. 40～0. 70	2. 50～3. 00	Cu 2. 50～3. 50
18Cr18Mn8Ni5N	≤0. 10	≤1. 00	7. 50～10. 00	≤0. 030	≤0. 060	17. 00～19. 00	4. 00～6. 00			N 0. 15～0. 25

四、应用及经济评价

按照铬不锈钢及铬镍不锈钢两大基本类型，分别从其金相组织及耐蚀性能来讨论化工过程中的应用情况。

1. 铬不锈钢

铬不锈钢包括 Cr13 型及 Cr17 型两大基本类型。

（1）Cr13 型不锈钢

这类钢一般包括 0Cr13、1Cr13、2Cr13、3Cr13、4Cr13 等钢号，含铬量 12%~14%。

① 金相组织。除 0Cr13 外，其余的钢种在加热时有铁素体-奥氏体转变，淬火时可得到部分马氏体组织，因而习惯上称为马氏体不锈钢。实际上 0Cr13 没有相变，是铁素体钢；1Cr13 为马氏体-铁素体钢，2Cr13、3Cr13 为马氏体钢；4Cr13 为马氏体-碳化物钢。

② 耐蚀性能及其应用。大多数情况下 Cr13 型不锈钢都经淬火、回火以后使用。淬火温度随含碳量增高及要求硬度的增大而上升，一般控制在 1000~1050℃，保证碳化物充分溶解，以得到高硬度并提高耐蚀性。0Cr13 由于不存在相变，所以不能通过淬火强化。0Cr13 含碳量低，耐蚀性比其他 Cr13 好，在正确热处理条件下有良好的塑性与韧性。它在热的含硫石油产品中具有高的耐蚀性能，可耐含硫石油及硫化氢、尿素生产中高温氨水、尿素母液等介质的腐蚀。因此它可用于石油工业，还可用于化工生产中防止产品污染而压力又不高的设备。

1Cr13、2Cr13 在冷的硝酸、蒸汽、潮湿大气和水中有足够的耐蚀性，在淬火、回火后可用于耐蚀性要求不高的设备零件，如尿素生产中与尿素液接触的泵件、阀件等，并可制作汽轮机的叶片。

3Cr13、4Cr13 含碳量较高，主要用于制造弹簧、阀门、阀座等零部件。

Cr13 型马氏体钢在一些介质（如含卤素离子溶液）中有点蚀和应力腐蚀破裂的敏感性。

（2）Cr17 型不锈钢

这类钢的主要钢号有 1Cr17、0Cr17 Ti、1Cr17 Ti、1Cr17Mo2 Ti 等。

① 金相组织。这类钢含碳量较低而含铬量较高，均属铁素体钢，铁素体钢加热时不发生相变，因而不可能通过热处理来显著改善钢的强度。

② 耐蚀性能及其应用。由于含铬量较高，因此对氧化性酸类（如一定温度及浓度的硝酸）的耐蚀性良好，可用于制造硝酸、维尼纶和尿素生产中一定腐蚀条件下的设备，还可制作其他化工过程中腐蚀性不强的防止产品污染的设备。又如 1Cr17Mo2Ti，由于含钼，提高了耐蚀性，能耐有机酸（如醋酸）的腐蚀，但其韧性及焊接性能与 1Cr17Ti 相同。

由于 Cr17 型不锈钢较普遍地存在高温脆性等问题，因此在 Cr17 型不锈钢的基础上加镍和碳，发展成 1Cr17Ni2 钢种。镍和碳均为稳定奥氏体元素，当加热到高温时，部分铁素体转变为奥氏体，这样淬火时能得到部分马氏体，提高其力学性能，通常列为马氏体型不锈钢，其特点是既有耐蚀性又有较高的力学性能。这种钢在一定程度上仍有高铬钢的热脆性敏感等缺陷，常用于既要求有高强度又要求耐蚀的设备，如硝酸工业中氧化氮透平鼓风机的零部件。又可在 Cr17 型不锈钢基础上提高含铬量至 25%或 25%以上，得到 Cr25 型不锈钢，这种钢的耐热和耐蚀性能都有了提高。常用的有 1cr25Ti、1Cr28，可用于强氧化性介质中的设备材料，也可用于抗高温氧化的材料。1Cr28 不适宜于焊接。

③ 经济评价。铬不锈钢与铬镍不锈钢相比较，价格较低，但由于其脆性、焊接工艺等问题，化工过程中应用不是很多，多用于腐蚀性不强或无压力要求的场合。

2. 铬镍奥氏体不锈钢

铬镍奥氏体不锈钢是目前使用最广泛的一类不锈钢，其中最常见的就是18—8型不锈钢。18—8型不锈钢又包括加钛或铌的稳定型钢种、加钼的钢种(常称为18—12—Mo型不锈钢)及其他铬镍奥氏体不锈钢。

(1) 金相组织

在这类钢的合金元素中，镍、锰、氮、碳等是扩大奥氏体相区的元素。含铬17%~19%的钢中加入7%~9%的镍，加热到1000~1100℃时，就能使钢由铁素体转变为均一的奥氏体组织。由于铬是扩大铁素体相区元素，当钢中含铬量增加时，为了获得奥氏体组织，就必须相应增加镍含量。碳虽然是扩大奥氏体相区的元素，但当含碳量增加时将影响钢的耐蚀性，并影响冷加工性能。所以国际上普遍发展含碳量低的超低碳不锈钢，甚至超超低碳不锈钢，即使一般的18—8钢含碳量也多控制在0.08%以下(如中国GB 1220—75中规定0Cr18Ni9中的含碳量≤0.06%)，而适当地提高镍、锰、氮等扩大奥氏体相区的元素以稳定奥氏体组织。有些钢的含镍量较低或完全无镍，如1Cr18Mn8Ni5N、0Cr17Mn13N，它们就是用锰和氮代替18—8型不锈钢中的部分或全部镍以得到奥氏体组织的钢种，也属于奥氏体钢，一般称为铬锰氮系不锈钢。

(2) 耐蚀性能及其应用

18—8型不锈钢具有良好的耐蚀性能及冷加工性能，因而获得了广泛的应用，几乎所有化工过程的生产中都采用这一类钢种。

① 普通18—8型不锈钢。耐硝酸、冷磷酸及其他一些无机酸、许多种盐类及碱溶液、水和蒸汽、石油产品等化学介质的腐蚀，但是对硫酸、盐酸、氢氟酸、卤素、草酸、沸腾的浓苛性碱及熔融碱等的化学稳定性则差。

18—8型不锈钢在化学工业中主要用途之一是用以处理硝酸，它的腐蚀速度随硝酸浓度和温度的变化而变化。例如18Cr—8Ni不锈钢耐稀硝酸腐蚀性能很好，但当硝酸浓度增高时，只有在很低温度下才耐蚀。

② 含钛的18—8型不锈钢(0Cr18Ni9Ti、1Cr18Ni9Ti)。这是用途广泛的一类耐酸耐热钢。由于钢中的钛促使碳化物的稳定，因而有较高的抗晶间腐蚀性能，经1050~1100℃在水中或空气中淬火后呈单相奥氏体组织。在许多氧化性介质中有优良的耐蚀性，在空气中的热稳定性也很好，可达850℃。

③ 含钼的18—8型不锈钢。这是在18Cr—8Ni型钢中增加铬和镍的含量并加入2%~3%的钼，形成了含钼的18Cr—12Ni型的奥氏体不锈钢。这类钢提高了钢的抗还原性酸的能力，在许多无机酸、有机酸、碱及盐类中具有耐蚀性能，从而提高了在某些条件下耐硫酸和热的有机酸性能，能耐50%以下的硝酸、碱溶液等介质的腐蚀，特别是在合成尿素、维尼纶及磷酸、磷铵的生产中，对熔融尿素、醋酸和热磷酸等强腐蚀性介质有较高的耐蚀性。其耐蚀原因主要是由于钼加强了钢在甲铵液中(尿素生产中主要的强腐蚀性介质)的钝化作用。

这类钢包括不含钛的、含钛的和超低碳的一系列18—12—Mo钢，其中含钛的(如0Cr18Ni12Mo2Ti)和超低碳的(如00cr17Ni14Mo2)钢种一般情况下均无晶间腐蚀倾向，因此在多种用途中比18Cr-8Ni钢优越，同时耐点蚀性能也比18Cr—8Ni钢好。

④ 节镍型铬镍奥氏体不锈钢(如1Cr18Mn8Ni5N)。是添加锰、氮以节镍而获得的奥氏体组织不锈钢，在一定条件下部分代替18—8型不锈钢，它可耐稀硝酸和硝铵腐蚀；可用于硝

酸、化肥的生产设备和零部件。在这种钢的基础上进一步加锰节镍，发展了完全无镍的0Cr17Mn13N奥氏体不锈钢，耐蚀性与1Cr18Mn8Ni5N近似，也可用于稀硝酸和耐蚀性不太苛刻的条件，以代替18—8型不锈钢。

⑤ 含钼、铜的高铬高镍奥氏体不锈钢。这类钢有高的铬、镍含量并加钼与铜，提高了耐还原性酸的性能，常用作条件苛刻的耐磷酸、硫酸腐蚀的设备。国外发展多种耐硫酸腐蚀的合金如Durimet-20、Carpenter-20、ESCO—20等，它们的成分和性能近似，常称为20号合金，具有奥氏体组织，具有接近18—8型不锈钢的力学性能。

在化工生产过程中，18—8型不锈钢如0Cr18Ni9、0Cr18Ni9Ti、1Cr18Ni9Ti等已大量用于合成氨生产中抗高温高压氢、氮气腐蚀的装置(合成塔内件)；用于脱碳系统腐蚀严重的部位；尿素生产中常压下与尿素混合液接触的设备；苛性碱生产中浓度小于45%、温度低于120℃的装置；合成纤维工业中防止污染的装置；也常用作高压蒸汽、超临界蒸汽的设备和零部件；此外还广泛用于制药、食品、轻工业及其他许多工业部门。同时，由于它们在高温时具有高的抗氧化能力及高温强度，因而又常用作一定温度下的耐热部件。它们还有很高的抗低温冲击韧性，常用作空分、深冷净化等深冷设备的材料。近来，随着工业的发展，在一些环境苛刻的部位多采用超低碳的00Cr18Ni10钢。

铬镍奥氏体不锈钢是应用最广泛的不锈钢，这类钢品种多、规格全，不但具有优良的耐蚀性，还具有优异的加工性能、力学性能及焊接性能。这类钢根据合金量、材料截面形状及尺寸的变化价格相差很大。

3. 奥氏体-铁素体型双相不锈钢

奥氏体-铁素体型双相不锈钢指的是钢的组织中既有奥氏体又有铁素体，因而性能兼有两者的特征。由于奥氏体的存在，降低了高铬铁素体钢的脆性，改善了晶体长大倾向，提高了钢的韧性和可焊性；而铁素体的存在，显著改善了钢的抗应力腐蚀破裂性能和耐晶间腐蚀性能，并提高了铬镍奥氏体的强度。

由于钢的组织为双相，有可能在介质中形成微电池，电池中阳极优先腐蚀，即相的选择性腐蚀，但如果使两相都能在介质中钝化，也就有可能不会发生此种现象。生产实践证明，0Cr17Mn13Mo2N及1Cr18Mn10Ni5Mo3N用于高效半循环法尿素合成塔内套，效果很好，这说明耐蚀性不完全与组织有关，而是与产生钝态的合金元素有很大关系。

第六节　有色金属及其合金

在化工生产过程中为了满足各种复杂的工艺条件，除了大量使用铁碳合金以外，还应用一部分有色金属及其合金。例如，广泛使用的铝、铜、镍、铅、钛及具有优异耐蚀性能的高熔点金属，如钽、锆等金属。

有色金属和黑色金属相比，具有许多优良的特殊性能，例如许多有色金属有良好的导电性、导热性，优良的耐蚀性，良好的耐高温性，突出的可塑性、可焊性、可铸造及切削加工性能等。

现简略介绍几种有色金属及其合金，重点是它们的耐蚀性能。

一、铝及铝合金

铝及铝合金在工业上广泛应用。铝是轻金属，密度2.7g/cm^3，约为铁的1/3，铝的熔点较低(657℃)，有良好的导热性与导电性，塑性高，但强度低；铝的冷韧性好，可承受各种压力加工，铝的焊接性与铸造性差，这是由于它易氧化成高熔点的 Al_2O_3。铝的电极电位很低($E^0_{Al^{3+}/Al}=-1.66V$)，是常用金属材料中最低的一种。由于铝在空气及含氧的介质中能自钝化，在表面生成一层很致密又很牢固的氧化膜，同时破裂时能自行修复。因此，铝在许多介质中都很稳定，一般说来，铝越纯越耐蚀。

(一) 铝的耐蚀性能

铝在大气及中性溶液中是很耐蚀的，这是由于在 pH 值=4~11 的介质中，铝表面的钝化膜具有保护作用，即使在含有 SO_2 及 CO_2 的大气中，铝的腐蚀速度也不大。铝在 pH 值>11 时出现碱性侵蚀，铝在 pH 值<4 的淡水中出现酸性侵蚀，活性离子如 Cl^- 的存在将使局部腐蚀加剧。水中如含有 Cu^{2+}，会在铝上沉积出来，使铝产生点蚀。水中存在 CrO_4^-、$Cr_2O_7^{2-}$、PO_4^{3-}、SiO_3^{2-} 等离子时对铝则产生缓蚀作用。

铝在强酸强碱中的耐蚀性取决于氧化膜在介质中的溶解度。铝在稀硫酸中和发烟硫酸中稳定，在中等和高浓度的硫酸中不稳定，因为此时氧化膜被破坏。铝在硝酸中的耐蚀情况见图 4-7，当浓度在 25% 以下时，腐蚀随浓度增加而增大，继续增加酸的浓度则腐蚀速度下降，浓硝酸实际上不起作用，因此，可用铝制槽车运浓硝酸。铝的膜层在苛性碱中无保护作用，因此在很稀的 NaOH 或 KOH 溶液中就可溶解，但能耐氨水的腐蚀。

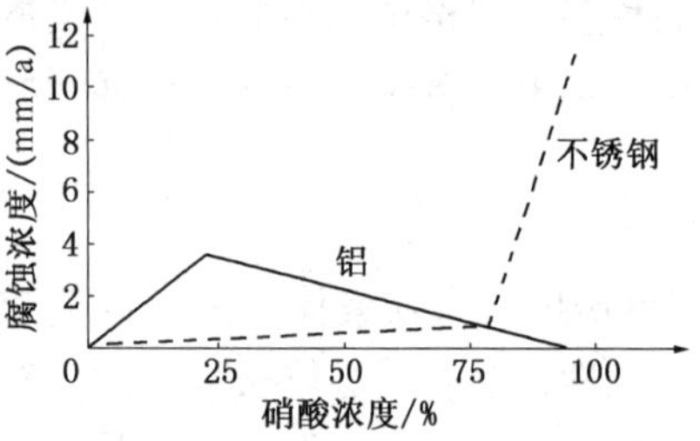

图 4-7 铝及铬镍不锈钢的腐蚀率与硝酸浓度的关系

在非氧化性酸中铝不耐蚀，如盐酸、氢氟酸等，对室温下的醋酸有耐蚀性，但在甲酸、草酸等有机酸中不耐蚀。

在一些特定的条件下，铝能发生晶间腐蚀与点蚀等局部腐蚀，如铝在海水中通常会由于沉积物等原因形成氧浓差电池而引起缝隙腐蚀。不论在海水还是淡水中，铝都不能与正电性强的金属(如铜等)直接接触，以防止产生电偶腐蚀。

在化学工业中常采用高纯铝制造储槽、槽车、阀门、泵及漂白塔；可用工业纯铝制造操作温度低于 150℃ 的浓硝酸、醋酸、碳铵生产中的塔器、冷却水箱、热交换器、储存设备等。

由于铝离子无毒、无色，因而常应用于食品工业及医药工业；铝的热导率是碳钢的 3 倍，导热性好，特别适于制造换热设备；铝的低温冲击韧性好，适于制造深冷装置。

(二) 铝合金的耐蚀性能

铝合金的力学性能较铝好，但耐蚀性则不如纯铝，因此化工中用得不很普遍。一般多利用它强度高、质量轻的特点而应用于航空等工业部门。在化工中用得较多的是铝硅合金(含硅 11 %~13%)，它在氧化性介质中表面生成氧化膜，常用于化工设备的零部件(铸件)，这是由于铝硅合金的铸造性较好。

硬铝(杜拉铝)是铝—镁—硅合金系列，力学性能好，但耐蚀性差，在化工生产中常把它与纯铝热压成双金属板，作为既有一定强度又耐腐蚀的结构材料，硬铝也用在深冷设备的制造上。铝和铝合金的耐蚀性与焊接工艺有密切关系，因此在制造及应用中要注意正确掌握焊接工艺。制造过程中还必须尽量消除残余应力；使用过程中不可与正电性强的金属接触，防止电偶腐蚀；还应注意保护氧化膜不受损伤，以免影响铝和铝合金的耐蚀性能。某些高强度铝合金在海洋大气、海水中有应力腐蚀破裂倾向，其敏感性的大小有明显的方向性，多种材料当所受应力垂直于轧制方向时，敏感性较大。因而可采用改变应力方向(如锻打)来降低铝的应力腐蚀破裂倾向。

二、铜及铜合金

铜的密度为 8.93g/cm^3，熔点为 1283℃，铜的强度较高，塑性、导电导热性很好。在低温下，铜的塑性和抗冲击韧性良好，因此铜可以制造深冷设备。铜的电极电位较高($E^0_{Cu^{2+}/Cu}=+0.34V$)，化学稳定性较好。

(一) 铜的耐蚀性能

铜在大气中是稳定的，这是腐蚀产物形成了保护层的缘故。潮湿的含 SO_2 等腐蚀性气体的大气会加速铜的腐蚀。

铜在停滞的海水中是很耐蚀的，但如果海水的流速增大，保护层较难形成，铜的腐蚀加剧。铜在淡水中也很耐蚀，但如果水中溶解了 CO_2 及 O_2，这种具有氧化能力并有微酸性的介质可以阻止保护层的形成，因而将加速铜的腐蚀。由于铜是正电性金属，因此铜在酸性水溶液中遭受腐蚀时，不会发生析氢反应。

在氧化性介质中铜的耐蚀性较差，如在硝酸中铜迅速溶解。铜在常温下低浓度的不含氧的硫酸和亚硫酸中尚稳定；但当硫酸浓度高于 50%，温度高于 60℃时，腐蚀加剧；铜在浓硫酸中迅速溶解。所以处理硫酸的设备、阀门等的零部件一般均不用铜。铜在很稀的盐酸中，没有氧或氧化剂时尚耐蚀，随着温度和浓度的增高，腐蚀加剧；如果有氧或氧化剂存在则腐蚀更为剧烈。

在碱溶液中铜耐蚀，在苛性碱溶液中也稳定，氨对铜的腐蚀剧烈，因为转入溶液的铜离子会形成铜氨配位离子。

在 SO_2、H_2S 等气体中，特别在潮湿条件下铜遭受腐蚀。

由于铜的强度较低，铸造性能也较差，因而常添加一些合金元素来改善这些性能。不少铜合金的耐蚀性也比纯铜好。

总之，铜是耐蚀性很好的金属材料之一，但在使用时应注意避免下列介质环境：

① 氧化性酸(硝酸、浓硫酸等)及含氧化剂的非氧化性酸；

② 含氧化性盐类的介质；

③ 硫化物(如 H_2S)；

④ 有溶氧的高速流水；

⑤ 含 NH_4^+ 或 CN^- 的介质。

(二) 铜合金的耐蚀性能

1. 黄铜

黄铜是一系列的铜锌合金。黄铜的力学性能和压力加工性能较好。一般情况下耐蚀性与铜接近，但在大气中耐蚀性比铜好。

为了改善黄铜的性能，有些黄铜除锌以外还加入锡、铝、镍、锰等合金元素成为特种黄铜。例如含锡的黄铜，加入锡的主要作用是为了降低黄铜脱锌的倾向及提高在海水中的耐蚀性，同时还加入少量的锑、砷或磷可进一步改进合金的抗脱锌性能。这种黄铜广泛用于海洋大气及海水中作结构材料，因而又称为海军黄铜。

黄铜在某些普通环境中(如水、水蒸气、大气中)，在应力状态下可能产生应力腐蚀破裂。黄铜弹壳的破裂就是最早出现的应力腐蚀破裂(又叫黄铜季裂)，动力装置中黄铜冷凝管也出现破裂问题。此外，氨(或从铵类分解出来的氨)是使铜合金(黄铜和青铜)破裂的腐蚀剂。对黄铜来说，其耐破裂性能随铜含量的增加而增强，如含铜量 85% 的黄铜要比含铜量65%的黄铜具有较好的耐破裂性能。由于黄铜制件中的应力大多来源于冷加工产生的残余应力，因而可通过退火消除这种残余应力以解决破裂中的应力因素。

2. 青铜

青铜是铜与锡、铝、硅、锰及其他元素所形成的一系列合金，用得最广泛的是锡青铜，通常所说的青铜就是指的锡青铜。锡青铜的力学性能、耐磨性、铸造性及耐蚀性良好，是中国历史上最早使用的金属材料之一。锡青铜在稀的非氧化性酸以及盐类溶液中有良好的耐蚀性，在大气及海水中很稳定，但在硝酸、氧化剂及氨溶液中则不耐蚀。锡青铜有良好的耐冲刷腐蚀性能，因而主要用于制造耐磨、耐冲刷腐蚀的泵壳、轴套、阀门、轴承、旋塞等。

铝青铜的强度高，耐磨性好，耐蚀性和抗高温氧化性良好，它在海水中耐空泡腐蚀及腐蚀疲劳性能比黄铜优越，应力腐蚀破裂的敏感性也较黄铜小，此外还有铜镍、铜铍等许多种类的铜合金。

三、镍及镍合金

镍的密度为8.907g/cm^3，熔点1450℃，镍的强度高，塑性、延展性好，可锻性强，易于加工，镍及其合金具有非常好的耐蚀性。由于镍基合金还具有非常好的高温性能，所以发展了许多镍基高温合金以适应现代科学技术发展的需要。镍的电极电位 $E^0_{Ni^{2+}/Ni}=-0.25V$。

（一）镍的耐蚀性能

概括地说，镍的耐蚀性在还原性介质中较好，在氧化性介质中较差。镍的突出的耐蚀性是耐碱，它在各种浓度和各种温度的苛性碱溶液或熔融碱中都很耐蚀。但在高温（300～500℃）、高浓度（75%～98%）的苛性碱中，没有退火的镍易产生晶间腐蚀，因此使用前要进行退火处理。当熔碱中含硫时，可加速镍的腐蚀。含镍的钢种在碱性介质中都耐蚀，就是因为镍在浓碱液中可在钢的表面上生成一层黑色保护膜而具有耐蚀性。

镍在大气、淡水和海水中都很耐蚀。但当大气中含 SO_2 则能使镍在晶界生成硫化物，影响其耐蚀性。

镍在中性、酸性及碱性盐类溶液中的耐蚀性很好；但在酸性溶液中，当有氧化剂存在时，会对镍的腐蚀起到剧烈加速作用。在氧化性酸中，镍迅速溶解；镍对室温时浓度为80%以下的硫酸是耐蚀的，但随温度升高，腐蚀加速。在非氧化性酸中（如室温时的稀盐酸），镍尚耐蚀，当温度升高，腐蚀加速；当有氧化剂存在（如向盐酸或硫酸内通入空气）时，腐蚀速度剧增。镍在许多有机酸中也很稳定，同时镍离子无毒，可用于制药和食品工业。

（二）镍合金的耐蚀性能

镍合金包括许多种耐蚀、耐热或既耐蚀又耐热的合金，它们具有非常广泛的用途，在许多重要的技术领域中获得了应用。常用的有以下几种。

1. 镍铜合金

镍铜合金包括一系列的含镍70%左右、含铜30%左右的合金，即蒙乃尔（Monel）合金。这类合金的强度比较高，加工性能好，在还原性介质中比镍耐蚀，在氧化性介质中又较铜耐蚀，在磷酸、硫酸、盐酸中，盐类溶液和有机酸中都比镍和铜更为耐蚀。它们在大气、淡水及流动的海水中很耐蚀，但应避免缝隙腐蚀。这类合金在硫酸中的耐蚀性较镍好；在温度不高的稀盐酸中尚耐蚀，温度升高时腐蚀加剧。在任何浓度的氢氟酸中，只要不含氧及氧化剂，耐蚀性非常好。在氧化性酸中不耐蚀，蒙乃尔合金在碱液中也很耐蚀。但是在热浓苛性碱中，在氢氟酸蒸气中，当处于应力状态下都有产生应力腐蚀破裂的倾向。

蒙乃尔合金力学性能、加工性能良好，因价格较高，生产中主要用以制造输送浓碱液的泵与阀门。

2. 镍钼铁合金和镍铬钼铁合金

这两个系列的镍合金，称为哈氏合金(Hastelloy 合金)。哈氏合金包括一系列的镍、钼、铁及镍、钼、铬、铁合金，如以镍、钼、铁为主的哈氏合金 A 及哈氏合金 B 为例，在非氧化性的无机酸和有机酸中有高的耐蚀性，如耐 70℃的稀硫酸，对所有浓度的盐酸、氢氟酸、磷酸等腐蚀性介质的耐蚀性能好；以镍钼铬铁(还含钨)为主的哈氏合金 C，就是一种既能耐强氧化性介质的腐蚀又耐还原性介质的腐蚀的优良合金。这种合金对强氧化剂(如氯化铁、氯化铜等以及湿氯)的耐蚀性都好，并且对许多有机酸和盐溶液的腐蚀抵抗能力也很强，被认为是在海水中具有最好的耐缝隙腐蚀性能的材料之一。哈氏合金可以用于 1095℃以下氧化和还原气氛中。在相当高的温度下仍有较高的强度，因而可作为高温结构材料。

哈氏合金在苛性碱和碱性溶液中都是稳定的。

同时，这类合金的力学性能、加工性能良好，可以铸造、焊接和切削，因此在许多重要的技术领域中获得了应用。由于镍合金价格昂贵，镍又是重要的战略资源，在应用时要考虑到经济承受能力和必要性。

四、铅与铅合金

铅是重金属，密度为 11. 34g/cm^3，熔点低(327. 4℃)，导热系数小；硬度低，强度小，不耐磨；容易加工，便于焊接，但铸造性差。Pb 的标准电极电位比较负，为-0. 126V，低于标准氢电位，但在许多介质中有良好的耐蚀性，因而在化工生产中广泛应用，常用于碳钢设备以衬铅、搪铅作为防腐层。

(一) 铅的耐蚀性能

铅很早就被用来作为耐腐蚀材料。铅在很多腐蚀介质中表面会形成致密的腐蚀产物膜。例如，在硫酸中形成致密的硫酸铅，因而耐蚀性良好。特别是在稀硫酸、浓度低于 80%的磷酸、亚硫酸、铬酸和浓度低于 60%的氢氟酸中都是稳定的，但铅在硝酸及醋酸、甲酸等有机酸中形成的腐蚀产物溶解度大，因此不耐蚀。铅只能耐浓度小于 10%的室温盐酸，如果酸中有氧存在，腐蚀速率会迅速增大。在氢氧化钠中铅不耐蚀，但在氨水中是稳定的。

由于铅很软，一般不能单独用做结构，大部分情况下，使用铅作为设备的衬里。铅的毒性较大，目前工业生产中正在逐渐用其他材料取代铅的应用。

(二) 铅合金的耐蚀性能

常用铅合金为硬铅，即铅锑合金，硬度和强度比铅高。铅中加入锑可以提高对硫酸的耐蚀性，但若锑含量过高，反而使铅变脆，因此用于化工设备和管道的铅合金以含锑 6%为宜。硬铅的用途较广，可制造加热管、加料管及泵的外壳等。用于硫酸和含硫酸盐的介质中，弥补了铅耐磨性差的缺陷。

五、钛及钛合金

钛是地球上储量仅次于铁、铝、镁的元素。钛用作结构材料始于 20 世纪 50 年代，是一种较新的材料。钛是轻金属，密度为 4. 5g/cm^3，只有铁的 1/2 略强；熔点为 1725℃。钛和钛合金有许多优良的性能，钛的强度高，具有较高的屈服强度和抗疲劳强度，钛合金在 450~480℃下仍能保持室温时的性能，同时在低温和超低温下也仍能保持其力学性能，随着温度的下降，其强度升高，而延伸性逐渐下降，因而首先被用于航空工业；还由于钛材的耐蚀性好，可耐多种氧化性介质的腐蚀，因此，尽管钛的加工性能较差(其焊接工艺只能在保护性气体中进行)，但仍作为一类新型的结构材料，在航空、航天、化工等领域日益得到广泛应用。

钛的电极电位 $E^0_{Ti^{2+}/Ti}=-1.63V$，是很活泼的金属，但是它有很好的钝化性能，所以钛在许多环境中表现出很高的耐蚀性。

(一) 钛的耐蚀性能

钛的耐蚀性取决于其钝态的稳定性。在许多高温、高压的强腐蚀性介质中，钛的耐蚀性远远优于其他材料，这与钛的氧化膜具有很高的稳定性有关，其稳定程度远远超过铝及不锈钢的氧化膜，而且在机械损坏后能很快修复。

钛在大气、海水和淡水中都有优异的耐蚀性，无论在一般污染的大气与海水中或在较高流速及温度的条件下，钛都有很高的耐蚀性。钛在非氧化性酸中(磷酸、稀硫酸或纯盐酸)是不耐蚀的，但在盐酸中加入氧化剂(如硝酸、铬酸盐等)，可以显著地降低钛在盐酸中的腐蚀率，如在 1 份硝酸、3 份盐酸的混合酸(王水)中，60℃以下时钛基本不腐蚀。当酸中含少量氧化性金属离子(如 Fe^{3+}、Cu^{2+}等)也可使腐蚀减缓。

钛在湿的氧化性介质中很耐蚀，如在任何浓度的硝酸中均有很高的稳定性(红色发烟硝酸除外)。它在压力为 19.62MPa 的尿素合成塔的条件下耐蚀性很好。而在无水的干燥氯气中氧化剧烈，产生自燃，但在潮湿氯气中却又相当稳定。

钛对大多数无机盐溶液是耐蚀的，但不耐 $AlCl_3$的腐蚀；钛在温度不很高的大多数碱溶液中是耐蚀的，但随着溶液温度与浓度的升高，耐蚀性降低。

钛有明显的吸氢现象。不仅在处理含氢介质中是如此，即使介质中不含氢气，仅腐蚀过程中产生的氢，也有可能出现这种现象。钛由于吸氢可使钛变脆而导致破裂，这是钛材应用中的主要问题。钛中含铁，或表面铁的污染，会迅速增高氢的扩散速度，存在的铁越多，钛的吸氢现象越严重。表面污染的铁一般来自制造过程，所以钛制设备的制造施工必须十分注意，焊接必须保证不受污染。对于现场组装的大型装置可预先对钛结构施加阳极电流，这一方面可使表面钝化，同时，还可溶解外来的铁，因而效果很好。但对于强腐蚀环境在必要时需要采用经常性的阳极保护来提供持久的耐蚀性。一般情况下，钛不发生点蚀，晶间腐蚀倾向也小，钛抗腐蚀疲劳性能、耐缝隙腐蚀性能良好，但在湿氯介质中钛会发生缝隙腐蚀。

由于钛的突出的耐蚀性，在化学工业及其他工业部门中用以制造对耐蚀性有特殊要求的设备，如热交换器、反应器、塔器、电解槽阳极、离心机、泵、阀门及管道等，也用于各种设备的衬里。

(二) 钛合金的耐蚀性能

钛合金的力学性能与耐蚀性能均较纯钛有较多提高，少量钯(0.15%)加入钛中形成钛钯合金能促进钝化，改善在非氧化性酸中的耐蚀性，如果非氧化性酸中添加氧化剂更有利于钛钯合金的钝化。

钛钯合金在高温、高浓度氯化物溶液中极耐蚀，且不产生缝隙腐蚀，但对强还原性酸还是不耐蚀的。含钼的钛合金可提高在盐酸中的耐蚀性。高应力状态下的钛合金在某些环境中(如甲醇、高温氯化物等)有应力腐蚀破裂倾向。

第五章　非金属材料的耐蚀性能

非金属材料包括有机非金属材料和无机非金属材料两大类。有机非金属材料包括塑料、橡胶、涂料、木材、复合材料等；无机非金属材料包括玻璃、石墨、陶瓷、水泥等。大多数非金属材料有着良好的耐蚀性能和某些特殊性能，并且原料来源丰富，价格比较低廉，所以近年在化工生产中用得越来越多。采用非金属材料不仅可以节省大量昂贵的不锈钢和有色金属，实际上在某些工况下，已不再是所谓“代材”了，而是任何金属材料所不能替代的。例如，合成盐酸、氯化和溴化过程、合成酒精等生产系统，只有采用了大量非金属材料才使大规模的工业化得以实现。另外，某些要求高纯度的产品，如医药、化学试剂、食品等生产设备，很多都是采用陶瓷、玻璃、搪瓷之类的非金属材料制造。当然，就目前而言，在工程领域里所使用的材料，无论从数量上或使用经验方面仍然是金属材料处于主导地位。但从发展趋势来看，非金属材料的应用比重必将不断增多。

但是，大多数非金属材料较普遍地应用到工业上的历史还不很长，以塑料应用到化学工业上作结构材料来说，最早也只能追溯到 20 世纪 30 年代。而对非金属材料综合性能的提高、施工技术的改进，则还处于初期发展阶段，需要更多的人去研究、探索。

本章主要介绍几种在化工防腐蚀工程中应用较广的非金属材料。

第一节　概　　述

一、一般特点

非金属材料与金属材料相比较，具有以下特点。

1. 密度小，机械强度低

绝大多数非金属材料的密度都很小，即使是密度相对较大的无机非金属材料（如辉绿岩铸石等）也远小于钢铁。非金属材料的机械强度较低，刚性小，在长时间的载荷作用下，容易产生变形或破坏。

2. 导热性差（石墨除外）

导热、耐热性能差，热稳定性不够，致使非金属材料一般不能用作热交换设备（除石墨外），但可用作保温、绝缘材料。同时非金属设备也不能用于温度过高、温度变化较大的环境中。

3. 原料来源丰富，价格低廉

天然石材、石灰石等直接取自于自然，以石油、煤、天然气、石油裂解气等为原料制成的有机合成材料种类繁多，产量巨大，为社会提供大量质优价廉的防腐材料。

4. 优越的耐蚀性能

非金属材料的耐蚀性能主要取决于材料的化学组成、结构、孔隙率、环境的变化对材料性能的影响等。如以碳酸钙为主要成分的非金属材料易遭受无机酸腐蚀，但耐碱性良好；以二氧化硅为主要成分的非金属材料易遭受浓碱的腐蚀，但耐酸性良好。对有机高分子材料来说，一般它们的相对分子质量越大，耐蚀性越好。有机高分子材料的破坏，多数是由于氧化作用引起的，如强氧化性酸(硝酸、浓硫酸等)能腐蚀大多数的有机高分子材料。有机溶剂也能溶解很多有机高分子材料。

有时非金属材料的破坏不一定是它的耐蚀性不好，而是由于它的物理、力学性能不好引起的，如温度的骤变、材料的各组成部分线膨胀系数的不同、材料的易渗透性或其他方面的原因，都有可能引起材料的破坏。

有些非金属材料长期载荷下的机械强度与短期载荷下所测定的机械强度有较大的差别，在进行设备设计时应充分考虑这种因素。

二、非金属材料的腐蚀

绝大多数非金属材料是非电导体，即使是少数导电的非金属材料(如石墨)，在溶液中也不会离子化，所以非金属材料的腐蚀一般不是电化学腐蚀，而是纯粹的化学或物理的作用，这是与金属腐蚀的主要区别。金属的物理腐蚀只在极少数环境中发生，而对于非金属则是常见的现象。

当非金属材料表面和介质接触后，介质会逐渐扩散到材料内部。表面和内部都可能产生一系列变化，如聚合物分子起了变化，可引起物理机械性能的变化，即强度降低、软化或硬化等；橡胶和塑料受溶剂作用可能全部或部分溶解或溶胀；溶液侵入材料内部后，可引起溶胀或增重；表面可能起泡、变粗糙、变色或失去透明；高分子有机物受化学介质作用可能分解，受热也可能分解；在日光照射下逐渐变质老化等。而这些在金属材料中是少见的。

总之，非金属材料腐蚀破坏的主要特征是物理、机械性能的变化或外形的破坏，不一定是失重，往往还会增重。对金属而言，因腐蚀是金属逐渐溶解(或成膜)的过程，所以失重是主要的。对非金属，一般不测失重，而以一定时间内强度的变化或变形程度来衡量破坏程度。

第二节　塑　　料

一、定义及特性

1. 塑料的定义

塑料是以合成树脂为主要原料，再加入各种助剂和填料组成的一种可塑制成型的材料。

2. 塑料的特性

① 质轻。塑料的密度大多在$(0.8\sim2.3)\times10^3kg/m^3$之间，只有钢铁的1/8~1/4。这一特点，对于要求减轻自重的设备具有重要的意义。

② 优异的电绝缘性能。各种塑料的电绝缘性能都很好，是电机、电器和无线电、电子工业中不可缺少的绝缘材料。

③ 优良的耐腐蚀性能。很多塑料在一般的酸、碱、盐、有机溶剂等介质中均有良好的耐蚀性能。特别是聚四氟乙烯塑料更为突出，甚至连“王水”也不能腐蚀它。塑料的这一性能，使它们在化学工业中有着极为广泛的用途，可作为设备的结构材料、管道和防腐衬里等。

④ 良好的成型加工性能。绝大多数塑料成型加工都比较容易，而且形式多种多样，有的可采用挤压、模压、注射等成型方法，制造多种复杂的零部件，不仅方法简单，而且效率也高。有的可像金属一样，采用焊、车、刨、铣、钻等方法进行加工。

⑤ 热性能较差。多数塑料的耐热性能较差，且导热性不好，一般不宜用作换热设备；热膨胀系数大，制品的尺寸会受温度变化的影响。

⑥ 力学性能较差。一般塑料的机械强度都较低，特别是刚性较差。在长时间载荷作用下会产生破坏。

⑦ 易产生自然老化。塑料在存放或在户外使用过程中，因受日照和大气的作用，性能会逐渐变劣，如强度下降、质地变脆、耐蚀性能降低等。

二、组成

塑料的主要成分是树脂，它是决定塑料物理、力学性能和耐蚀性能的主要因素。树脂的品种不同，塑料的性质也就不同。

为改善塑料的性能，除树脂外，塑料中还常加有一定比例的添加剂，以满足各种不同的要求。塑料的添加剂主要有下列几种。

1. 填料

填料又叫填充剂，对塑料的物理、力学性能和加工性能都有很大的影响，同时还可减少树脂的用量，从而降低塑料的成本。常用的填料有玻璃纤维、云母、石墨粉等。

2. 增塑剂

增塑剂能增加塑料的可塑性、流动性和柔软性，降低脆性并改善其加工性能，但使塑料的刚度减弱，耐蚀性降低。因此，用于防腐蚀的塑料，一般不加或少加增塑剂。常用的增塑剂有邻苯二甲酸二丁酯、邻苯二甲酸二辛酯、磷酸三丁酯等。

3. 稳定剂

稳定剂能增强塑料对光、热、氧等老化作用的抵抗力，延长塑料的使用寿命。常用的稳定剂有硬脂酸钡、硬脂酸铅等。

4. 润滑剂

润滑剂能改善塑料加热成型时的流动性和脱模性，防止粘模，也可使制品表面光滑。常用的润滑剂有硬脂酸盐、脂肪酸等。

5. 着色剂

着色剂能增加制品美观及适应各种要求。

6. 其他

除上述几种添加剂外，为满足不同要求还可以加入其他种类的添加剂。如为使树脂固化，需用固化剂；为增加塑料的耐燃性，或使之自熄，需加入阻燃剂；为制备泡沫塑料，需用发泡剂；为消除塑料在加工、使用中因摩擦产生的静电，需加入抗静电剂；为降低树脂黏度、便于施工，可加入稀释剂等。

三、分类

塑料的种类很多，分类的方法也不尽相同，最常用的分类方法是按它们受热后的性能变化，将塑料分为两大类。

1. 热固性塑料

是以缩聚类树脂为基本成分，加入填料、固化剂等其他添加剂制成的。这类塑料在一定温度条件下，固化成型后变为不熔状态，受热不会软化，强热后分解被破坏，不可反复塑制。以环氧树脂、酚醛树脂及呋喃树脂等制得的塑料即属这类塑料。

2. 热塑性塑料

是以聚合类树脂为基本成分，加入少量的稳定剂、润滑剂或增塑剂，加入(或不加)填料制取而成的。这类塑料受热软化，具有可塑性，且可反复塑制。聚氯乙烯、聚乙烯、聚丙烯、氟塑料等属于这类塑料。

四、聚氯乙烯塑料(PVC)

聚氯乙烯塑料是以聚氯乙烯树脂为主要原料，加入填料、稳定剂、增塑剂等辅助材料，经捏合、混炼及加工成型等过程而制得的。

根据增塑剂的加入量不同，聚氯乙烯塑料可分为两类，一般在100份(质量比)聚氯乙烯树脂中加入30~70份增塑剂的称为软聚氯乙烯塑料，不加或只加5份以下增塑剂的称为硬聚氯乙烯塑料。

(一)硬聚氯乙烯塑料

硬聚氯乙烯塑料是中国发展最快，应用最广的一种热塑性塑料。由于硬聚氯乙烯塑料具有一定的机械强度，且焊接和成型性能良好，耐腐蚀性能优越，因此，已成为化工、石油、冶金、制药等工业中常用的一种耐蚀材料。

1. 物理、力学性能

表5-1列出了硬聚氯乙烯塑料的物理、力学性能。

表5-1　硬聚氯乙烯塑料20℃时的物理、力学性能

性能指标	数值	性能指标	数值
密度/(g/cm^3)	1.4~1.5	抗冲击强度/(J/cm^2)	>15
热导率/[kcal/(m·h·℃)]	0.12~0.13	断裂伸长率/%	34
线膨胀系数/$℃^{-1}$	$(5\sim6)\times10^{-5}$	布氏硬度	15~16
马丁耐热度/℃	65	弹性模量/MPa	3200
短时抗拉强度/MPa	≥50		

注：1kcal/(m·h·℃)=4.1868kJ/(m·h·℃)。

从表5-1中数据可以看出，硬聚氯乙烯塑料的物理、力学性能在非金属材料中，可以说是相当优越的。但是，这些数据都是在20℃时短期载荷的情况下的测定结果。随着环境温度的变化和载荷时间的延长，硬聚氯乙烯塑料的力学性能也将随之而起变化。因此，在计算受长期载荷和较高或较低温度条件下运行的设备时，许用应力的选取，必须充分考虑上述因素。

硬聚氯乙烯塑料的强度与温度之间的关系非常密切，一般情况下只有在60℃以下方能保持适当的强度；在60~90℃时强度显著降低；当温度高于90℃时，硬聚氯乙烯塑料不宜用作独立的结构材料。当温度低于常温时，硬聚氯乙烯塑料的冲击韧性随着温度降低而显著降低，因此当采用它制作承受冲击载荷的设备、管道时，必须充分注意这一特点。

2. 耐腐蚀性能

硬聚氯乙烯塑料具有优越的耐腐蚀性能，总的说来，除了强氧化剂(如浓度大于50%的硝酸、发烟硫酸等)外，硬聚氯乙烯塑料能耐大部分的酸、碱、盐类，在碱性介质中更为稳定。在有机介质中，除芳香族碳氢化合物、氯代碳氢化合物和酮类介质、醚类介质外，硬聚氯乙烯塑料不溶于许多有机溶剂。

硬聚氯乙烯塑料的耐蚀性能与许多因素有关。温度越高，介质向硬聚氯乙烯内部扩散的速度就越快，腐蚀就越厉害；作用于硬聚氯乙烯的应力越大，腐蚀速度也越快。

目前对硬聚氯乙烯塑料的耐蚀性能尚无统一的评定标准。一般可根据其外观、体积、质量和力学性能的变化，加上实际生产中的应用情况，综合加以评定。

3. 加工性能

硬聚氯乙烯塑料具有良好的切削加工性能和热成型加工性能。硬聚氯乙烯塑料在烘箱中加热至135℃软化，可在圆柱形木模上成型。硬聚氯乙烯塑料也可以焊接，它的焊接不同于金属的焊接，它不用加热到流动状态，也不形成熔池，而只是把塑料表面加热到黏稠状态，在一定压力的作用下黏合在一起。目前用得最普遍的仍为电热空气加热的手工焊。这种方法焊接的焊缝一般强度较低也不够安全，因此往往采用组合焊缝或外部加强。

4. 应用

由于硬聚氯乙烯塑料具有一定的机械强度，良好的成型加工及焊接性能，且具有优越的耐蚀性能。因此在化学工业中被广泛用作生产设备、管道的结构材料，如塔器、储罐、电除雾器、排气烟囱、泵和风机以及各种口径的管道等。20世纪60年代用硬聚氯乙烯塑料制作的硝酸吸收塔，使用二十余年，腐蚀轻微，效果良好。另外在氯碱行业中已成功地应用硬聚氯乙烯塑料氯气干燥塔；在硫酸生产净化过程中，已成功地应用了硬聚氯乙烯塑料电除雾器等。近年来，人们对聚氯乙烯做了许多改性研究工作，如玻璃纤维增强聚氯乙烯塑料，就是在聚氯乙烯树脂加工时，加入玻璃纤维进行改性，以提高其物理、力学性能；又如导热聚氯乙烯，就是用石墨来改性，以提高导热性能等。

(二)软聚氯乙烯塑料

软聚氯乙烯因其增塑剂的加入量较多，所以其物理、力学性能及耐蚀性能均比硬聚氯乙烯要差。

软聚氯乙烯质地柔软，可制成薄膜、软管、板材以及许多日用品，可用作电线电缆的保护套管、衬垫材料，还可用作设备衬里或复合衬里的中间防渗层等。

五、聚乙烯塑料(PE)

聚乙烯是乙烯的聚合物，按其生产方法可分为高压聚乙烯、中压聚乙烯和低压聚乙烯。

1. 聚乙烯的物理、力学性能及加工性能

聚乙烯塑料的强度、刚度均远低于硬聚氯乙烯塑料，因此不适宜作单独的结构材料，只能用作衬里和涂层。

聚乙烯塑料的机械加工性能近似于硬聚氯乙烯，可以用钻、车、切、刨等方法加工，薄板可以剪切。

聚乙烯塑料热成型温度为105~120℃，可以用木制模具或金属模具热压成型。

聚乙烯塑料的使用温度与硬聚氯乙烯塑料差不多，但聚乙烯塑料的耐寒性很好。

聚乙烯焊接机理同聚氯乙烯，只是焊接时不能用压缩空气作载热介质，以避免聚乙烯塑料的氧化，而要用氮气或其他非氧化性气体。

2. 聚乙烯塑料的耐腐蚀性能

聚乙烯有优越的耐腐蚀性能和耐溶剂性能，对非氧化性酸(盐酸、稀硫酸、氢氟酸等)、稀硝酸、碱和盐类均有良好的耐蚀性。在室温下，几乎不被任何有机溶剂溶解，但脂肪烃、芳烃、卤代烃等能使它溶胀；而溶剂去除后，它又恢复原来的性质。聚乙烯塑料的主要缺点是较易氧化。

3. 聚乙烯塑料的应用

聚乙烯塑料广泛用作农用薄膜、电器绝缘材料、电缆保护材料、包装材料等。聚乙烯塑料可制成管道、管件及机械设备的零部件，其薄板也可用作金属设备的防腐衬里。聚乙烯塑料还可用作设备的防腐涂层。这种涂层就是把聚乙烯加热到熔融状态使其黏附在金属表面，形成防腐保护层。聚乙烯涂层可以采用热喷涂的方法制作，也可采用热浸涂方法制作。

六、聚丙烯塑料(PP)

聚丙烯是丙烯的聚合物。近年来，聚丙烯的发展速度很快，是一种很有发展前途的防腐材料。

1. 物理、力学性能

聚丙烯塑料为无色、无味、无毒的热塑性塑料，是目前商品塑料中密度最小的一种，其密度只有 0.9~0.91g/cm^3；虽然聚丙烯塑料的强度及刚度均小于硬聚氯乙烯塑料，但高于聚乙烯塑料，且其比强度大，故可作为独立的结构材料。

聚丙烯塑料的使用温度高于聚氯乙烯和聚乙烯，可达 100℃，如不受外力作用，在150℃时还可保持不变形。但聚丙烯塑料的耐寒性较差，温度低于0℃，接近-10℃时，材料变脆，抗冲击强度明显降低。另外，聚丙烯的耐磨性也不好。

聚丙烯塑料的主要缺点是膨胀系数大，为金属的5~10倍，比硬聚氯乙烯约大一倍。因此当钢质设备衬聚丙烯时，处理不好易发生脱层现象。在管道安装时，应考虑设置热补偿器。

聚丙烯的热成形与硬聚氯乙烯相仿，也可焊接但不易控制。

2. 耐蚀性能

聚丙烯塑料有优良的耐腐蚀性能和耐溶剂性能。除氧化性介质外，聚丙烯塑料能耐几乎所有的无机介质，甚至到100℃都非常稳定。在室温下，聚丙烯塑料除在氯代烃、芳烃等有机介质中产生溶胀外，几乎不溶解于所有的有机溶剂。

3. 应用

聚丙烯塑料可用作化工管道、储槽、衬里等，还可用作汽车零件、医疗器械、电器绝缘材料、食品和药品的包装材料等。若用各种无机填料增强，可提高其机械强度及抗蠕变性能，用于制造化工设备。若用石墨改性，可制成聚丙烯热交换器。

七、氟塑料

含有氟原子的塑料总称为氟塑料。随着非金属材料的发展，这类塑料的品种不断增加，目前主要的品种有聚四氟乙烯(简称 F-4)、聚三氟氯乙烯(简称 F-3)和聚全氟乙丙烯(简称 F-46)。

(一)聚四氟乙烯塑料(PTFE)

1. 物理、力学性能

常温下聚四氟乙烯塑料的力学性能与其他塑料相比无突出之处，它的强度、刚性等均不如硬聚氯乙烯。但在高温或低温下，聚四氟乙烯的力学性能比一般塑料好得多。

聚四氟乙烯的耐高温、低温性能优于其他塑料，其使用温度范围为-200~250℃。

2. 耐腐蚀性能

聚四氟乙烯具有极高的化学稳定性，完全不与“王水”、氢氟酸、浓盐酸、硝酸、发烟硫酸、沸腾的氢氧化钠溶液、氯气、过氧化氢等作用。除某些卤化胺或芳香烃使聚四氟乙烯塑料有轻微溶胀现象外，酮、醛、醇类等有机溶剂对它均不起作用。对聚四氟乙烯有破坏作用的只有熔融态的碱金属(锂、钾、钠等)、三氟化氯、三氟化氧及元素氟等，但也只有在高温和一定压力下才有明显作用。另外，聚四氟乙烯不受氧或紫外线的作用，耐候性极好，如0.1mm厚的聚四氟乙烯薄膜，经室外暴露6年，其外观和力学性能均无明显变化。

聚四氟乙烯因其优越的耐蚀、耐候性能而被称为“塑料王”。

3. 表面性能及成型加工性能

聚四氟乙烯表面光滑，摩擦系数是所有塑料中最小的(只有0.04)，可用作轴承、活塞环等摩擦部件。聚四氟乙烯与其他材料的黏附性很差。几乎所有固体材料都不能黏附在它的表面，这就给其他材料与聚四氟乙烯黏结带来困难。

聚四氟乙烯的高温流动性较差，因此难以用一般热塑性塑料的成型加工方法进行加工，只能将聚四氟乙烯树脂预压成型，再烧结制成制品。

4. 应用

聚四氟乙烯塑料除常用作填料、垫圈、密封圈以及阀门、泵、管子等各种零部件外，还可用作设备衬里和涂层。由于聚四氟乙烯的施工性能不良，使它的应用受到了一定的限制。

(二)聚三氟氯乙烯塑料(PCTFE)

聚三氟氯乙烯的强度、刚性均高于聚四氟乙烯，但耐热性不如聚四氟乙烯。

聚三氟氯乙烯的耐蚀性能优良，仅次于聚四氟乙烯，对无机酸(包括浓硝酸、王水等氧化性酸)、碱、盐、有机酸、多种有机溶剂等抗蚀能力优良，只有含卤素和氧的一些溶剂(如乙醚、醋酸乙酯、四氯化碳、三氯乙烯等)能使其溶胀，一般在常温下影响不大。不耐高温的氟、氟化物、熔融碱金属(钾、钠、锂等)、熔碱、浓硝酸和发烟硝酸、芳烃等。聚三氟氯乙烯吸水率极低，耐候性也非常优良。

聚三氟氯乙烯高温时(210℃以上)有一定的流动性，其加工性能比聚四氟乙烯要好，可采用注塑、挤压等方法进行加工，也可与有机溶剂配成悬浮液，用作设备的耐腐蚀涂层。

聚三氟氯乙烯在化工防腐蚀中主要用作耐蚀涂层和设备衬里，还可制作泵、阀、管件和密封材料。

(三)聚全氟乙丙烯塑料(FEP)

聚全氟乙丙烯是一种改性的聚四氟乙烯，耐热性稍次于聚四氟乙烯，而优于聚三氟氯乙烯，可在200℃的高温下长期使用。聚全氟乙丙烯的抗冲击性、抗蠕变性均较好。

聚全氟乙丙烯的化学稳定性极好，除使用温度稍低于聚四氟乙烯外，在各种化学介质中的耐蚀性能与聚四氟乙烯相仿。只有熔融碱金属、发烟硝酸、氟化氢对其有破坏作用。

聚全氟乙丙烯的高温流动性比聚三氟氯乙烯好，易于加工成型。可用模压、挤压和注射等成型方法制造各种零件，也可制成防腐涂层。

氟塑料换热器是20世纪60年代发展起来的一种新型换热设备，这种换热器在国外通称泰弗隆换热器，它是用氟塑料软管制成管束，制成管壳式或者沉浸式的换热器。一般情况下，管壳式换热器的腐蚀介质走管内，沉浸式换热器的腐蚀介质走管外。这种换热器是用管径很小的氟塑料管(较为普通的为ϕ2.5mm×0.25mm和ϕ6mm×0.6mm两种规格的管子)很多根(多达数千根)制成的管束。因为管径很小，所以非常紧凑，在较小的容积内可以容纳较大的传热面积，使得单位体积的传热能力有可能比金属的更好。氟塑料换热器由于采用了直径很小的管子，管壁很薄，热阻小，并且氟塑料很光滑，不易结垢，还因为软管在流体的流动状态下经常抖动，即使有沉淀结垢现象，也结不牢，容易剥落下来，随流体带走，所以不易结垢。有这几个方面的原因，就补偿了普通塑料导热性能差的缺点，因而其总传热效果仍然相当好，这就为在一定压力条件下的强腐蚀介质在相当高的温度下(如160~170℃的70%左右的硫酸)的热交换装置开辟了广阔的前景。其还有质量轻、占地面积小等优点，是很有发展前途的一种新型换热设备。

氟塑料在高温时会分解出剧毒产物，所以在施工时，应采取有效的通风方法，操作人员应戴防护面具及采用其他保护措施。

八、氯化聚醚(CPE)

氯化聚醚又称聚氯醚，具有良好的力学性能和突出的耐磨性能。吸水率低，体积稳定性好。氯化聚醚在温度骤变及潮湿情况下，也能保持良好的力学性能，它的耐热性较好，可在-30~120℃的温度下长期使用。氯化聚醚的耐蚀性能优越，仅次于氟塑料，除强氧化剂(如浓硫酸、浓硝酸等)外，能耐各类酸、碱、盐及大多数有机溶剂，但不耐液氯、氟、溴的腐蚀。

氯化聚醚的成型加工性能很好，可用模压、挤压、注射及喷涂等加工成型。成型件可进行车、铣、钻等机械加工。

氯化聚醚可用于制泵、阀、管道、齿轮等设备零件，也可用于防腐涂层，还可作为设备衬里。它的热导率比其他热塑性塑料低得多，是良好的隔热材料。例如，以它作衬里的设备，外部一般不需要额外的隔热层。

九、聚苯硫醚(PPS)

聚苯硫醚具有优良的耐热性能，可在260℃下仍保持良好的抗拉强度和刚性。聚苯硫醚的体积稳定性优良，吸水率低。

聚苯硫醚的耐蚀性能优良，除强氧化性酸(如氯磺酸、硝酸、铬酸等)外，能耐强酸、强碱的作用，甚至在沸腾的盐酸和氢氧化钠中也较稳定。在175℃以下不溶于所有溶剂，在较高温度中，能部分溶于二苯醚、氯化萘、联苯及某些脂肪族的酰胺类化合物中。

聚苯硫醚的成型加工性能较好，可用作生产设备及零部件，也可应用于各种涂装工艺制成涂层。在高温和腐蚀环境中有一定用途。

第三节　防腐蚀涂料

涂料是目前化工防腐中应用最广的非金属材料品种之一。

由于过去涂料主要是以植物油或采集漆树上的漆液为原料经加工制成的，因而称为油漆。我国自古就有用生漆保护埋在土壤中棺木的方法。随着石油化工和有机合成工业的发展，为涂料工业提供了新的原料来源，如合成树脂、橡胶等。这样，油漆的名字就不够确切了，所以比较恰当地应称为涂料。

自涂料广泛用于工业化生产以来，防腐涂料取得了迅速的发展，主要表现在：

① 高分子化学、合成树脂的发展，提供了优良的成膜物质，如环氧树脂、聚氨酯树脂、氟树脂等，其耐蚀性远优于早期的油性漆。

② 用户方面工艺的发展，提出新要求，促使涂料不断进步。如造船厂的保养车间底漆、汽车底的防石击涂料、石油化工厂的热交换器涂料等。

③ 施工应用方法迅速发展，使涂装技术本身已发展成为门类繁多、装备复杂的专门技术，同时也促进了涂料的进步。

④ 各国对防腐涂料做了大量的科研，促进了涂料的不断发展。

⑤ 政府部门对环保、劳动保护的要求，促使开发了无毒的低表面能防污染涂料。

我国涂料工业开创至今已有近百年历史，取得了巨大发展，但较之国外先进水平尚存在很大差距。

一、涂料的种类和组成

1. 涂料的种类

涂料一般可分为油基涂料(成膜物质为干性油类)和树脂基涂料(成膜物质为合成树脂)两类。按施工工艺又可分为底涂、中涂和面涂。底涂是用来防止已清理的金属表面产生锈蚀，并用它增强涂膜与金属表面的附着力；中涂是为了保证涂膜的厚度而设定的涂层；面涂为直接与腐蚀介质接触的涂层。因此，面涂的性能直接关系到涂层的耐蚀性能。

2. 涂料的组成

涂料的组成大体上可分成三部分，即主要成膜物质、次要成膜物质和辅助成膜物质，见图 5-1。

- 涂料
  - 主要成膜物质
    - 油脂
      - 干性油：桐油、亚麻油、梓油、松塔油、青鱼油等
      - 半干性油：豆油、棉籽油、葵花籽油、玉米油等
      - 不干性油：蓖麻油、椰子油、花生油等
    - 树脂
      - 天然树脂：生漆、沥青、虫胶、松香、动物胶、乳酪素等
      - 合成树脂：酚醛、环氧、过氯乙烯、氟树脂等
    - 橡胶
      - 天然橡胶：生胶、氯化橡胶
      - 合成橡胶：氯丁、丁苯、丁腈、氯磺化聚乙烯等
  - 次要成膜物质—颜料—
    - 防锈颜料：红丹、铬酸盐、锌粉、无毒颜料(磷酸锌等)
    - 片状颜料：铝粉、玻璃鳞片、不锈钢鳞片、云母氧化铁等
    - 体质颜料：滑石粉、硫酸钡、碳酸钙等
    - 着色颜料：有机、无机染料
  - 辅助成膜物质
    - 溶剂
      - 溶剂：醇、醚、酮、酯、苯、溶剂汽油、水等
      - 助溶剂：乙醇、丁醇等
      - 稀释剂：苯、酮、酯、醇、香蕉水、松节油等
    - 助剂
      - 催干剂、固化剂、增塑剂等

图 5-1　涂料的组成

(1) 主要成膜物质

作为主要成膜物质的是油料和树脂，在涂料中常用的油料是桐油、亚麻仁油等。树脂有天然树脂和合成树脂。天然树脂主要有沥青、生漆、天然橡胶等；合成树脂的种类很多，常用的有酚醛、环氧、过氯乙烯树脂等，详见常用的防腐蚀涂料。

(2) 次要成膜物质

次要成膜物质是各种颜料。除使涂料呈现装饰性外，更重要的是改善涂料的物理、化学性能，提高涂层的机械强度和附着力、抗渗性和防腐蚀性能。颜料分为防锈颜料、片状颜料、体质颜料和着色颜料四种。

① 防锈颜料。防锈颜料起防锈蚀作用，如红丹、锌粉、锌铬黄等，其中应用最早、应用量最大的是红丹，它属于铅系防锈颜料，能与基料(如亚麻油)反应生成各种铅皂而起缓蚀作用。

② 片状颜料。片状颜料能屏蔽(或阻挡)水、氧、离子等腐蚀因子的透过。相互平行交叠的片状颜料在漆膜中能切断毛细微孔，起到迷宫作用，延长腐蚀因子渗透的途径，从而提高涂层的防蚀能力。常用片状颜料有铝粉、玻璃鳞片、不锈钢鳞片、云母氧化铁、片状锌粉等。其中云母氧化铁，其主要成分是 Fe_2O_3，呈片状似云母，薄片的厚度约几微米，直径约数十微米至 100μm。配制成涂料后，能屏蔽水、氧的透过，也能阻挡紫外线的照射，因此不仅可以制底漆，也可制成灰色面漆和中间层涂料，实效良好，在国内外已广泛应用。

③ 体质颜料。防腐蚀涂料中除加入防锈颜料、片状颜料外，还常加入一些填充料(有时称之为体质颜料)，如滑石粉、硫酸钡、碳酸钙等，其主要作用并非降低成本，而是提高漆膜的机械强度，减少漆膜干燥时的收缩以保持附着力，并能降低水气透过率。

④ 着色颜料。主要起装饰、标志作用；

(3) 辅助成膜物质

辅助成膜物质只是对成膜的过程起辅助作用。它包括溶剂和助剂两种。

溶剂和稀释剂的主要作用是溶解和稀释涂料中的固体部分，使之成为均匀分散的漆液。涂料敷于基体表面后即自行挥发，常用的溶剂及稀释剂多为有机化合物，如松节油、汽油、苯类、酮类等。

助剂是在涂料中起某些辅助作用的物质，常用的有催干剂、增塑剂、固化剂等。

3. 涂层的保护机理

一般认为，涂层是由于下面三个方面的作用对金属起保护作用的。

① 隔离作用。金属表面涂覆涂料后，相对来说把金属表面和环境隔开了，但薄薄的一层涂料是难以起到绝对的隔离作用的，因为涂料一般都有一定的孔隙，介质可自由穿过而到达金属表面对金属构成腐蚀破坏。为提高涂料的抗渗性，应选用孔隙少的成膜物质和适当的固体填料，同时增加涂层的层数，以提高其抗渗能力。

② 缓蚀作用。借助涂料的内部组分(如红丹等防锈颜料)与金属反应，使金属表面钝化或生成保护性的物质，以提高涂层的防护作用。

③ 电化学作用。介质渗透涂层接触到金属表面就会对金属产生电化学腐蚀，如在涂料中加入比基体金属电位更负的活性金属(如锌等)，就会起到牺牲阳极的阴极保护作用，而且锌的腐蚀产物较稳定，会填满膜的空隙，使膜紧密，因而大大降低腐蚀速度。

除此以外，有一些涂料具有较为特殊的保护作用，例如水泥制品的防渗涂层、橡胶的防老化涂层、金属的耐磨涂层等。

二、常用的防腐蚀涂料（参见第九章 第三节）

第四节 橡 胶

通常把具有橡胶弹性的高分子材料称作橡胶。橡胶可分为天然橡胶和合成橡胶两大类。橡胶的用途很广，主要用来制作各种橡胶制品。橡胶具有良好的物理机械性能和良好的耐腐蚀及防渗性能，而且具备一些特有的加工性质，如优良的可塑性、可黏接性、可配合性和硫化成型等特性，所以被广泛用于金属设备的防腐衬里或复合衬里中的防渗层。

一、天然橡胶

天然橡胶是用橡胶树的胶乳经炼制制得的，它是不饱和异戊二烯的高分子聚合物，这是一种线性聚合物，只有经过交联反应使之成为网状大分子结构才具有良好的物理、力学性能及耐蚀性能。天然橡胶的交联剂多用硫磺，其交联过程称为硫化。

硫化的结果使橡胶在弹性、强度、耐溶剂性及耐氧化性能方面得到改善。根据硫化程度的高低，即含硫量的多少可分为软橡胶(含硫量 2%~4%)、半硬橡胶(含硫量 12%~20%)和硬橡胶(含硫量 20%~30%)。软橡胶的弹性较好，耐磨，耐冲击振动，适用于温度变化大和有冲击振动的场合。但软橡胶的耐腐蚀性能及抗渗性则比硬橡胶差些。硬橡胶由于交联度大，故耐腐蚀性能、耐热性和机械强度均较好，但耐冲击性能则较软橡胶差些。

天然橡胶的化学稳定性能较好，可耐一般非氧化性酸、有机酸、碱溶液和盐溶液腐蚀，但在氧化性酸和芳香族化合物中不稳定。如对50%以下的硫酸(硬橡胶可达60%以下)、盐酸(软橡胶在65℃的30%盐酸中有较大的体积膨胀)、碱类、中性盐类溶液、氨水等都耐蚀。使用温度一般不超过65℃，如长期超过这一温度范围，使用寿命将显著降低。

二、合成橡胶

目前合成橡胶有十几个品种可供选用，这里仅介绍在化工防腐中较为常用的几个品种。

1. 氯丁橡胶

氯丁橡胶是由单体氯丁二烯聚合而成的。氯丁橡胶具有优良的耐油性、耐溶剂性、耐臭氧、耐老化、耐酸碱、耐磨等性能，但耐寒性较差。若将氯丁橡胶溶于适当的溶剂，可用于耐腐蚀涂料，使用温度可达90℃，且附着力良好，其板材可用于设备衬里。

2. 丁苯橡胶

丁苯橡胶是由丁二烯和苯乙烯以75∶25(质量比)的配比聚合而成的。丁苯橡胶根据硫化剂用量的不同，可制成软质胶板和硬质胶板，丁苯橡胶的耐蚀性与天然橡胶类似，但软质橡胶不耐盐酸的腐蚀。

3. 丁腈橡胶

丁腈橡胶是由丁二烯和丙烯腈以一定比例聚合而成的。丁腈橡胶的耐油性、耐溶剂性能非常好，耐腐蚀性能与丁苯橡胶相似。

4. 丁基橡胶

丁基橡胶是由异戊二烯和异丁烯聚合而成的。丁基橡胶具有优良的耐酸碱性能、耐老化性能和耐热耐寒性能，对酸、酮、酯类极性溶剂均稳定，但不耐烃、芳烃和卤代烃的作用。

5. 氯磺化聚乙烯橡胶

氯磺化聚乙烯橡胶由氯气与二氧化硫处理聚乙烯溶液而制得。氯磺化聚乙烯橡胶具有良好的耐磨、耐大气、耐臭氧性能，在强氧化介质(如60%硫酸、20%硝酸等)、碱液、过氧化物、盐溶液及许多有机介质中稳定。但不耐油、四氯化碳、芳香族等化合物的腐蚀。氯磺化聚乙烯橡胶可作为涂料，也可制成衬里胶板。

6. 氟橡胶

氟橡胶是含氟原子的橡胶，主要品种有全氟丙烯与偏二氟乙烯的聚合物及三氟氯乙烯与偏二氟乙烯的聚合物。氟橡胶的耐蚀性能与氟塑料相似，在强酸、强碱、强氧化剂、大多数有机介质及其他许多介质中都很稳定，氟橡胶耐溶剂性能较差，耐高温性能很好，可用于高温、强腐蚀环境。

7. 聚异丁烯橡胶

聚异丁烯是由单体异丁烯聚合而成的。聚异丁烯的耐蚀性优良，其耐酸碱性能比天然橡胶和某些合成橡胶好。但聚异丁烯橡胶板的弹性、耐热性差，使用温度一般不超过60℃。聚异丁烯可用胶浆直接衬贴作为衬里层，而不需硫化。橡胶衬里层的整体性强，致密性高，抗渗透性好，与金属基体的黏结力强，并具有一定的弹性、韧性。因此广泛用于抗冲击、耐磨蚀、耐腐蚀的环境中。

三、应用

因为橡胶具有较好的耐酸、耐碱和防渗性能，所以广泛用于过程装备中金属设备的衬里或作为其他衬里层的防渗层，也可制成涂料用于外防腐。

目前用于衬里的橡胶中，天然橡胶约占1/3，由于合成橡胶的发展，近年来采用合成橡胶板作设备衬里层，用量也越来越多。

生橡胶的品种很多(包括天然橡胶和合成橡胶)，但因其强度和使用性能较差，为完善衬胶层性能，改善工艺性能和降低成本，一般要在生橡胶中添加各种配合剂，如硫化剂、硫化促进剂、硫化活化剂、补强剂、填充剂、防焦剂、防老剂、增塑剂等，然后按所需性能选取最佳配方，进行胶料加工，压制出衬里橡胶板以供衬里使用。生橡胶必须通过硫化交联才能得到有使用价值的硫化橡胶。

橡胶衬里设备比不锈钢要便宜，与衬耐酸瓷板相当。

具体参见第九章第三节。

第五节　硅酸盐材料

硅酸盐材料是化工过程中常用的一类耐蚀材料，包括化工陶瓷、玻璃、化工搪瓷等。这类材料一般均具有极好的耐蚀性、耐热性、耐磨性、电绝缘性和耐溶剂性，但这类材料大多性脆、不耐冲击、热稳定性差。又因其主要成分为 SiO_2，故不耐氢氟酸及碱的腐蚀。

一、化工陶瓷

化工陶瓷按组成及烧成温度的不同，可分为耐酸陶瓷、耐酸耐温陶瓷和工业瓷三种。耐酸耐温陶瓷的气孔率、吸水率都较大，故耐温度急变性较好，容许使用温度也较高，而其他两类的耐温度急变性和容许使用温度均较低。

化工陶瓷的耐腐蚀性能很好，除氢氟酸和含氟的其他介质以及热浓磷酸和碱液外，能耐几乎其他所有的化学介质，如热浓硝酸、硫酸，甚至“王水”。

化工陶瓷制品是化工生产中常用的耐蚀材料。许多设备都用它作耐酸衬里，也常用作耐酸地坪；陶瓷塔器、容器和管道常用于生产和储存、输送腐蚀性介质；陶瓷泵、阀等都是很好的耐蚀设备。化工陶瓷是一种应用非常广泛的耐蚀材料。

但是，由于化工陶瓷是一种典型的脆性材料，其抗拉强度小，冲击韧性差，热稳定性低，所以在安装、维修、使用中都必须特别注意，防止撞击、振动、应力集中、骤冷骤热等，还应避免大的温差范围。

二、玻璃

玻璃是有名的耐蚀材料，其耐蚀性能随其组分的不同有较大差异，一般说来玻璃中 SiO_2 含量越高，其耐蚀性越好。

玻璃的耐蚀性能与化工陶瓷相似，除氢氟酸、热浓磷酸和浓碱以外，几乎能耐一切无机酸、有机酸和有机溶剂的腐蚀，但玻璃也是脆性材料，具有和陶瓷一样的缺点。

玻璃光滑，对流体的阻力小，适宜作为输送腐蚀性介质的管道和耐蚀设备，又由于玻璃是透明的，能直接观察反应情况且易清洗，因而玻璃可用来制作实验仪器。

目前用于制造玻璃管道的主要有低碱无硼玻璃和硼硅酸盐玻璃，用于制造设备的为硼硅酸盐玻璃。这类玻璃耐热性差，但价格低廉，故应用较广，这类玻璃也是制造实验室仪器的主要材料。

玻璃在化工中应用最广的是制作管道，为克服玻璃易碎的缺点，可用玻璃钢增强或钢衬玻璃管道的方法，还发展了高强度的微晶玻璃。

玻璃制化工设备有塔器、冷凝器、泵等。如使用得法，效果都很好。

石英玻璃不仅耐蚀性好(含 SiO_2 达 99%)，而且有优异的耐热性和热稳定性。加热至

700~900℃，迅速投入水中也不开裂，长期使用温度高达 1100~1200℃，目前主要用于制作实验仪器和有特殊要求的设备。

三、化工搪瓷

化工搪瓷是将含硅量高的耐酸瓷釉涂敷在钢(铸铁)制设备表面上，经 900℃左右的高温灼烧使瓷釉紧密附着在金属表面而制成的。

化工搪瓷设备兼有金属设备的力学性能和瓷釉的耐腐蚀性能的双重优点。除氢氟酸和含氟离子的介质、高温磷酸、强碱外，能耐各种浓度的无机酸、有机酸、盐类、有机溶剂和弱碱的腐蚀。此外，化工搪瓷设备还具有耐磨、表面光滑、不挂料、防止金属离子干扰化学反应污染产品等优点，能经受较高的压力和温度。

化工搪瓷设备有储罐、反应釜、塔器、热交换器和管道、管件、阀门、泵等。大量用来制作精细化工过程设备。

化工搪瓷设备虽然是钢(铸铁)制壳体，但搪瓷釉层本身仍属脆性材料，使用不当容易损坏，因此运输、安装、使用都必须特别注意。

四、辉绿岩铸石

辉绿岩铸石是将天然辉绿岩熔融后，再铸成一定形状的制品(包括板、管及其他制品)。它具有高度的化学稳定性和非常好的抗渗透性。

辉绿岩铸石的耐蚀性能极好，除氢氟酸和熔融碱外，对一切浓度的碱及大多数的酸都耐蚀，它对磷酸、醋酸及多种有机酸也耐蚀。辉绿岩铸石在多种无机酸中腐蚀时，只在最初接触的数十小时内有较显著的作用，以后即缓慢下来，再过一段时间，腐蚀完全停止。

化工中用得最普遍的是用辉绿岩板作设备的衬里。这种衬里设备的使用温度一般在150℃以下为宜。辉绿岩铸石的脆性大，热稳定性小，使用时应注意避免温度的骤变。辉绿岩粉常用作耐酸胶泥的填料。

辉绿岩铸石的硬度很大，故也是常用的耐磨材料(如球磨机用的球等)，还可用作耐磨衬里或耐蚀耐磨的地坪。

五、天然耐酸材料

天然耐酸材料中常用作结构材料的为各种岩石。在岩石中用得较为普遍的则为花岗石。各种岩石的耐酸性决定于其中二氧化硅的含量、材料的密度以及其他组分的耐蚀性和材料的强度等。

花岗石是一种良好的耐酸材料。其耐酸度很高，可达 97%~98%，高的可达 99%。花岗石的密度很大，孔隙率很小。但是由于密度大，所以热稳定性低，一般不宜用于超过200~250℃的设备，在长期受强酸侵蚀的情况下，使用温度范围应更低，一般以不超过 50℃为宜。花岗石的开采、加工都比较困难，且结构笨重。

花岗石可用来制造常压法生产的硝酸吸收塔、盐酸吸收塔等设备，较为普遍的为花岗石砌筑的耐酸储槽、耐酸地坪和酸性下水道等。

石棉也属于天然耐酸材料，长期以来用于工业生产中，是工业上的一项重要的辅助材料，有石棉板、石棉绳等，也常用作填料、垫片和保温材料。

六、水玻璃耐酸胶凝材料

水玻璃耐酸胶凝材料包括水玻璃耐酸胶泥、砂浆和混凝土。

水玻璃耐酸胶泥是以水玻璃为胶合剂，氟硅酸钠为硬化剂，加入定量的填料调制而成的。水玻璃(又称泡花碱，即 $Na_2SiO_3 \cdot nH_2O$ 或 $K_2SiO_3 \cdot nH_2O$)是硅酸钠或硅酸钾的水溶液，常用的是硅酸钠溶液。对于水玻璃一般要求有一定的模数(即水玻璃中的氧化硅与氧化钠的比值)，填料为辉绿岩粉、石英粉等。按一定的比例调配，随配随用，在空气中凝结硬化成石状材料。这种材料的机械强度高、耐热性能好、化学稳定性也很好，具有一般硅酸盐材料的耐蚀性，能耐强氧化性酸的腐蚀，但不耐氢氟酸、高温磷酸及碱的腐蚀，对水及稀酸也不太耐蚀，且抗渗性差。

关于水玻璃耐酸胶泥的配方，由于影响其性能的因素很多，故推荐的配比也不尽相同，所以最好是根据具体的材料和施工条件参照有关规程和其他文献资料进行一定的试验而后确定。水玻璃耐酸胶泥的耐蚀性是很好的，对于硝酸和浓硫酸等介质目前仍然是经济适用的胶合材料。但是这种胶泥是多孔性材料，抗渗性不强。

水玻璃胶泥常用作耐酸砖板衬里的黏结剂。水玻璃混凝土、砂浆主要用作耐酸地坪、酸洗槽、储槽、地沟及设备基础等。

第六节　不透性石墨

石墨分为天然石墨和人造石墨两种，在防腐中应用的主要是人造石墨。人造石墨是由无烟煤、焦炭与沥青混捏压制成型，于电炉中焙烧，在1400℃左右所得到的制品叫炭精制品，再于2400~2800℃高温下石墨化所得到的制品叫石墨制品。

石墨具有优异的导电、导热性能，线膨胀系数很小，能耐温度骤变。但其机械强度较低，性脆，孔隙率大。

石墨的耐蚀性能很好，除强氧化性酸(如硝酸、铬酸、发烟硫酸等)外，在所有的化学介质中都很稳定。

虽然石墨有优良的耐蚀、导电、导热性能，但由于其孔隙率比较高，仅影响到它的机械强度和加工性能，而且气体和液体对它有很强的渗透性，因此不宜制造化工设备。为了弥补石墨的这一缺陷，可采用适当的方法来填充孔隙，使之具有“不透性”。这种经过填充孔隙处理的石墨即为不透性石墨。

一、种类及成型工艺

1. 种类

常用的不透性石墨主要有浸渍石墨、压型石墨和浇注石墨三种。

2. 成型工艺

(1) 浸渍石墨

浸渍石墨是人造石墨用树脂进行浸渍固化处理所得到的具有“不透性”的石墨材料。用于浸渍的树脂称浸渍剂。在浸渍石墨中，固化了的树脂填充了石墨中的孔隙，而石墨本身的结构没有变化。

浸渍剂的性质直接影响到成品的耐蚀性、热稳定性、机械强度等指标。目前用得最多的浸渍剂是酚醛树脂，其次是呋喃树脂、水玻璃以及其他一些有机物和无机物。

浸渍石墨具有导热性好、孔隙率小、不透性好、耐温度骤变性能好等特点。

(2) 压型石墨

压型石墨是将树脂和人造石墨粉按一定配比混合后经挤压和压制而成。它既可以看作是石墨制品，又可看作是塑料制品，其耐蚀性能主要取决于树脂的耐蚀性，常用的树脂为酚醛树脂、呋喃树脂等。

与浸渍石墨相比，压型石墨具有制造方便、成本低、机械强度较高、孔隙率小、导热性差等特点。

(3) 浇注石墨

浇注石墨是将树脂和人造石墨粉按一定比例混合后，浇注成型制得的。为了具有良好的流动性，树脂含量一般在50%以上。浇注石墨制造方法简单，可制造形状比较复杂的制品，如管件、泵壳、零部件等，但由于其力学性能差，所以目前应用不多。

二、性能

石墨经浸渍、压型、浇注后，性质将引起变化，这时其表现出来的是石墨和树脂的综合性能。

1. 物理、力学性能

(1) 机械强度

石墨板在未经“不透性”处理前，结构比较疏松、机械强度较低，而经过处理后，由于树脂的固结作用，强度较未处理前要高。

(2) 导热性

石墨本身的导热性能很好，树脂的导热性较差。在浸渍石墨中，石墨原有的结构没有破坏，故导热性与浸渍前变化不大，但在压型石墨和浇注石墨中，石墨颗粒被热导率很小的树脂所包围，相互之间不能紧密接触，所以导热性比石墨本身要低，而浇注石墨的树脂含量较高，其导热性能更差。

(3) 热稳定性

石墨本身的线膨胀系数很小，所以热稳定性很好，而一般树脂的热稳定性都较差。在浸渍石墨中，由于树脂被约束在空隙里，不能自由膨胀，故浸渍石墨的热稳定性只是略有下降。但压型石墨和浇注石墨的情况就不是这样了，它们随温度的升高，线膨胀系数增加很快。所以，它们的热稳定性与石墨相比要差得多，不过不透性石墨的热稳定性比许多物质要好，在允许使用温度范围内，不透性石墨均可经受任何温度骤变而不破裂和改变其物理、力学性能。不透性石墨的这一特点为热交换器的广泛使用和结构设计提供了良好的条件，也是目前许多非金属材料所不及的。

(4) 耐热性

石墨本身的耐热性很好，树脂的耐热性一般不如石墨，所以不透性石墨的耐热性取决于树脂。

总的说来，石墨在加入树脂后，提高了机械强度和抗渗性，但导热性、热稳定性、耐热性均有不同程度的降低，并且与制取不透性石墨的方法有关。

2. 耐蚀性能

石墨本身在400℃以下的耐蚀性能很好，而一般树脂的耐蚀性能比石墨要差一些，所以，不透性石墨的耐蚀性有所降低。不透性石墨的耐蚀性取决于树脂的耐蚀性。在具体选用不透性石墨设备时，应根据不同的腐蚀介质和不同的生产条件，选用不同的不透性石墨。

三、应用

不透性石墨在化工防腐中的主要用途是制造各类热交换器，也可制成反应设备、吸收设备、泵类和输送管道等。还可以用作设备的衬里材料。这类材料尤其适用于盐酸工业。

石墨制换热器目前用得比较广泛，价格与不锈钢相当或略低，但它可以用在不锈钢无法应用的场合(如含 Cl^- 的介质)。石墨作为内衬材料，价格比耐酸瓷板略贵。但在有传热、导静电及抗氟化物的工况下只能使用石墨作为衬里材料。

第七节　玻　璃　钢

玻璃钢即玻璃纤维增强塑料，它是以合成树脂为黏结剂，玻璃纤维及其制品(如玻璃布、玻璃带、玻璃毡等)为增强材料，按一定的成型方法制成。由于它的比强度超过一般钢材，因此称为玻璃钢。

玻璃钢的质量轻、强度高，其电性能、热性能、耐腐蚀性能及施工工艺性能都很好。因此在许多工业部门都获得了广泛的应用。

玻璃钢的种类很多，通常可按所用合成树脂的种类来分类。即由环氧树脂与玻璃纤维及其制品制成的玻璃钢称为环氧玻璃钢；由酚醛树脂与玻璃纤维及其制品制成的玻璃钢称为酚醛玻璃钢等。目前，在化工防腐中常用的有环氧、酚醛、呋喃、聚酯四类玻璃钢。为了改性，也可采用添加第二种树脂的办法，制成改性的玻璃钢。这种玻璃钢一般兼有两种树脂玻璃钢的性能。常用的有环氧-酚醛玻璃钢、环氧-呋喃玻璃钢等。

玻璃钢由合成树脂、玻璃纤维及其制品以及固化剂、填料、增塑剂、稀释剂等添加剂组成。其中合成树脂和玻璃纤维及其制品对玻璃钢的性能起决定性作用。

一、主要原材料

(一)用作黏结剂的合成树脂

1. 环氧树脂

环氧树脂是指含有两个或两个以上的环氧基团的一类有机高分子聚合物。环氧树脂的种类很多，以二酚基丙烷(简称双酚 A)与环氧氯丙烷缩聚而成的双酚 A 环氧树脂应用最广。化工防腐中常用的环氧树脂型号为6101(E-44)、634(E-42)，均属此类。

(1) 环氧树脂的固化

环氧树脂可以热固化，也可以冷固化。工程上多用冷固化方法固化。环氧树脂的冷固化是在环氧树脂中加入固化剂后成为不熔的固化物，只有固化后的树脂才具有一定的强度和优良的耐腐蚀性能。

环氧树脂的固化剂种类很多，有胺类固化剂、酸酐类固化剂、合成树脂类固化剂等。在玻璃钢衬里工程中，基于配制工艺及固化条件的限制，常选用胺类固化剂，如脂肪胺中的乙二胺和芳香胺中的间苯二胺。这些固化剂配制方便，能室温下固化，但都有毒性，使用时应加强防护措施。许多固化剂虽可在室温下使树脂固化，然而一般情况下，加热固化所得制品的性能比室温固化要好，且可缩短工期。所以，在可能条件下，以采用加热固化为宜。

(2) 环氧树脂的性能

固化后的环氧树脂具有良好的耐腐蚀性能，能耐稀酸、碱以及多种盐类和有机溶剂，但不耐氧化性酸(如浓硫酸、硝酸等)。

环氧树脂具有很强的黏结力，能够黏结金属、非金属等多种材料。

固化后的环氧树脂具有良好的物理、力学性能，许多主要指标比酚醛树脂、呋喃树脂等优越。但其使用温度较低，一般在80℃以下使用。环氧树脂的工艺性能良好。

2. 酚醛树脂

酚醛树脂以酚类和醛类化合物为原料，在催化剂作用下缩合制成的。根据原料的比例和催化剂的不同可得到热塑性和热固性两类。在化工防腐中用的玻璃钢一般都采用热固性酚醛树脂。

(1) 酚醛树脂的固化

用于酚醛树脂的固化剂一般为酸性物质，因此施工时应注意不宜将加有酸性固化剂的酚醛树脂直接涂覆在金属或混凝土表面上，中间应加隔离层。常用的固化剂有苯磺酰氯、对甲苯磺酰氯、硫酸乙酯等，这些固化剂有的有毒，挥发出来的气体刺激性大，施工时应加强防护措施。就其性能而言，它们各有特点。为了取得较佳效果也常用复合固化剂，如对甲苯磺酰氯与硫酸乙酯等。用桐油钙松香改性可以改善树脂固化后的脆性。

热固性酚醛树脂在常温下很难达到完全固化，所以必须采用加热固化。加入固化剂能使它缩短固化时间，并能在常温下固化。

(2) 酚醛树脂的性能

酚醛树脂在非氧化性酸(如盐酸、稀硫酸等)及大部分有机酸、酸性盐中很稳定，但不耐碱和强氧化性酸(如硝酸、浓硫酸等)的腐蚀。对大多数有机溶剂有较强的抗溶解能力。

酚醛树脂的耐热性比环氧树脂好，可达到 120～150℃，但酚醛树脂的脆性大，附着力差，抗渗性不好。

3. 呋喃树脂

呋喃树脂是指分子结构中含有呋喃环的树脂。常见的种类有糠醇树脂、糠醛-丙酮树脂、糠醛-丙酮-甲醛树脂等。

(1) 呋喃树脂的固化

呋喃树脂的固化可用热固化，也可采用冷固化。工程上常用冷固化。

呋喃树脂固化时所用的固化剂与酚醛树脂一样，如苯磺酰氯、硫酸乙酯等。不同的只是呋喃树脂对固化剂的酸度要求更高，所以在施工时同样应注意不能和金属或混凝土表面直接接触，中间应加隔离层，也应加强劳动保护。

(2) 呋喃树脂的性能

呋喃树脂在非氧化性酸(如盐酸、稀硫酸等)、碱、大多数有机溶剂中都很稳定，可用于酸、碱交替的介质中，其耐碱性尤为突出，耐溶剂性能较好。呋喃树脂不耐强氧化性酸的腐蚀。

呋喃树脂的耐热性很好，可在 160℃的条件下应用。但呋喃树脂固化时反应剧烈、容易起泡，且固化后性脆、易裂，可加环氧树脂进行改性。

4. 聚酯树脂

聚酯树脂是多元酸和多元醇的缩聚产物，用于玻璃钢的聚酯树脂是由不饱和二元酸(或酸酐)和二元醇缩聚而成的线型不饱和聚酯树脂。

(1) 不饱和聚酯树脂的固化

不饱和聚酯树脂的固化是在引发剂存在下与交联剂反应，交联固化成体型结构。

可与不饱和聚酯树脂发生交联反应的交联剂为含双键的不饱和化合物，如苯乙烯等。用作引发剂的通常是有机过氧化物，如过氧化苯甲酰、过氧化环己酮等。由于它们都是过氧化物，具有爆炸性，为安全起见，一般都掺入一定量的增塑剂(如邻苯二甲酸二丁酯等)配成糊状物使用。为促进反应完全，还需加入促进剂。促进剂的种类很多，不同的引发剂要不同的促进剂配套使用，常用的促进剂有二甲基苯胺、萘酸钴等。

不饱和聚酯树脂可在室温下固化，且具有固化时间短、固化后产物的结构较紧密等特点，因此不饱和聚酯树脂与其他热固性树脂相比具有最佳的室温接触成型的工艺性能。

(2) 不饱和聚酯树脂的性能

不饱和聚酯树脂在稀的非氧化性无机酸和有机酸、盐溶液、油类等介质中的稳定性较好，但不耐氧化性酸、多种有机溶剂、碱溶液的腐蚀。

不饱和聚酯树脂主要用作玻璃钢。聚酯玻璃钢加工成型容易，力学性能仅次于环氧玻璃钢，是玻璃钢中用得最多的品种。由于它的耐蚀性不够好，所以在某些强腐蚀性环境中，有时用它作为外面的加强层，里面则用耐蚀性较好的酚醛玻璃钢、呋喃玻璃钢或环氧玻璃钢。

(二)玻璃纤维及其制品

玻璃纤维及其制品是玻璃钢的重要成分之一，在玻璃钢中起骨架作用，对玻璃钢的性能及成型工艺有显著的影响。

玻璃纤维是以玻璃为原料，在熔融状态下拉丝而成的。玻璃纤维质地柔软，可制成玻璃布或玻璃带等织物。

玻璃纤维的抗拉强度高，耐热性好，可用到400℃以上；耐腐蚀性好，除氢氟酸、热浓磷酸和浓碱外能耐绝大多数介质；弹性模量较高。但玻璃纤维的伸长率较低，脆性较大。

玻璃纤维按其所用玻璃的化学组成不同可分成有碱、无碱和低碱等几种类型。在化工防腐中无碱和低碱的玻璃纤维用得较多。

玻璃纤维还可根据其直径或特性分为粗纤维、中级纤维、高级纤维、超级纤维、长纤维、短纤维、有捻纤维、无捻纤维等。

二、成型工艺

玻璃钢的施工方法有很多，常用的有手糊法、模压法和缠绕法三种。

1. 手糊成型法

手糊成型是以不饱和聚酯树脂、环氧树脂等室温固化的热固性树脂为黏结剂，将玻璃纤维及其织物等增强材料黏接在一起的一种无压或低压成型的方法。它的优点是操作方便，设备简单，不受产品尺寸和形状的限制，可根据产品设计要求铺设不同厚度的增强材料；缺点是生产效率低，劳动强度大，产品质量欠稳定。由于其优点突出，因此在与其他成型方法竞争中仍未被淘汰，目前在中国耐腐蚀玻璃钢的制造中占有主要地位。

2. 模压成型法

模压成型是将一定质量的模压材料放在金属制的模具中，于一定的温度和压力下制成玻璃钢制品的一种方法。它的优点是生产效率高，制品尺寸精确，表面光滑，价格低廉，多数结构复杂的制品可以一次成型，不用二次加工；缺点是压模设计与制造复杂，初期投资高，易受设备限制，一般只用于中、小型玻璃钢制品，如阀门、管件等。

3. 缠绕成型法

缠绕成型是连续地将玻璃纤维经浸胶后，用手工或机械法按一定顺序绕到芯模上，然后在加热或常温下固化，制成一定形状的制品。用这种方法制得的玻璃钢产品质量好且稳定；生产效率高，便于大批生产；比强度高，甚至超过钛合金。但其强度方向比较明显，层间剪切强度低，设备要求高。通常适用于制造圆柱体、球体等产品，在防腐方面主要用来制备玻璃钢管道、容器、储槽，可用于油田、炼油厂和化工厂，以部分代替不锈钢使用，具有防腐、轻便、持久和维修方便等特点。

三、耐蚀性能

一般说来，玻璃钢中的玻璃纤维及其制品的耐蚀性能很好，耐热性能也远好于合成树脂。因此，玻璃钢的耐蚀性能和耐热性能主要取决于合成树脂的种类。当然，加入的辅助组分(如固化剂、填料等)也有一定的影响。

合成树脂的耐蚀性能随品种的不同而不同。环氧树脂、酚醛树脂、呋喃树脂、聚酯树脂的共性是不耐强氧化性酸类，如硝酸、浓硫酸、铬酸等；既耐酸又耐碱的有环氧树脂和呋喃树脂，呋喃树脂耐酸耐碱能力较环氧树脂好。酚醛树脂和聚酯树脂只耐酸不耐碱，酚醛树脂的耐酸性比聚酯树脂好，与呋喃树脂相当。以玻璃纤维为增强材料制得的玻璃钢由于玻璃纤维不耐氢氟酸的腐蚀，所以它的制品也不耐氢氟酸，抗氢氟酸必须选用涤纶等增强材料。

在实际选用玻璃钢时，除应考虑其耐蚀性外，还要考虑玻璃钢的其他性能，如力学性能、耐热性能等。

玻璃钢有一系列的配方，即使所用树脂相同，只要配方不同，其性能也有差别，施工时必须根据使用条件，参照有关手册进行仔细选择，必要时要进行试验，而后确定配方。目前化工生产中自行施工时，用得较普遍的为环氧玻璃钢、环氧-酚醛玻璃钢、环氧-呋喃玻璃钢等。

四、应用

1. 设备衬里

玻璃钢用作设备衬里既可单独作为设备表面的防腐蚀覆盖层，又可作为砖、板衬里的中间防渗层。这是玻璃钢在化工防腐蚀中应用最广泛的一种形式。

2. 整体结构

玻璃钢可用来制作大型设备、管道等。目前较多用于制作管道。随着化学工业的发展，大型玻璃钢化工设备的应用范围越来越广。

3. 外部增强

玻璃钢可用于塑料、玻璃等设备和管道的外部增强，以提高强度和保证安全。如用玻璃钢增强的硬聚氯乙烯制的铁路槽车效果很好。用得较为普遍的是用玻璃钢增强的各种类型的非金属管道(具体参见：第九章 第三节 玻璃钢贴衬施工方法部分)。

用玻璃钢制成的设备与不锈钢相比来讲，价格要便宜得多，运输、安装费用也要少得多，是应用很广泛的防腐材料。

第六章　影响金属腐蚀的因素

金属腐蚀是金属与周围环境作用而引起的破坏。因此影响腐蚀行为的因素很多，它既与金属本身因素(如性质、组成、结构、表面状态、变形及应力等)有关，又与腐蚀环境因素(如介质的pH值、组成、浓度、温度、压力、溶液的运动速度等)有关。了解这些因素，可以帮助我们去综合分析石油化工生产中的各种腐蚀问题，正确诊断出腐蚀原因、腐蚀类型和腐蚀机理，弄清影响腐蚀的主要因素，从而制定出防腐方案，有效地采取防腐措施。

第一节　金属材料的因素

一、金属的化学稳定性

金属耐腐蚀性的好坏，首先与金属的本性有关。

各种金属的热力学稳定性，可以近似地用金属的平衡电位值评定。电位越正标志着金属的热力学稳定性越高，金属离子化倾向越小，越不易受腐蚀。如铜、银和金等，电极电位很正，其化学稳定性亦高，因此它们具有良好的抗腐蚀能力。而锂、钠、钾等，电极电位较负，其化学性就高，它们的抗腐蚀性亦很差。但也有些金属，如铝，虽然其化学活性较高，由于铝的表面容易生成保护性膜，所以也具有良好的耐蚀性能。

由于影响腐蚀的因素很多，而且很复杂，金属的电极电位和金属的耐蚀性之间并不存在严格的规律性，只是在一定程度上两者存在着对应关系，我们可以从金属的标准平衡电位来估计其耐蚀性的大致倾向。

二、合金成分的影响

为了提高金属的力学性能或其他原因，工业上使用的金属材料很少是纯金属，主要是它们的合金。合金分单相合金和多相合金两类。由于其化学成分及组织等不同，它们的耐蚀性能也各不相同。

1. 单相合金

单相固溶体合金，由于组织均一和耐蚀金属加入，所以具有较高的化学稳定性，耐蚀性较高，如不锈钢、铝合金等。

单相合金的腐蚀速度与合金含量之间有一种特殊的规律。一种金属的稳定性很低，另一种金属的稳定性高并能与前一种金属形成固溶体，其稳定性低的金属的耐蚀性并不是随稳定性高的金属组分的逐步加入而提高，而是当其组分的加入量达到一定比例时，耐蚀性才突然提高。

2. 两相或多相合金

由于各相存在化学的和物理的不均匀性，在与电解液接触时，具有不同的电位，在表面上形成腐蚀微电池。所以一般来说，它比单相合金容易腐蚀。常用的普通钢、铸铁就是如此。但也有耐蚀的多相合金，如硅铸铁、硅铅合金等，它们虽然是多相，耐蚀性却很高。

腐蚀速度与各组分的电位、阴阳极的分布和阴阳极的面积比例均有关。各组分之间的电位差越大，腐蚀的可能性越大。若合金中阳极相以夹杂物形式存在且面积很小时，则这种不均匀性不会长期存在。阳极首先溶解，使合金获得单相，因此对腐蚀不产生显著影响。当阴极以夹杂物形式存在，合金的基底是阳极，则合金受到腐蚀，且阴极性夹杂物分散性越大则腐蚀越强烈。如果在晶粒边界有较小的阴极性夹杂物时，就会产生晶间腐蚀。倘若金属中阳极相是可以钝化的，那么阴极相的存在有利于阳极的钝化而使腐蚀速度降低。例如铸铁在硝酸中就比钢耐蚀。此外，在金属表面，由于腐蚀而能生成不溶性的紧密的与金属结合牢固的保护膜时，则阴极分散性越大，就越能形成均匀的膜而减轻腐蚀，普通钢在稀碱液中耐蚀就是一例。

很纯的金属耐蚀性高于工业材料。如纯的光洁的锌，在很纯的盐酸中腐蚀很小，但它们的工业品则腐蚀迅速。另外，杂质能够加速金属的腐蚀。总之，纯金属的耐蚀性能好，但由于价格昂贵，一般说来，强度也低，所以，工业上很少用。

三、金相组织与热处理的影响

金相组织与热处理有很密切的关系。金相组织虽然与金属及合金的化学成分有关，但是当合金的成分一定时，那些随着加热和冷却能够进行物理转变的合金，由于热处理可以产生不同的金相组织。因此，合金的化学成分及热处理决定了合金的组织，而后者的变化又影响了合金的耐蚀性能。

四、金属表面状态的影响

在大多数情况下，加工粗糙不光滑的表面比磨光的金属表面更易受腐蚀。所以金属擦伤、缝隙、凹坑等部位，通常都是腐蚀源，因为深凹部分，氧的进入要比表面部分少，结果深凹部分便成为阳极，表面部分成为阴极，产生浓差电池而引起腐蚀。粗糙表面可使水滴凝结，因而易产生大气腐蚀。特别是处在易钝化条件下的金属，精加工的表面生成的保护膜要比粗加工表面的膜致密均匀，故有更好的保护作用。另外粗糙的金属表面，实际表面积大，因而极化性能小，所以设备的加工表面宜光洁平滑一些为好。

五、变形及应力的影响

在制造设备的过程中，由于金属受到冷、热加工(如拉伸、冲压、焊接等)而变形，并产生很大的内应力，这样腐蚀过程不仅加速，而且在许多场合下，还能产生应力腐蚀破裂。

金属设备在腐蚀性介质和交变的脉冲式的拉伸应力同时作用时，能引起腐蚀疲劳。另外在高速流动的流体中，金属会发生腐蚀性空化现象(即空泡腐蚀)，如海水急流作用下海船螺旋推进器的腐蚀、液体流动很快的泵中、水力透平机中均会产生这种腐蚀。

第二节　环境的影响

一、介质成分及浓度的影响

介质的成分及浓度，决定了介质中去极剂的种类及浓度。

① 多数金属在非氧化性酸中(如盐酸)，随着浓度的增加，腐蚀加剧。而在氧化性酸中(如硝酸、浓硫酸)，则随着浓度的增加，腐蚀速度有一个最高值。当浓度增大到一定数值后，浓度再增加，金属表面就生产了保护膜，使腐蚀速度反而减小。

在许多介质中，金属腐蚀速度还和阴离子的特性有关。经研究发现，在硫酸、盐酸等酸中，阴离子参加了金属腐蚀过程。这就解释了为什么某些强酸更有腐蚀性。在增加金属腐蚀速率方面，不同阴离子具有以下顺序：

$$NO_3^- < CH_3COO^- < Cl^- < SO_4^- < ClO_4^-$$

另外，铁在卤化物溶液中的腐蚀速度依次为：

$$I^- < Br^- < Cl^- < F^-$$

② 大多数金属在碱溶液中的腐蚀是氧去极化腐蚀。金属铁在稀碱溶液中，腐蚀产物为金属的氢氧化物，它们是不易溶解的，对金属有保护作用，使腐蚀速度减小。如果碱的浓度增加或温度升高时，则氢氧化物溶解，金属的腐蚀速度就增大。如：当碱的 pH 值高于 14（如氢氧化钠浓度大于 30%）时，铁将会重新发生腐蚀，这是由于氢氧化铁膜转变为可溶性的铁酸钠（Na_2FeO_2）所致。当温度升高并超过 80℃，普通碳钢就会发生明显腐蚀。

③ 对于中性盐溶液（如氯化钠），随浓度增加，腐蚀速度亦存在一个最高值。这是因为在中性盐溶液中，大多数金属腐蚀的阴极过程是氧分子的还原。因此腐蚀速度与溶解氧有关。开始时，随盐浓度增大，溶液导电性增大，腐蚀速度亦增大，但当盐浓度达到一定数值后，随盐浓度增加氧的溶解量减少，使腐蚀速度反而降低。非氧化性酸性盐（如氯化镁）可引起金属的强烈腐蚀；中性及碱性盐类的腐蚀要比酸性盐小得多；氧化性盐类如重铬酸钾，有钝化作用。

④ 溶液中的氧对腐蚀有双重作用。氧是一种去极剂，能加速金属的腐蚀。实际上，多数情况是氧去极化引起的腐蚀。氧的存在能显著增加金属在酸中的腐蚀速度，也能增大金属在碱溶液中的腐蚀。氧也可能阻止某些腐蚀，促进改善保护膜产生钝化。但一般情况下，前一种作用较为突出。

二、介质 pH 值对腐蚀的影响

介质的 pH 值变化，对腐蚀速度的影响是多方面的。如对于腐蚀系统中，阴极过程为氢离子的还原过程，pH 值降低（即氢离子浓度增加）时，一般来说，有利于过程的进行，从而加速金属的腐蚀。另外 pH 值的变化又会影响到金属表面膜的溶解度和保护膜的生成，因而会影响到金属的腐蚀速度。

介质的 pH 值对金属的腐蚀速度影响大致可分为三大类，如图 6-1 所示。

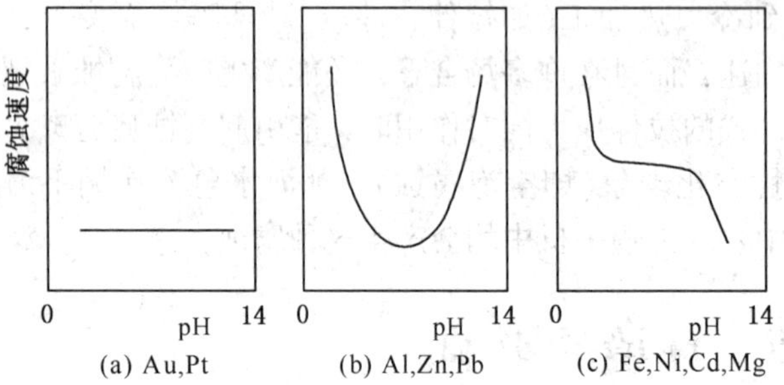

图 6-1　腐蚀速度与介质 pH 值关系的基本形式

第一类如图 6-1(a) 所示，为电极电位较正、化学稳定性高的金属，如铂、金等便具有这样图形。腐蚀速度很小，pH 值对其影响很小。

第二类如图 6-1(b) 所示，为两性金属，如锌、铝、铅等等便具有这样图形。因为它们表面上氧化物或腐蚀产物，在酸性和碱性溶液中都是可溶的，所以不能生成保护膜，腐蚀速度亦就较大。只有在中性溶液（pH 值接近 7 时）的范围内，才具有较小的腐蚀速度。

第三类如图 6-1(c) 所示，铁、镍、镉、镁等便具有这样图形。这些金属表面上生成的保护膜，溶于酸而不溶于碱。

但也有例外，如铝在 pH 值为 1 的硝酸中、铁在浓硫酸中也是耐蚀的，这是因为在这种氧化性很强的硝酸和浓硫酸中，这些金属表面上生成了致密的保护膜，所以我们对于具体的腐蚀体系，必须要进行具体分析，才能得出正确的结论。

三、介质的温度、压力对腐蚀的影响

通常随着温度升高，腐蚀速度增加。因而温度的升高，增加了反应速度，也增加了溶液的对流、扩散，减小电解液的电阻，从而加速了阳极过程和阴极过程。在有钝化的情况下，随着温度升高，钝化变得困难，腐蚀亦加大。

四、介质的流动速度对腐蚀的影响

腐蚀速率与溶液的运动速度有关，且这种关系非常复杂，主要决定于金属和介质的特性，见图 6-2。对于受活化极控制的腐蚀过程，搅拌和流速对腐蚀速率没有影响。当腐蚀过程受阴极扩散控制时，搅拌将使腐蚀速率增加。铁在水加氧中及铜在水加氧中就是这种情况。

还有一些金属，在一定的介质中，具有良好的耐蚀性，这是由于表面生成了厚的保护膜。这类膜和通常的钝化膜不同，容易看出来，韧性也低。如铅在稀硫酸中及钢在浓硫酸中腐蚀速率低，其原因就是由于受到了这类不溶的硫酸盐膜保护的所致。当这些材料暴露在流速极高的腐蚀介质中时，这类膜可能遭受到机械损害或脱离金属，结果引起了腐蚀的加速。如图 6-2 中曲线 C 所示，称为磨损腐蚀。在这类情况下，可以看到在机械破坏真正发生之前，搅拌作用或流速的影响，实际上是微不足道的。

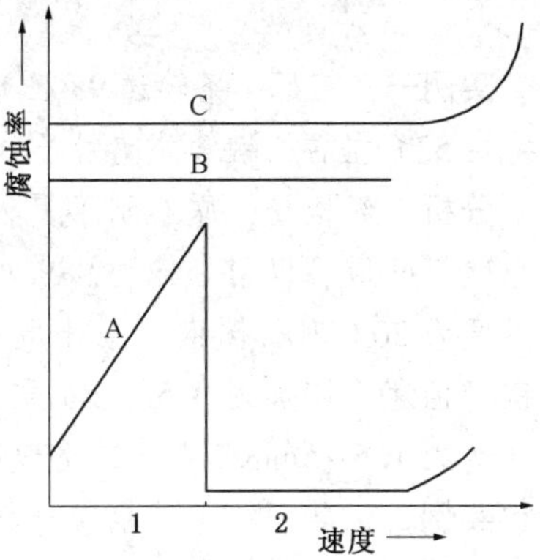

图 6-2　介质流动速度对腐蚀率影响的示意图

当介质的流动速度很大时，还能发生强烈的冲击腐蚀。如化工生产中的热交换器和冷凝器管束入口端受到的腐蚀，就属于这种情况。有时甚至引起空泡腐蚀，如高速的涡轮机叶轮受到的腐蚀就是典型的例子。

五、电偶的影响

在许多实际生产应用中，不同材料的接触是不可避免的。尤其是在复杂的生产过程中，设备、管道组装时，不同的金属和合金有时常常和腐蚀介质相互接触，这时将产生电偶效应。

六、环境的细节和可能变化的影响

在环境因素中，应尽量重视环境中的一切因素。有些因素对腐蚀影响不大，可以不考虑。但是影响大的因素，即使只有微量，也决不能忽视。例如，微量的氯离子和氧，一般影响就很大。如几个 μg/g 的氯离子(加上微量氧)，可引起 18-8 不锈钢的应力腐蚀破裂；又如铜对不含氧的稀硫酸耐蚀性很好，如果酸中含有饱和氧时，腐蚀就增加许多倍。如果忽略了酸中溶解的微量氧，将会造成很大的危险。

在实际生产过程中，环境常常又是可能变化的，因此，在考虑腐蚀的影响时，应尽可能掌握各种有影响的变化情况。例如，用碳钢作浓硫酸槽子和管子，耐蚀尚好，但当酸液放空后，槽和管壁上黏附的酸液会吸收大气中的水分而变稀，因而引起严重的腐蚀。补救的办法，就是让设备总是充满浓酸。

开车和停车状态与正常运转不同。开车条件尚未稳定，温度可能过高或过低，介质浓度也有波动；停车后清洗不彻底，积存有腐蚀性液体等；环境温度、湿度也经常变化，这些也都应予以注意。

七、结构因素的影响

腐蚀过程总是从材料与介质界面上开始的，因此任何可能引起材料或介质特性改变的因素都会使整个腐蚀进展发生变化。结构设计、制造方法以及安装上的错误或者考虑不周，都可能造成材料的表面特性和力学状态的改变，如应力集中、焊后的残余应力、传热设备温度场差异引起的热应力以及刚性联结产生的应力等等，在相应介质作用下可能出现应力腐蚀破裂；机械加工过程的锤击或焊条打弧时形成的伤痕与凹坑都将促进孔蚀的发生；设计结构的几何形状不合理，使局部地区溶液长期滞留而增高浓度或 pH 值发生变化，可能产生浓差电池腐蚀、缝隙腐蚀；流体流道形状的突变或过窄，使流体形成湍流或涡流而产生磨损腐蚀；异种材料组合的机器部件或设备还可能产生电偶腐蚀。

实例分析

实例一 某厂一条输送98%硫酸的碳钢管线，硫酸流速低于0.61m/s。在冬天为了使温度保持在52℃左右，钢管外使用了蒸汽伴热。到了夏天发现管线发生严重腐蚀而不得不更换。

分析 经检查，原来到了夏天蒸汽仍未停，硫酸温度超过66℃。

碳钢管道可以用来输送98%的硫酸，是因为碳钢在浓硫酸中可以钝化。在98%硫酸中，当温度为20℃时，碳钢腐蚀速度仅为0.1mm/a，可认为是耐蚀材料；当温度升高到50℃，碳钢腐蚀速度增加到0.5mm/a左右，仍然可以使用；但当温度升高到60~70℃，碳钢腐蚀速度达到1.5~5mm/a，管道迅速腐蚀就是必然的了。

实例二 某厂一条碳钢管线输送98%的硫酸，原来的流速为0.61m/s，输送时间需1小时。有关人员为了缩短输送时间，安装了一台马力更大的泵，流速增加到1.52 m/s，输送时间只需要15分钟。但管道在不到一周时间内就破坏了。

分析 对于接触流体(气体和液体)的设备来说，流速是一个重要的环境条件。当金属的耐蚀性是依靠表面膜的保护作用时，如果流速超过了某一个临界值(称为临界流速)，由于表面膜被破坏就会使腐蚀速度迅速增大。

碳钢在98%硫酸中耐蚀性较好，是因为能够钝化，表面生成保护膜。但表面膜修复能力有限，临界流速只有1.52 m/s。在本事例中就是由于没有考虑到临界流速，从而使流速过大而加速腐蚀。

实例三 某生产家用热水器的厂商为了使产品升级，保证能使用五年，将汲出管由原设计的镀锌钢管改为黄铜管。结果镀锌钢板制的筒体在半年内就发生了腐蚀穿孔。

分析 虽然黄铜管和镀锌钢板并没有直接接触，似乎不会造成电偶腐蚀。但是从铜管上溶解下来的铜，却可以沉积在镀锌钢板表面，形成一个个小型的电偶腐蚀电池。由于热水导电性差，虽然阴极面积小，但电偶腐蚀影响主要发生在铜沉积点周围，从而导致锌镀层及钢板被腐蚀穿。

这类电偶腐蚀是在设备使用过程中有液流或气流带来的，常常被设计人员忽视。上述事例说明，这类电偶腐蚀的影响是忽视不得的。

实例四 某厂氢氟酸烷基化工艺中的精制热交换器选择蒙乃尔合金制造管束，该设备为水平管壳式。工业无水氢氟酸走管程，低压蒸汽走壳程，使无水氢氟酸受热蒸发。仅仅使用几个月，最后两程的管子发生腐蚀破坏，而前四程的管子腐蚀很轻微。

分析 蒙乃尔合金是用于处理热的无水氢氟酸的标准设备材料(所谓天然组合)，但对氧化性介质，如浓硫酸、硝酸等是不耐蚀的。工业无水氢氟酸含0.001%的硫酸，这种含量的硫酸对蒙乃尔合金本来不会产生腐蚀。但在本事例中，由于硫酸沸点高并不蒸发，氢氟酸的蒸发造成硫酸在最后两程管子中聚集。热的浓硫酸属强氧化性介质，造成蒙乃尔合金管子的腐蚀破坏。

对于这个问题的解决，当然可以选择更耐蚀的材料，比如哈氏合金C；也可以在结构设计上作些改进，防止硫酸聚集。

第七章　金属防腐蚀方法的确定

第一节　选择金属防腐方法的步骤

一、做好防腐工作的方法、要求

腐蚀与防护是一门边缘科学，涉及面广。作为一名优秀的防腐工作者，必须要有很广的知识和丰富的实践经验。除掌握腐蚀的基本原理以及金属和非金属材料的基础知识之外，还要掌握材料(如合成树脂、涂料、工程塑料、玻璃钢)的合成、衬里技术、化工建筑防腐、设备清洗、带压堵漏等防腐蚀技术以及经济核算、安全知识等等。这些都是防腐工作者必须知道的知识内容。随着科学技术不断的发展，新技术、新材料不断出现，防腐工作者只有不断地充实，加强实践，才能确保防腐工程方案先进、可靠、科学、经济合理。

防腐工作者应对生产系统有全面的了解，要了解生产工艺、设备结构及材质、生产工艺条件，如介质组成、温度、压力，是动态还是静态的，是气相还是固相或是液相，有否磨损等等。分析其中腐蚀原因，制订出防腐方案。在制订防腐方案之前，先查一下同行业中同类设备所有的防腐方法和取得的效果。在此基础上再查阅防腐手册，找出适用这种介质、温度、压力条件下使用的防腐材料。最后从经济角度出发选择适合的防腐蚀材料，制订施工方案，力求降低工程造价，延长设备使用寿命，减少腐蚀损失。

防腐工作者还要掌握一些新技术，为生产工艺服务。例如清洗技术，带压堵漏等。新型防腐材料近年来出现很多，如新型防腐涂料、合成树脂、玻璃钢整体设备、复合防腐材料等等，在防腐工程上取得了成功的应用，获得了良好的经济效果。

二、选择防腐方法的步骤

无论在建造之初，还是在维修保养过程中，选择金属防腐方法的最基本要求是：

① 满足使用性能和寿命要求；

② 安全可靠，工艺可行；

③ 无公害，无污染；

④ 经济合理。

在工程结构设计和建造之初就应考虑材料的腐蚀与防护问题，其好处在于：

① 可供选择的防腐方法较多；

② 可以做到使各构件寿命同步，从而使整个工程项目达到最高的功效成本比；

③ 各种防腐方法都可在建设过程中得以实施，不会受到工艺因素的制约。

在工程结构设计和建造之初，一般选择防腐方法的步骤如图 7-1。

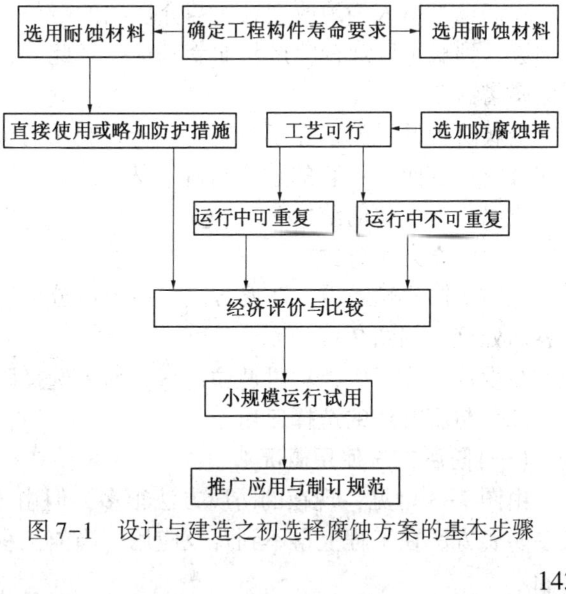

图 7-1　设计与建造之初选择腐蚀方案的基本步骤

工程设施建成并运行之后，由于腐蚀问题造成停机维修，应重新考虑防腐蚀问题，这种情况下，一般选择防腐方法的步骤如图 7-2 所示。

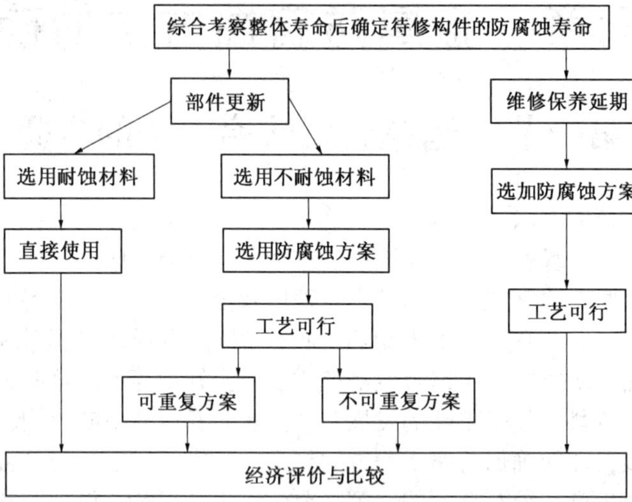

图 7-2　构件运行后选择防腐蚀方案的基本步骤

第二节　常用的防腐方法

造成金属腐蚀的原因很多，影响因素也十分复杂。由于材料品种和腐蚀环境千差万别，因此不可能用一种防腐措施来解决一切腐蚀问题。随着腐蚀与防护学科的不断发展，各种防腐技术也在不断完善。

如前所述，金属电化学腐蚀主要是由于金属表面的电化学不均匀性，当它和介质接触时形成腐蚀电池所引起的。针对腐蚀发生的原因，才能提出有效的金属防护方法。显然，防止金属腐蚀最有效的方法是设法消除产生腐蚀电池的各种条件。要消除金属表面的电化学不均匀性是比较困难的，但是如果用绝缘性的覆盖层(例如涂料)把金属与腐蚀介质隔离开来，腐蚀电池便无从产生，这就是通常用得最广泛的涂层防护方法。

我们也可以人为地改变金属与介质间的电位，使其升高或降低到某个电位值，则金属可分别进入到稳定区或钝化区从而受到保护；此外，还可以用改变腐蚀介质性质的方法，来防止金属腐蚀。

金属防护的目的，在于控制构成金属制品的金属材料因腐蚀而引起的消耗，防止金属制品的破坏，从而延长它的使用寿命，因此，除了防止金属腐蚀外，还包含着保护金属的意义，所以称为金属的防护。

一、防腐方法分类

从防腐蚀机理上看，防腐方法大体上可分为三类，即选择耐蚀材料、环境介质处理、相界表面处理。如图 7-3 所示。

在设计和施工中，均可遵循这三方面去选择防腐方法。

二、防腐方法的选择应用

(一)防腐方法使用概况

由图 7-3 可见，现在的防腐方法很多，但由于造价和工艺限制，或由于人们了解不够，很多防腐方法在工程上得不到普及应用。当前工程上应用比较多的防腐方法是：选用耐蚀材料、有机涂料覆盖层保护、金属覆盖层和电化学保护等。参见表 7-1、表 7-2。

- 防腐方法
  - 选择耐蚀材料
    - 耐蚀金属材料
      - 黑色金属——耐蚀低合金钢、不锈钢等
      - 有色金属——铜合金、镍合金、钛合金等
    - 非金属材料
      - 有机材料——塑料、橡胶、纤维等
      - 无机材料——陶瓷、玻璃、石墨等
    - 复合材料
      - 异种金属复合——不锈钢/碳钢、镍合金/钢等
      - 金属与非金属复合——金属陶瓷等
      - 有机、无机复合——玻璃钢、掺碳增强树脂等
  - 环境介质处理
    - 改变环境介质条件——控制温度、压力、介质流动状态等
    - 改变介质性能——改变介质电阻率、pH 值等，加缓蚀剂
    - 减少有害成分——沉淀净化、干燥处理、除氧、除 Cl^- 等
  - 相界表面处理
    - 覆盖层保护
      - 金属覆盖层——各种镀层、衬里、气相沉积等
      - 有机覆盖层——涂层、包覆、贴衬、热轧等
      - 无机覆盖层——浸涂、刷涂、喷涂、扩散、搪涂烧结等
    - 电化学保护
      - 阴极保护——外加电流法和牺牲阳极法
      - 阳极保护
    - 表面转化膜
      - 化学转化膜——氧化、磷化等
      - 电化学转化膜——阳极氧化和阴极处理
      - 物理法处理——抛光、喷丸、激光处理等

图 7-3　防腐蚀方法分类

(二) 防腐方法选用参考

如表 7-1、表 7-2 所示，现在美国采用的防腐方法中，选用耐蚀材料是第一位的，日本也在提高耐蚀材料的使用比例。中国和日本目前采用最多的防腐方法是有机涂料覆盖层。

因为钢铁材料是通用金属材料，故钢铁材料的防腐方法选择就更为重要。表 7-3 列出了常见工业环境下钢结构防腐方法选用参考。

表 7-1　1975 年美国防腐蚀投资花费分配

防腐蚀方法	耐蚀金属材料	有机材料	覆盖保护层保护	缓蚀剂保护	电化学保护	其　他
花费比例	54.24%	4.50%	29%	3.40%	4.50%	1%

表 7-2　中国和日本的年防腐蚀花费比例

防腐蚀方法	防腐蚀花费比例/%			防腐蚀方法	防腐蚀花费比例/%		
	中国	日本			中国	日本	
	2000 年	1975 年	1997 年		2000 年	1975 年	1997 年
表面涂装	75.63	62.5	58.4	电化学保护	0.1	0.6	0.6
金属表面处理	11.66	25.4	25.7	腐蚀研究	—	0.8	1.1
耐蚀材料	12.46	9.4	11.3	其他	—	—	0.2
防腐、缓蚀技术	0.15	1.2	2.7				

表 7-3　内陆及工业环境下结构防腐蚀方法选用参考

工　况	腐蚀环境	构件举例	可选用防腐方法
普通大气	内陆大气、日照雨淋	电力、通讯铁塔、支架等	热浸、喷金属层(Zn-Al)、无机、有机层及其复合层
工业或城市污染大气	日照雨淋、酸碱性气氛污染	工矿企业区外露设施、支架、管道等	热浸、喷金属层(Zn-Al、Al)、无机、有机层及其复合层等

续表

工　况	腐　蚀　环　境	构　件　举　例	可选用防腐方法
常温、中温、高温的酸碱性气氛	含有 H_2S、SO_2、No_x、NH_3、Cl_2 等酸碱性气体条件下，温度：室温 40～150℃、150～400℃、400～900℃	化工容器、管道、反应排放系统、净化、加热设施、炉道等	耐蚀散热材料、复合材料、热扩散、热浸、喷金属层（Al、Ni、Si、Ti、Cr）、无机、有机层及其复合层
常温、中温、高温的酸碱性液体	NH_4OH、$NaOH$、HCl、HNO_3、H_2SO_4、H_3PO_4 等，温度<40℃、50～200℃、>200℃	酸碱液储槽、罐体、化工设施等	耐蚀材料、复合材料、有机层、包覆金属、无机层、阳极保护等
淡水	河水或<40℃常用水	饮水容器、水封槽、水工闸门等	缓蚀剂、金属层（Zn－Al、Zn），有机、无机覆盖层等
高温淡水	40～100℃高温水、高温蒸汽	冷却水系统管路设施、城市供热系统等	缓蚀剂、金属层（Zn－Al、Zn、Al），有机、无机覆盖层、耐蚀材料、复合材料等
海淡水	含盐度低于海水的河口水	河口码头、闸门设施等	金属层（Zn－Al、Zn），有机、无机覆盖层、耐蚀材料、复合材料等
<100℃的高纯水	去离子水、蒸馏水	高温锅炉用水系统等	有机、无机覆盖层、耐蚀材料、复合材料等
污染污水	<60℃酸碱性污泥浊水排放系统	化工厂排放管道、矿井排水管等	有机、无机、金属高强层、耐蚀材料、复合材料等
高速水	产生磨蚀、空泡腐蚀的高流速淡水（或海水）	在海水、河水中船舶的螺旋浆叶、水轮机叶片等	耐空蚀材料、有机、金属高强复合材料等
高潮湿污染大气	80%～90%湿度，并含有 H_2S、SO_2、NO_2、NH_3、Cl_2、CH_4 等污染气体	煤矿、天然气矿井井下设施、隧道、坑道设施等	金属有机复合层、有机、无机覆盖层、缓蚀剂等

一般来说，各种防腐方法的单位面积费用按下列顺序递增：缓蚀剂<有机涂层<无机涂层<有机层加阴极保护<金属覆盖层<金属层加有机层<包覆层<复合材料<耐蚀材料<高耐蚀材料。

基本技能三　各种防腐方法的应用能力

基本要求

1. 会正确选材，了解防腐设计的要点、注意事项；
2. 掌握表面覆盖层的应用及常用施工方法；
3. 了解电化学保护的方法、应用及设计、施工；
4. 会正确选择、使用缓蚀剂。

相关知识和基本原理

1. 正确选材与合理设计；
2. 覆盖层保护；
3. 电化学保护；
4. 腐蚀介质处理——缓蚀剂

第八章 正确选材与合理设计

现代工业腐蚀介质种类繁多，工艺条件苛刻，耐蚀材料品种和性能也十分繁杂，正确地选材和合理设计是一项复杂的任务。

“腐蚀是从绘图板上开始的”，即设备的设计必须要考虑腐蚀问题。如果在防腐问题上考虑不周，措施不够完善，则设备的使用寿命将不是主要取决于疲劳、断裂等机械形式，而是腐蚀，因此在设计时，除在选择材料、结构设计、强度核算等几方面进行考虑外，还必须考虑选用什么防腐措施(如涂装、衬里、添加缓蚀剂、进行电化学保护等等)及施工的可能性，并且在结构上保证能顺利完成这些措施。

第一节 正确选材

一、选材的原则

结构材料是化工机器设备的基础，正确合理的选择材料是保证正常发挥机器设备功能的重要环节。

要做到正确选材，不仅需要弄清机器设备在具体工作条件下对材料的主要要求，又要全面掌握各种材料的基本特性，还应结合经济性和具体应用场合进行综合分析。这不仅需要查阅有关各种材料的资料、数据和在特定介质中的腐蚀特性，而且要充分利用工作经验和工作程序。特别是化学工业，由于产品种类很多，生产工艺条件复杂，往往对材料提出了不同的要求，这就需要详细了解具体工艺过程的特点，分清各种要求的主次，逐一进行分析。

1. 充分了解腐蚀环境

① 介质的相态；

② 溶液、气体、蒸汽等介质的成分、浓度和性质(如氧化性、还原性等)；

③ 空气混入程度，有无其他氧化剂；

④ 混酸、混液和杂质的含量，特别不能忽视 Cl^- 等微量杂质；

⑤ 液体的静止及流动状态；

⑥ 混入液体中的固体物所引起的磨损和侵蚀情况；

⑦ 局部的条件变化(如温度差、浓度差)及不同材料的接触状态；

⑧ 设备的操作温度以及温度的变化范围。有无急冷急热引起的热冲击和应力变化等；

⑨ 有无化学反应，以及反应生成物的情况；

⑩ 高温、低温、高压、真空、冲击载荷、交变应力等需要特别注意的环境条件。

2. 了解工艺条件对材料的限制

在医药、食品以及石油化工三大合成材料生产的某些过程中，对产品纯度有严格的要求，因此选材时必须注意防止某些金属离子对产品的污染。有时材料的腐蚀产物或被磨蚀下来的微粒，会引起化工过程不允许的副反应或造成某些催化反应的触媒中毒，那么这种材料就不能选用。

3. 了解设备的功能与结构

各种机器设备具有不同的功能与结构，对材料的要求也必然不同。例如，换热器除要求材料具有良好的耐蚀性外，还应有良好的导热性能；输送腐蚀液的泵要求材料具有良好的耐磨蚀性能和铸造性能，而泵轴既要耐磨蚀，又要有较高的疲劳极限等等。

4. 了解运转及开停车的条件

操作条件、开停车速度、频率及安全措施等对设备材料也有要求，如开停车频繁、升降温波动大的设备，对材料还要求有良好的抗热冲击性能等。

二、选材的基本要点

在明确机器、设备所处工作条件对材料的主要要求后，可从以下几方面考虑：

1. 耐蚀性

化工介质大多有腐蚀性，所以在很多场合下，耐蚀性对材料的选择起决定性作用。选择时应注意以下几点：

① 材料的耐蚀性是在一定条件下相对而言的，因此，是否耐蚀必须针对具体使用条件来确定；

② 选材时，既要考虑其耐全面腐蚀的性能，又要考虑其耐局部腐蚀的性能，尤其对局部腐蚀敏感的一些材料(如不锈钢、铝合金等)。在某些环境中，后者往往成为评定是否耐蚀的主要依据；

③ 当有异种金属彼此接触时，选材时应注意尽可能避免在电偶序中电位差别很大的金属相互接触，并注意在所处腐蚀环境中材料的相容性。

2. 物理机械性能

① 材料的使用场合不同，对其物理性能亦有不同的要求。如制作换热器的材料应主要考虑导热系数；对于制作设备衬里用的材料或选用双金属制作设备时，则必须考虑材料的线膨胀系数。

② 对于压力容器，当温度不是很高时，对材料主要考虑应有足够的强度(σ_b 和 σ_s)及塑性(δ 和 ψ)；在高温下工作时，必须考虑材料有足够的蠕变极限 σ_n(或持久极限 σ_D)；

③ 对于承受交变或脉动载荷的设备、零部件，要优先考虑材料的疲劳强度；

④ 对于承受冲击(震动)载荷或低温下使用的设备、构件，则需特别重视材料的冲击韧性或脆性转变温度；

⑤ 对于彼此接触而又相对运动的机器零件或受高速流体(特别是含固体颗粒的流体)作用的零件，则必须考虑材料的耐磨性指标(硬度)或考虑用热处理的方法来提高材料的表面硬度。

值得注意的是，材料的机械性能数据都是在大气环境中取得的，在有腐蚀性介质作用时，某些性能(如疲劳极限)将显著下降。

3. 加工成型工艺性能

材料选定后，都要经过各种加工、成型或焊接等工艺才能制成具有一定形状、尺寸、精度、光洁度等要求的化工设备及零部件。铸、锻、压、焊接、机加工、热处理等性能是材料最主要的加工成型工艺性能，它们对机器设备的结构、功能、机械性能、耐蚀性及制造成本等都有着重要影响。当其他各种性能都符合要求时，若加工困难，仍会影响到材料的选择。

4. 材料的价格与来源

机器设备成本的很大一部分是材料的成本，然而，采用廉价的材料不一定就是经济合理的，因为昂贵的材料往往具有良好的性能，而廉价的材料或加工费用很高，或使用寿命较短。所以考虑价格时，要把材料费用同设备加工制造、使用、维修、更新及寿命等结合起来考虑，进行总费用的经济分析、权衡。

第二节　防腐蚀设计

一、设备设计中要考虑的几个主要问题及顺序

1. 材料的选择

正确选材对任何一台设备都是非常重要的一环。对于化工设备，由于一般都接触各种有腐蚀性的化学介质，有时不得不选用较昂贵的材料，使材料费用连带加工制造费用都增大；另一方面，化学介质种类繁多，温度、压力、浓度等不同，腐蚀行为也不同，若选材不当，对使用效果影响很大，特别表现在不能保证装置的长期、安全运转和跑、冒、滴、漏问题等。因此，在设计中应设法处理好以上两方面的关系，使初始投资不致增加很多，同时在投入使用后，又不会因为腐蚀问题而导致计划外停车频繁，从而产生昂贵的维修更换费用。

2. 防腐蚀措施的选择及其设计

如果考虑要采用设备衬里、涂层、复合材料、电化学保护或缓蚀剂等防腐蚀技术时，在设计上要有相应的体现：如应考虑在设备或装置的哪个部位应用；在结构上如何布置以便适合要求等。当然也还要考虑到各种方法在经济上的合理性。

3. 防腐蚀结构设计

结构形式与腐蚀，特别是局部腐蚀，如冲蚀、磨蚀、电偶腐蚀、缝隙腐蚀等的关系很大。应采用对防止腐蚀有利的结构。

4. 防腐蚀强度设计

强度设计和校核是设计中的重要步骤。在腐蚀介质作用下，一般考虑安全系数和许用应力是不够的，还要考虑环境对强度的影响，特别是腐蚀疲劳破坏时更为明显。

5. 加工制造方法

在设计时，要对制造过程提出技术条件和要求，例如焊接过程，会对以后的耐蚀性产生很大的影响。

二、结构设计的原则

由于腐蚀形式的多样性及影响因素的复杂性，在设备设计时一般应遵循以下原则：

1. 在保证使用性能的的前提下，形状应尽可能简单

复杂的结构往往会增加许多间隙，引起液体或固体滞留、应力和温度分布不均匀，这些都会是缝隙腐蚀、浓差腐蚀、应力腐蚀、垢下腐蚀等局部腐蚀产生的源头；另一方面，如果要进行防腐施工，则复杂的形状会加大施工和检查的难度。

2. 对容易产生腐蚀损坏的设备，一定要充分考虑制造与维修的方便与经济

特别是要考虑维修，因为腐蚀造成的局部维修与更换，几乎是不可避免的，尤其是大型设备，整体报废在经济上不合算。因此，为了便于检查和局部维修、更换，可将整体结构设计成可分拆的形式。

3. 要考虑应力与机械负荷的影响

某些腐蚀是与力有关的。由介质-机械作用联合引起的腐蚀破坏危险性很大，如应力腐蚀破裂、腐蚀疲劳及磨损腐蚀等，在设计时应采取措施尽量避免出现应力集中、交变应力(如振动)及剪切应力等。

4. 考虑传热与保温中热的影响

一是要注意由于热的传导或保温、冷却不均匀，以及结构上引起的加热或冷却条件不同等，在设备的不同温度区域形成电位差，引起“热电池腐蚀”；二是要注意由于局部温度升高导致腐蚀加剧，以及局部温度降低导致出现冷凝液，使介质条件恶化造成的腐蚀。因此，在结构设计时，应注意避免出现局部过热区域，以及改进(或改善)冷却或保温条件。

5. 考虑介质流动状态的影响

一是要注意在设计时尽量使介质流动均匀化，避免局部出现涡流等；二是要注意流体冲击对腐蚀的影响；三是要注意液体流速不足引起的腐蚀。当流速不足时，腐蚀产物和其他固体物质附着堆积在器壁或管壁上，一方面会使传热和流动减少，从而使生产效率下降；另一方面，会形成腐蚀因子(有害成分)的浓缩，或形成流体湍流，加速腐蚀。总之，固体物质的堆积对化工装置是不利的，因此要设法改进结构来预防。

6. 合理设计联接结构

联接是化工设备中必须有的结构形式，联接部位往往是腐蚀产生之处。联接结构主要有焊接与螺栓联接两大类。合理设计联接结构的核心是防止或减轻由于联接引起的缝隙腐蚀、电偶腐蚀、应力腐蚀以及沉积、滞留液引起的局部腐蚀。

图 8-1 所示为一些从防腐的角度来看合理和不合理的典型结构设计。

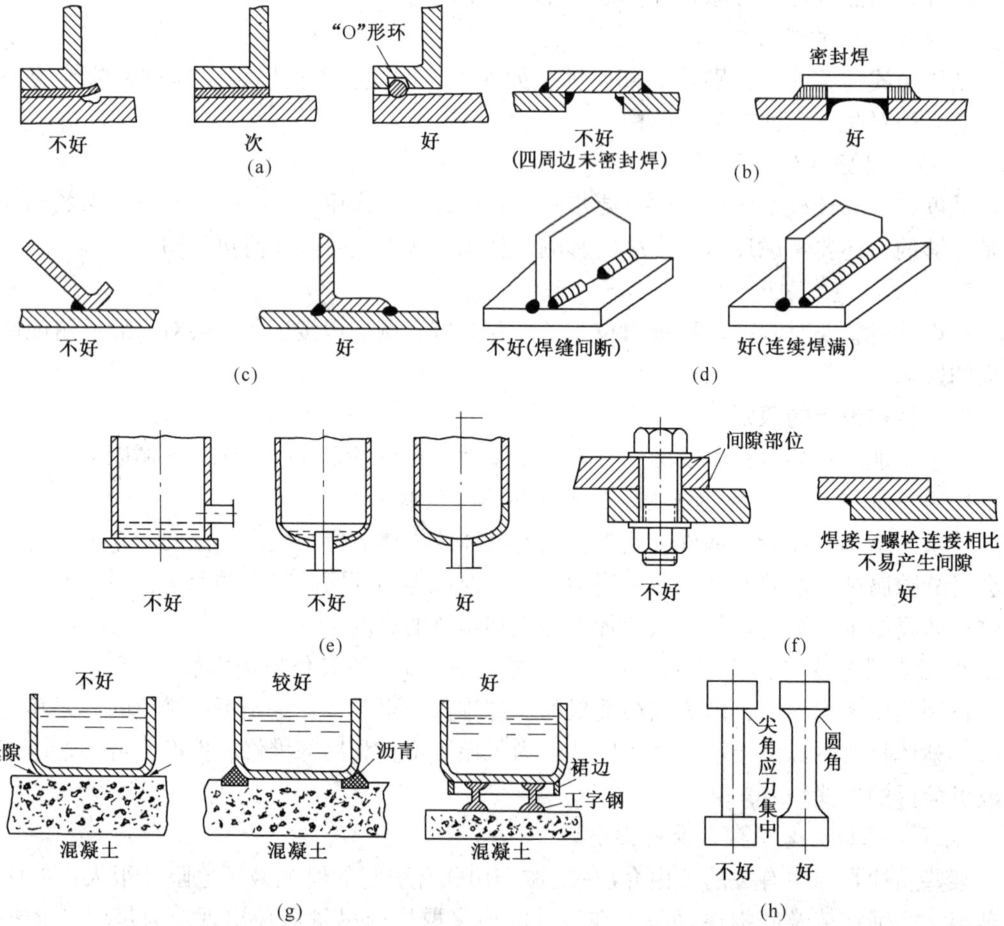

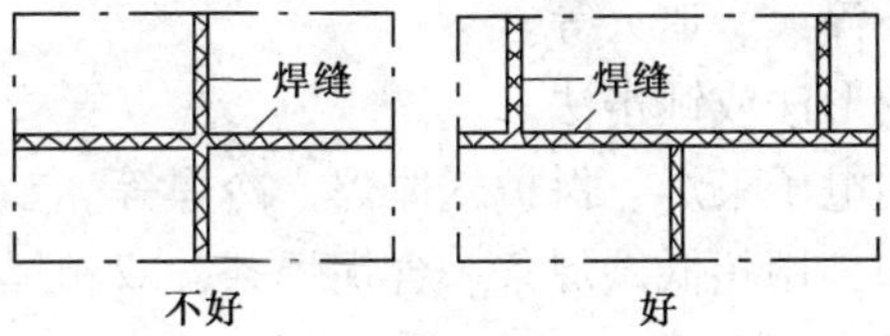

(i)

图 8-1 典型结构设计

第三节 建设施工中的防腐原则

一、建设施工中的防腐通则

① 能热加工时不用冷加工。因为冷加工易造成残余应力而加速腐蚀。例如，热弯曲管比冷弯曲管要好，试验测出，低碳钢管冷弯曲成“U”字形时，其局部拉伸残余应力可达100MPa 以上。

② 加工中应避免或消除残余应力。例如，钢制圆筒，冷弯、焊接成型后，通过打、压、拉消除残余应力，或通过时效、热处理消除应力等。

③ 加工表面光滑，避免疤痕、凸凹缺陷，因为这些缺陷都是腐蚀源。

④ 避免温差悬殊的加工，因为过热会引起材料“过烧”，温差大也会产生工艺不均匀的残余应力。

⑤ 加工环境应干燥、通风、清洁。

⑥ 有腐蚀性介质的工序应设在流程的首或尾，这样有利于隔离操作或减少影响上下工序。

⑦ 工序间间隔周期长时，应做工序间防腐处理。

⑧ 避免加工中的“氢脆效应”。例如，注意防止高强度钢的酸洗或电镀中的氢脆等。

二、成型加工中引起的应力腐蚀与防止

设备在成型加工后，常产生残余应力而影响金属腐蚀，尤其是应力腐蚀敏感材料。例如，从不锈钢材料制作的设备的应力腐蚀破坏事故原因调查分析中表明，80%左右是由于加工和焊接产生的残余应力引起的，因此，在成型加工中要求消除残余应力，一般的方法如下：

① 尽量采用热加工成型；

② 热处理消除残余应力；

③ 固溶稳定化组织机构处理；

④ 低温应力松弛处理；

⑤ 表面强化处理，例如喷丸。

三、焊接工艺中引起的应力腐蚀与防止

焊接是设备设施建造的主要工艺手段。由于焊接工艺的不正确，会造成构件受力不均匀、焊缝区组织机构疏松、晶粒粗大、脱碳等，工艺粗糙引起的焊疤、焊瘤、漏焊等以及接线的不正确产生杂散电流等，都会引起构件的局部腐蚀——应力腐蚀、晶间腐蚀、缝隙腐蚀、选择性腐蚀和杂散电流腐蚀等。因此，焊接工程师必须对焊接工艺中所引起的腐蚀问题给予充分注意，防止方法一般有如下几种：

① 焊后热处理。例如，淬火、退火等。

② 松弛处理。例如，变形法或锤击法。

③ 改进工艺。例如，用电子束焊、保护气体焊、冷焊等。

④ 采用耐蚀焊条。例如，用超低碳焊条、含铌焊条、双相焊条等。

⑤ 表面强化处理。例如，喷丸等。

⑥ 氢脆敏感材料的特殊处理。例如，钛材、马氏体高强钢、低合金钢等，除了用惰性气体保护焊以外，还应采用低氢焊条，并保持表面及环境干燥。

⑦ 焊件同体接线，避免漏电和产生杂散电流。例如，水中船体焊接时，地线必须连接在船体上，以避免产生杂散电流腐蚀。

四、铸造工艺对腐蚀的影响与防止

普通铸铁(钢)件的铸造缺陷(诸如，缩孔、气孔、砂眼、夹渣等)是引起腐蚀的主要因素；而不锈钢铸件，除了普通铸造缺陷以外，还易产生成分偏析、表面渗碳等缺陷而引起腐蚀。因此，在铸造工艺中，应注意以下几点：

① 改进铸造方法。压铸比模铸好，模铸比砂铸好，压铸是避免一般铸造缺陷的最好方法。

② 精细铸造工艺。尽量减少缩孔、气孔、砂眼、夹渣等缺陷。

③ 改进造型和模具设计。尽量减少铸件内应力和缩孔。

④ 进行热处理。消除成分偏析和残余应力。

⑤ 表面处理。例如，表面喷丸、钝化等改进表面状态。

⑥ 改进材料成分。例如，添加稀土元素，改进铸造性能。

⑦ 改进模具材料。例如，不锈钢铸件不能用有机材料模，而用陶模最好。

五、工艺流程中的防腐蚀原则

作为工艺流程设计工程师或工艺师，必须从防腐蚀角度考虑工艺流程安排，以杜绝腐蚀源。工艺流程设计可分为设备运行流程设计和生产工艺流程设计两种，二者的防腐蚀原则分别叙述如下。

1. 设备运行流程设计防腐蚀原则

① 工艺运行路线有利于温度、流速、受力等均匀；

② 接触腐蚀介质或易于产生腐蚀的部位应与主体分开，或单件独立、易于拆卸、清洗、检修和更换；

③ 气、液体进出畅通，腐蚀产物或污秽能顺利排除。

2. 生产工艺流程设计防腐蚀原则

① 有腐蚀性介质的工序应安排在首工序或尾工序执行，或工序隔离，以减少对其他工序的污染；

② 尽量采用常温常压生产工艺，避免高温高压生产工艺；

③ 生产环境应干燥、清洁、通风、无污染，以减少工序间腐蚀。

实例分析

实例一 某厂一个衬橡胶的氢氟酸储罐使用了20年，更换时想更现代化，选择了纤维缠绕玻璃钢容器。使用不到一年，容器断裂，氢氟酸逸出造成事故。重新制作时仍然使用衬橡胶的碳钢容器。

分析 事故显然是因为选材错误造成的。在常温下，对浓度小于50%的氢氟酸，钢衬橡胶是一种合理的选择，但玻璃钢肯定不耐氢氟酸，因为玻璃钢的主要成分有硅酸盐材料(玻璃纤维及其制品)，玻璃和玻璃纤维制品是不耐氢氟酸腐蚀的。因此，材料选择必须建立在科学的基础上。

实例二 一条铸铁废水管道(处理厨房及生活用水)埋于土壤中发生石墨化腐蚀。在重建时决定改用聚氯乙烯(PVC)管。当82℃的洗盘子水流入时，PVC管损坏。

分析 石墨化腐蚀是一种选择性腐蚀，常发生于灰口铸铁中。如果要更换，可以选择不会发生石墨化腐蚀的其他铸铁(如球墨铸铁等)管道。

在本事例中选择了聚氯乙烯(PVC)管，但PVC塑料的耐温性不高，其马丁耐热温度只有65℃，推荐使用温度为60℃以下。而厨房废水的温度可能较高，很容易超过PVC的使用温度限，从而造成管道的破坏。所以这里的材料选择是错误的。

实例三 某厂一个碳钢容器盛装浓的乙二醇脚料，温度150℃。脚料中含0.2%NaOH。使用不久，碳钢容器发生严重的全面腐蚀，器壁减薄。

分析 碳钢在NaOH溶液中的腐蚀与碱浓度和温度有很大关系。在常温稀碱溶液中，碳钢是耐蚀的，因此碳钢是处理常温稀碱溶液的常用结构材料。当NaOH浓度大于50%时，碳钢发生强烈腐蚀，而且随温度升高，腐蚀更显著。

在本事例中，虽然温度较高，但脚料中NaOH含量很低，所以忽略了碳钢的全面腐蚀问题。应注意的是：虽然相对于整个脚料NaOH浓度很低，但相对于混合物中的水，NaOH的浓度就要大得多，即乙二醇脚料中的水是NaOH的浓溶液，加之温度较高，故发生严重的全面腐蚀。

在此应强调，在为设备选择制造材料时，首先要把设备将服役的环境条件搞清楚。

第九章　覆盖层保护

用耐蚀性能良好的金属或非金属材料覆盖在耐蚀性能较差的材料表面，将基底材料与腐蚀介质隔离开来，以达到控制腐蚀的目的，这种保护方法称为覆盖层保护，此覆盖层则称为表面覆盖层。

在金属表面使用覆盖层保护是防止金属腐蚀最普遍而且最重要的方法。它不仅能大大提高基底金属的耐蚀性能，而且能节约大量的贵重金属和合金。例如碳钢用铅覆盖后，就可以防止硫酸的侵蚀，这是因为铅把碳钢和硫酸隔离开来，而铅对硫酸有很高的耐蚀性；同样，用酚醛清漆作为覆盖层，可以保护碳钢在盐酸中不致遭受破坏。

在工业上，应用最普遍的表面覆盖层主要有金属覆盖层和非金属覆盖层两大类，此外还有用化学或电化学方法生成的覆盖层(如“发蓝”、“磷化”等)以及暂时性覆盖层等。覆盖层的详细分类见图 9-1。

- 覆盖层
  - 金属覆盖层
    - 电镀
    - 化学镀
    - 热喷涂
    - 热浸镀
    - 渗镀
    - 双金属(碾压)
  - 非金属覆盖层
    - 涂料
    - 橡胶
    - 玻璃钢
    - 塑料
    - 砖板衬里
    - 搪瓷等
  - 表面转化膜层
    - 氧化(发蓝)处理
    - 磷化处理
    - 阳极氧化等
  - 暂时性覆盖层
    - 油封
    - 可剥性塑料膜等

图 9-1　覆盖层的分类

第一节　表面处理技术

不论采用金属还是非金属覆盖层，也不论被保护的表面是金属还是非金属，在施工前均应进行表面处理，以保证覆盖层与基底金属的良好附着和黏结力。

一、钢铁表面处理对基底层的要求

钢铁表面处理主要是采用机械或化学、电化学方法清理金属表面的氧化皮、锈蚀、油污、废漆、灰尘等，主要有以下要求：

① 钢结构表面应平整，施工前应把焊渣、毛刺等清除掉，焊缝应平齐，不应有焊瘤、熔渣和缝隙，如有，应用手提式电动砂轮或扁铲修平；

② 金属基体本身不允许有针孔、砂眼、裂纹等；

③ 金属表面应清洁。如果表面存在锈蚀、氧化物或被油、水、灰尘等污染，则会显著影响到覆盖层与金属表面的黏附力；

④ 金属表面应具有一定的粗糙度。适当提高表面粗糙度，可以增加表面与涂层(或胶黏剂)的接触面积，有利于提高黏结强度。但过大的粗糙度，在较深的凹缝处往往残留空气，反而使黏结强度降低。

二、钢铁表面处理工艺

钢铁表面的处理主要有手工、机械和化学除锈三类方法。

1. 手工除锈

用铁砂纸、刮刀、铲刀及钢丝刷等工具进行除锈。该方法劳动强度大，劳动条件差，除锈不完全，但因操作简便，仍在采用。只适用于较小的表面或其他清理方法无法清理的表面。

2. 机械除锈

这是一种利用机械动力以冲击和摩擦作用进行除锈的方法。常用的方法有利用风动刷、除锈枪、电动刷及电砂轮等机械打磨，或利用压缩空气喷砂以及高压水流除锈等。其中以喷砂法的质量好，效率高，已被广泛采用。喷砂法是在喷砂罐中通入 0.5~0.6MPa 的压缩空气，将带棱角的、质地坚硬的石英砂、金刚砂或河砂经喷嘴高速喷射到钢铁表面，依靠砂粒棱角的冲击或摩擦，将金属表面的铁锈、氧化皮及其他污垢清除掉，同时使表面获得一定的粗糙度。

3. 化学除锈和除油

(1) 化学除锈

这是利用酸溶液和铁的氧化物发生化学反应，将其表面锈层溶解和剥离掉的一种除锈防腐方法，又称为酸洗除锈。这种方法对小型件和形状复杂工件除锈效率高。例如，钢窗除锈、汽车外壳除锈、碳钢换热器防腐前除锈等，普遍采用酸洗的方法。但酸洗对钢铁有微量腐蚀损失，因此常在酸中加入一定比例的缓蚀剂。

化学除锈常用的酸洗液为硫酸、磷酸、硝酸、盐酸等。

表 9-1 中列出了一些钢铁酸洗工艺的例子。

表 9-1 钢铁表面酸洗除锈的配方和工艺条件

序　号	1	2	3	4
配方	浓 $H_2SO_4$75~100g，浓 HCl180g，食盐 200~500g，缓蚀剂 3~5g，水 1000g	工业 $H_2SO_4$18%~20%，食盐 4%~5%，硫脲 0.3%~0.5%，余量为水	浓 HCl12~23g，硝酸 110~120g，若丁 1~2g，水 1000g	工业硫酸 15g，铬酸酐 150g，水 1000g
处理温度/℃	20~60	65~80	40~50	
处理时间/min	5~50	25~40	15~60	
适用范围	钢及钢铸件	清洗铸件的大块铁皮(铸铁件上有型砂时加 2%~5%氢氟酸)	高合金钢制件	精密零件，仪表零件

(2) 化学除油

金属表面的油污，会影响到表面覆盖层与基底金属的结合力，因此，不论是金属还是非金属的覆盖层，施工前均要除油。尤其是电镀，微量的油污都会严重影响到镀层的质量。对于酸洗除锈的工件，如有油污，酸洗前也应除油。

化学除油方法有多种，最简单的是用有机溶剂清洗，常用的溶剂有汽油、煤油、酒精、四氯化碳、三氯乙烯等。清理时可将工件浸在溶剂中，或用干净的棉纱(布)浸透溶剂后擦洗。由于溶剂多数对人体有害，所以应注意安全。

除用溶剂清洗外，还可用碱液清洗，即利用油脂在碱性介质下发生皂化或乳化作用来除油。一般用氢氧化钠及其他化学药剂配成溶液，在加热条件下进行除油处理。常用钢铁表面化学除油配方及工艺条件见表 9-2。

表 9-2　化学除油配方及工艺条件

编　号	配　方/(g/L)		清理温度/℃	清理时间/min
1	氢氧化钠	50	100	30~40
	磷酸三钠	30		
	水玻璃	5		
	碳酸钠	30		
	水	余量		
2	水玻璃	30~40	70~80	5~10
	OP 乳化剂	2~4		
3	氢氧化钠	30	85~95	20~30
	磷酸三钠	15		
	水玻璃	15		
	碳酸钠	5		
	水	余量		

4. 火焰除锈

利用钢铁和氧化皮的热膨胀系数不同，用炔氧焰加热钢铁表面而使氧化皮脱落，此时铁受热脱水，锈层也便破裂松散而脱落。此法主要用于厚型钢结构及铸件等，而不能用于薄钢材及小铸件，否则工件受热变形影响质量。

5. 钢铁表面的化学转化

金属经表面清理后，采用化学处理方法，使金属表面生成一层薄的保护膜，使之在一段时间内不发生二次生锈，同时使金属基体有良好的附着力，此过程称为表面化学转化。

具体方法有氧化(即“发蓝”)、钝化和磷化。将在以后叙述。

三、钢铁表面处理质量要求及标准

钢铁表面处理质量对提高覆盖层质量、保证覆盖层与基底金属的良好附着和黏结力有重要影响。所以各国都制定了钢铁表面处理质量标准。

我国表面处理标准 HGJ34—1990“化工设备、管道外防腐设计规定”，于 1991 年 5 月实行。

设备、管道和钢结构表面处理等级以表示除锈方法的字母“Sa”、“St”、“F1”或“Pi”表示。分别为：

(1) 喷射或抛射除锈(Sa 级)有四个质量等级

① Sa1 级：设备、管道和钢结构表面应无可见的油脂和污垢，氧化皮、铁锈和油漆涂层等附着物已基本清除，其残留物应是牢固附着的。

② Sa2 级：设备、管道和钢结构表面应无可见的油脂和污垢，氧化皮、铁锈和油漆涂层等附着物已基本清除，其残留物应是牢固附着的。

③ Sa2 $\frac{1}{2}$级：设备、管道和钢结构表面应无可见的油脂、污垢、氧化皮、铁锈和油漆涂层等附着物，任何残留的痕迹仅是点状或条纹状的轻微色斑。

④ Sa3 级：设备、管道和钢结构表面应无可见的油脂、污垢、氧化皮、铁锈和油漆涂层等附着物，该表面应显示均匀的金属色泽。

(2) 手工和动力工具除锈(St 级)有两个质量等级

① St2 级：设备、管道和钢结构表面应无可见的油脂和污垢，并且没有附着不牢的氧化皮、铁锈和油漆涂层等附着物。

② St3 级：设备、管道和钢结构表面应无可见的油脂和污垢，并且没有附着不牢的氧化皮、铁锈和油漆涂层等附着物。除锈应比 St2 更彻底，底材的显露部分的表面应具有金属光泽。

(3) 火焰除锈(F1 级)：设备、管道和钢结构表面应无氧化皮、铁锈和油漆涂层等附着物，任何残留的痕迹应仅为表面变色(不同颜色的暗影)。

(4) 化学除锈(Pi 级)：设备、管道和钢结构表面应无可见的油脂和污垢，酸洗未尽的氧化皮、铁锈和油漆涂层的个别残留点允许用手工或机械方法除去，但最终表面应显露金属原貌，无再度锈蚀。

设备、管道和钢结构外防腐表面处理等级标准及其应用见表 9-3。

表 9-3　金属表面处理质量标准等级

表面质量等级	标　　准	处 理 方 法	防腐衬里或涂层类别
1 级 Sa3	彻底除净金属表面的油脂、氧化皮、锈蚀产物等杂质物，用压缩空气吹净粉尘； 表面无任何见残留物，呈现均匀的金属本色，并有一定的粗糙度	喷砂法	金属喷度、衬橡胶；化工设备内壁防腐蚀涂层
2 级 Sa2 $\frac{1}{2}$	完全除去金属表面中的油脂、氧化皮、锈蚀产物等一切杂质，用压缩空气吹净粉尘。残存的锈斑、氧化皮等引起轻微变色的面积在任何(100×100) mm^2 的面积上不得超过 5%	喷砂法 机械处理法 St3 级，化学处理法 Pi 级	衬玻璃钢衬砖板搪铅、大气防腐涂料； 设备内壁防腐涂料
3 级 Sa2	完全除去表面上的油脂、疏松氧化皮、浮锈等杂质，用压缩空气吹净粉尘，紧附的氧化皮、点蚀锈坑或旧漆等斑点，状残留物的面积在任何(100×100) mm^2 的面积上≯1/3	喷砂法 人工方法 St3 级，机械方法 St3	硅质胶泥衬砖板；油基漆、沥青漆环氧沥青漆
4 级 Sa1	除去金属表面上的油脂、铁锈、氧化皮等杂质，允许有紧附的氧化皮锈蚀产物或旧漆膜存在	人工处理 St2、St3 级	衬铅 衬软聚氯乙烯板

四、非金属材料表面处理

1. 混凝土结构表面处理

混凝土和水泥砂浆的表面作防腐覆盖层以前需要进行处理。要求表面平整、没有裂纹、毛刺等缺陷，油污、灰尘及其他污物都要清理干净。

新的水泥表面防腐施工前要烘干脱水，一般要求水分不大于 6%。如果是旧的水泥表面，则要把损坏的部分和腐蚀产物都清理干净。基层表面如有凹凸不平或局部蜂窝麻面，可用 1∶2 水泥砂浆修补平整，完全硬化干燥后再进行防腐层施工。在施工前要用钢丝刷刷基层表面，使表面粗糙平整，并除去浮灰尘土，以增加防腐层与基层的黏结力；基层上若有油污，应用丙酮、酒精等揩擦干净。

2. 木材表面处理

在石油化工防腐中对木结构的表面处理要求不是很高，不必像涂饰木器家具那样精细，但也必须进行适当的表面处理。在涂装前必须先将木材晾干或低温(7～80℃)烘干，使其水分含量在 7%～12%，否则会因水分的蒸发而使涂膜起泡，甚至剥落。木材要求刨光，清理尘垢(注意不能用水洗)，然后再填腻子、砂纸打磨、涂漆。

第二节　金属覆盖层

一、概述

用耐蚀性较好的一种(或多种)金属或合金把耐蚀性较差的金属表面完全覆盖起来以防止腐蚀的方法，称为金属覆盖层保护。这种通过一定的工艺方法牢固地附着在基体金属上，而形成几十微米乃至几个毫米以上的功能覆盖层称为金属覆盖层。

① 根据金属覆盖层在介质中的电化学行为，可将其分为阳极(性)覆盖层和阴极(性)覆盖层。

a. 阳极覆盖层。这种覆盖层在介质中的电极电位比基体金属的电极电位更负。其优点是，即使覆盖层的完整性被破坏，也可作为牺牲阳极继续保护基体金属免遭腐蚀。阳极覆盖层的保护性能主要取决于覆盖层的厚度，覆盖层越厚，其保护效果越好。例如在碳钢表面覆盖锌、镉、铝等金属基即为此类。阳极覆盖层常用于保护在大气、淡水、海水中工作的金属设备。

b. 阴极覆盖层。这种覆盖层在介质中的电极电位比基体金属的电极电位更正。只有当它足够完整时，即没有孔或裂痕时，才能可靠地保护基体金属，否则覆盖层将会与基体金属在介质中构成腐蚀电池，加速基体金属的腐蚀。阴极覆盖层的保护性能取决于覆盖层的厚度与孔隙率，覆盖层越厚，孔隙率越低，其保护性能越好。一般情况下，碳钢表面覆盖镍、铜、铅、锡等都属于此类。

② 根据获得金属覆盖层的工艺方法一般可分为金属镀层和金属衬里两大类，见图 9–2。常见工艺方法见表 9–4。

- 金属覆盖层
  - 热喷涂金属覆盖层
    - 火焰气喷
    - 电弧线喷
    - 等离子喷
    - 爆炸喷涂
    - 激光喷涂
  - 电镀金属覆盖层
    - 槽电镀
    - 电刷镀
  - 化学镀金属覆盖层
  - 热浸镀金属覆盖层
  - 熔融金属覆盖层
    - 真空熔结
    - 热喷溶
  - 热压粘接金属箔层
  - 堆焊金属覆盖层
    - 等离子
    - 电弧
    - 埋弧
    - 振动
    - 气体保护
  - 爆炸复合金属板层
  - 热压烧结金属覆盖层
  - 热扩散金属覆盖层

图 9–2　按工艺方法分类的金属覆盖层

表 9–4　金属覆盖层常用工艺方法简介

工艺方法名称	主要特点	适用范围	设计注意事项
热喷涂	金属溶化后高速喷涂到基体表面形成机械结合覆盖层，工艺灵活，各种材料金属均可喷涂，覆盖层粗糙多孔，厚度可达 5mm 以上	用于大面积钢件防腐蚀和尺寸修复等，有色黑色金属、有机与无机、从属陶瓷等均可喷涂，可用于各行业中	细管内腔或长深孔不能喷涂，覆盖层应封闭或熔融后使用
电镀(电沉积)和电刷镀	电解质溶液中通直流电在阴极表面形成电结晶覆盖层，大部分在水溶液中常温处理，工艺简单，覆盖层均匀光滑，有孔隙，厚度可控，一般在十几微米到几十微米	多用于大数量中小零件或精密螺纹件的装饰防腐蚀、耐磨等	深孔、盲孔或易存积液件及焊接组合件不能电镀，对于高强应力钢件要注意氢脆问题
化学镀	在溶质中通过离子置换或自催化反应使金属离子还原沉积到基体表面形成覆盖层，多在水溶液中常温或低温处理，工艺简单，覆盖层厚度一般$<25\mu m$	适合大小各种复杂零件防腐蚀装饰层或作金属与有机件的预镀底层	主要厚度受到限制，镀种少，目前主要有铜和镍及其合金等可用

续表

工艺方法名称	主要特点	适用范围	设计注意事项
热浸镀	零件浸入熔融的覆盖金属中形成扩散连接的黏作层，故覆盖层结合力好，生产效率高，但不均匀	适合低熔点金属及合金覆盖层（锌、铝、铅、锡及其合金）对各种复杂零件防腐蚀用，尺寸大小受镀槽限制	基体需耐覆盖层金属熔点以上50℃，并对基体有热处理影响，不能存有液孔
熔结与堆焊	通过喷涂熔融或电焊、真空熔覆的方法获取熔融致密的扩散结合层，一般作厚层毛坯件，需磨削精加工	主要用于修复或特种防腐蚀	基体要耐热，注意热变形
热结与复合	通过轧、拔、压、热粘、爆炸等方法把覆盖层金属复合在基体金属表面，可得到其他方法达不到的覆盖层厚度和薄层	主要用于管、板、棒等半成品件材，常见包覆材料有铜、铝、铅、银、镍、锡、铂、钯、钛、不锈钢等	注意加工面的覆盖层修复
热扩散（热浸）	在热活化金属氛围中基体金属表面形成相互扩散的合金相覆盖层，结合牢而致密，性脆，工艺繁杂，效率低	适合精密螺纹件的特种防护，零件尺寸受工艺设施限制	基体要耐热，注意热变形和热处理影响

二、常用金属覆盖层工艺方法及应用

（一）电镀与化学镀金属覆盖层

1. 电镀工艺简介

将要电镀的工件作为阴极浸于含有镀层金属离子的盐溶液中，利用直流电作用从电解质中析出金属，并在工件表面沉积，从而获得金属覆盖层的方法称为电镀（或电沉积）。

用电镀方法得到的镀层多数是纯金属，如Au、Pt、Ag、Cu、Sn、Pb、Co、Ni、Cd、Cr、Zn等，但也可得到合金的镀层，如黄铜、锡青铜等。

电镀装置示意图如图9-3所示。

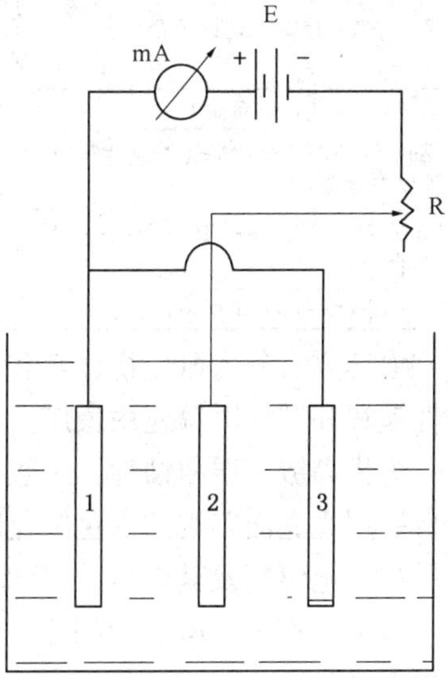

图9-3　电镀装置示意图

电镀时将待镀工件（如碳钢）作为阴极与直流电源的负极相连，将镀层金属（如铜）作为阳极与直流电源的正极相连。电镀槽中加入含有镀层金属离子的盐溶液（如硫酸铜溶液）及必要的添加剂。当接通电源时，阳极发生氧化反应，镀层金属溶解（如 $Cu \longrightarrow Cu^{2+} + 2e$），阴极发生还原反应，溶液中的金属离子析出（如 $Cu^{2+} + 2e \longrightarrow Cu$），使工件获得镀层。如果阳极是不溶性的，则须间歇地向电镀液中添加适量的盐，以维持电镀液的浓度。电镀层的厚度可由工艺参数和时间来控制。电镀层的性能除了受阴极电流密度、电解液的种类、浓度、温度等条件影响之外，还和被镀工件的材料及表面状态有关。

电镀一般工艺过程见图9-4。

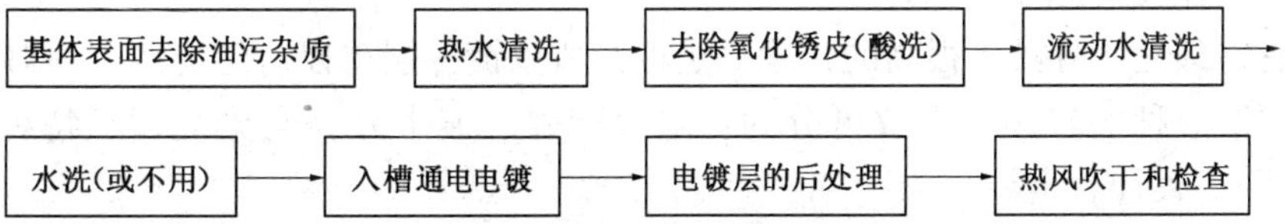

图9-4　电镀一般工艺过程

用电镀法覆盖金属有一系列优点，如可在较大范围内控制镀层厚度，镀层金属消耗较少；无需加热或温度不高；镀层与工件表面结合牢固；镀层厚度较均匀；镀层外表美观等。

2. 常用电镀金属覆盖层

(1) 电镀锌及其合金

在电镀金属覆盖层中，镀锌及其合金层是应用最广泛的一种，工艺成熟，成本低廉，广泛用于钢铁件的防腐装饰。镀锌后铁皮可在10~20年期间经得住大气腐蚀。由于锌的电位比铁负，因此锌是阳极性镀层，其厚度一般为5~12μm。

镀锌和锌合金层的种类及其特性见表9-5。

表9-5 常见镀锌及其合金种类与特性

镀 层 种 类	主 要 特 性	用 途
Zn(钝锌)	干燥空气中耐腐蚀，耐酸、碱性差	主要用于室内钢件防腐装饰
Zn-(8%~20%)Fe(锌铁合金)	耐蚀性比钝锌层好	主要用于钢板和钢件防腐蚀装饰
Zn-(8%~15%)Ni(锌镍合金)	耐蚀、耐磨性比钝锌层高3~5倍，耐热达250℃，硬度550HV，氢脆性小，毒性小	钢板和车辆、电器、食品钢件防腐蚀装饰层，代替镉镀层使用
Zn-10%Co(锌钴合金)	耐蚀、耐磨性比钝锌层好	可作耐蚀装饰层和镀铬底层
Zn-(6%~10%)Ni-(2%~5%)Fe(锌镍铁合金)	呈白色且耐腐蚀、耐磨	可作耐蚀装饰层和镀铬底层
Zn-(7%~9%)Fe-(1%~2%)Co(锌铁钴合金)	与钢基体结合好，呈白色耐腐蚀、耐磨性高	可作耐蚀装饰层和镀铬、铜底层
Zn-18%Ni-1%Co(锌镍钴合金)	比锌镍合金好	可作耐蚀装饰层

镀锌方法分为氰化物镀锌和无氰镀锌两类。在我国目前镀锌工艺方法中，以氰化镀锌、酸性镀锌和碱性镀锌应用最广。

为提高镀锌层耐蚀性，一般镀后要进行钝化处理，如镀锌层在铬酸溶液中钝化后，表面生成一层光亮而美观的彩色钝化膜，使其耐蚀能力大大提高。

(2) 电镀铜及其合金

目前生产中，电镀铜的方法主要有四种：硫酸盐镀铜、氰化物镀铜、焦磷酸盐镀铜和HEDP镀铜。

硫酸盐镀铜有普通酸性硫酸盐镀铜液和光亮镀铜液两类。硫酸盐镀铜液的基础成分是硫酸铜和硫酸。硫酸铜提供镀液中的Cu^{2+}，硫酸防止铜盐的水解，提高镀液导电能力。硫酸盐镀铜液成分简单，稳定性好，电流效率高，沉积速度快，成本低和便于维护控制；缺点是镀液分散能力差，镀层结晶粗糙和不光亮。

国内多层防护装饰性电镀大量采用硫酸盐镀铜工艺，当前很多工厂采用镀厚铜薄镍工艺，达到了节约用镍的目的。

(3) 电镀镍及其合金

镍具有铁磁性，且具有很高的化学稳定性，所以镀镍层得以广泛应用。镍对钢是阴极性镀层。镀镍溶液种类较多，大致可分为：电镀暗镍、镀半光亮与光亮镍、特种镀镍(镀缎镍、黑镍等)、镀镍合金等。

(4) 电镀铬及其合金

铬表面极易形成钝化膜，即使是在潮湿空气中也能长期保持光泽和颜色。它对钢是阴极性镀层。铬硬度高，线膨胀系数比钢、铅、铜等都小，所以受热震后易于龟裂，所以多以复合镀层形式使用。镀铬层主要分为防腐蚀装饰性镀铬层和耐磨镀铬层两类。镀铬溶液主要有铬酸镀液等，且多含有氧化性很强的铬酸酐，它对人体有害，污染环境，所以必须有效防护和处理排放。另外，镀铬液多数电流效率低，镀时大量析氢，耗电量大，分散能力差。尽管如此，由于铬镀层的高耐磨和高光亮的优点，至今仍然得到广泛应用。

(5) 电镀锡及其合金

银白色的金属锡镀层对钢是阴极性镀层，对于铜则是阳极性镀层，所以钢经一般镀铜后镀锡。锡镀层在空气中稳定、无毒、耐弱酸、碱，具有良好的钎焊性，过去多用于食品工业镀锡马口铁制罐等，现代多用于电子工业以锡代银层使用。

3. 电镀金属覆盖层应用要点

① 不能进行组合件电镀，只能单件电镀后组装；

② 镀件一般应是单一金属材料表面电镀，不能是两种以上金属的焊接件同时电镀；

③ 镀件不能有细、长、深的盲孔，因为镀前、镀后处理液及镀液不容易洗净，而且电力线达不到，造成深孔镀不上；

④ 因为电力线的分布问题，电镀层有时会不均匀，故复杂件应考虑安装辅助阳极；

⑤ 电镀层的厚度一般在 10~40μm，镀层太厚，不仅效率不高，而且镀层质量也难以保持均匀良好；化学镀层的厚度一般在 0.5~20μm，太厚则不经济或难以达到；

⑥ 电镀层一般作为普通室内装饰防腐蚀或功能层，一般不作长寿命防腐层应用；

⑦ 电镀件尺寸受镀槽尺寸限制，虽然刷镀不受尺寸限制，但大面积刷镀不经济；

⑧ 镀层金属的物化性能与原金属比较略有不同。例如，电镀层多有孔隙，故其密度会降低，另外，其电阻率也会提高，而硬度与脆性则会增加等；

⑨ 电镀层与基体的结合是在金属基晶面上的电结晶结合，故此结合力大于有机涂料与基体的结合力，而小于热浸镀扩散层与基体的冶金结合力；

⑩ 电镀层形成的同时，会在基体表面析出氢气，尤其是高强钢，当析出氢气量多到足以渗入基体时，会产生氢脆，影响高强钢的断裂强度，此时要特别注意镀后除氢问题(使镀件在一定温度下热处理数小时，称为除氢处理)。

4. 电刷镀

电刷镀最早叫“棉塞团电镀”，亦称为“无槽电镀”、“抹镀”、“快速电刷镀”、“刷镀”等，我国于 1984 年根据国际标准统一称为“电刷镀”。电刷镀技术起源于有槽电镀，有槽电镀工人为了修补电镀层缺陷，采用棉纱团蘸上镀液，在镀层缺陷表面刷抹电镀，以后发展成一种独立的电镀工艺。虽然其基本原理与有槽电镀相同，但与有槽电镀相比有以下特点：

① 设备简单，工艺灵活，适用于现场镀层修复和大件局部电镀；

② 水、电用量少，电镀效率高，节省资源；

③ 镀层与基体的结合力普遍高于有槽电镀层；

④ 基本不污染环境；

⑤ 几乎适合于各种基体材料表面刷镀各种金属镀层。

5. 化学镀

利用置换反应或氧化还原反应，使金属盐溶液中的金属离子析出并在工件表面沉积，从而获得金属覆盖层的方法称为化学镀。

化学镀覆金属层工艺有如下优点：

① 不需要外加电源；

② 不受工件形状的影响，可对各种几何形态工件表面上获得均匀的镀层；

③ 所需设备及操作均比较简单；

④ 镀层厚度均匀，致密性良好，针孔少以及耐蚀性优良等。

其缺点是：溶液稳定性较差，维护与调整比较麻烦；一般情况下镀层较薄（可采用循环镀的方法获得较厚的镀层）。

化学镀也和电镀一样，镀层的性能受镀液的浓度、温度、浸渍时间及被镀工件的表面状态等条件影响，而且对以上指标的控制要求更严。

在化工防腐中用得较多的是化学镀镍，既将工件放在含镍盐、次磷酸钠（NaH_2PO_2）及其他添加剂的弱酸性溶液中，利用次磷酸钠将 Ni^{2+} 还原为镍，从而在工件表面获得镀镍层。化学镀镍的工件，常用作抗碱性溶液的腐蚀。

近几年，化学镀覆金属层得到很大发展，不仅可镀单金属，而且可以化学镀覆合金和弥散复合层，镀液的稳定性也得到很大改善。

（二）热喷涂金属覆盖层

1. 工艺简介

利用不同的热源，将欲涂覆的涂层材料熔化，并用气体使之雾化成细微液滴或高温颗粒，高速喷射到经过预处理的工件表面形成涂层的技术，称为热喷涂（或喷镀）。由此形成的几十微米到几毫米厚的附着层统称为热喷涂覆盖层。

热喷涂的工艺和设备都比较简单，能喷涂多种金属和合金。该法主要用于防止大型固定设备的腐蚀，也可用来修复表面磨损的零件。

因热喷涂金属覆盖层是金属微粒相互重叠成多层的覆盖层，因此这种覆盖层是多孔的，耐蚀性能较差，若是阴极性覆盖层，则必须做封闭孔隙处理。此外，覆盖层与底层金属结合不牢。

喷涂前的工件要求表面干净，并有一定粗糙度，故多用喷砂除锈。

喷涂有多种方法，各有特点，但其喷涂过程、涂层形成原理和结构基本相同。用喷涂制备涂层的关键是热源和喷涂材料。喷涂的方法是根据热源来分类的，大致可分为气喷涂、电喷涂和等离子喷涂三种。

（1）气喷涂

气喷涂是利用可燃性气体（常用炔氧焰）燃烧熔化金属丝（喷涂材料），再用压缩空气将熔融金属喷于工件表面。对喷涂材料的加热熔化和雾化是通过线材火焰喷枪（气喷枪）实现的。

这种方法成本低，操作方便，可喷涂熔点较低的金属。用这种方法得到的涂层，其结构为明显的层状结构，其中含有明显的气孔和氧化物夹渣。

（2）电喷涂

电（弧）喷涂是将两根被喷涂的金属丝作为消耗性电极，利用直流电在两根金属丝之间产生电弧熔化金属丝，再用压缩空气将熔融金属喷于工件表面。

这种方法成本低、效率高、涂层结合强度高（比气喷涂一般要提高 50% 以上），可喷涂熔点较高的金属或合金。

（3）等离子喷涂

等离子喷涂是利用高温等离子体焰流熔化难熔金属和某些金属氧化物，在一定压力的气体吹送下，以极大的速度喷到工件表面。所谓等离子体是指利用电能将工作气体（Ar、N_2等）加热到极高温度，从而使中性气态分子完全离子化，称为等离子体。当等离子体的正负离子重新结合成中性分子时，能释放出大量的能量，从而达到很高的温度以熔化或软化粉状材料。

用这种方法形成的涂层气孔少，涂层金属微粒氧化程度很小，并可牢固地附着到金属表面上，多用作耐高温的材料。

总之，热喷涂金属覆盖层在石油、化工、机械、电子、航空航天等各个领域都得到广泛应用。工业上用这种方法来喷涂 Al、Zn、Sn、Pb、不锈钢等，其中以喷 Al 用得较广，主要用于对高温二氧化硫、三氧化硫的防腐。

2. 常用热喷涂覆盖层

（1）性能及应用

早在 20 世纪初期，人们即采用热喷涂锌覆盖层对钢结构件防腐，例如，法国于 20 世纪 20 年代首先用于海水闸门防腐蚀；20 世纪 30 年代英国用于大型钢桥防腐蚀；20 世纪 40 年代美国则把锌覆盖层用于海上井架、输油管线和舰船防腐蚀；中国于 20 世纪 50 年代开始研究引用热喷涂技术，并于 1952 年将热喷涂锌用在输电铁塔上防腐，1965 年在南京长江大桥的建造中，亦采用了热喷涂锌防腐蚀。

随着热喷涂技术的发展和对防腐蚀寿命更长的要求，热喷涂铝覆盖层逐渐兴起。铝覆盖层的耐蚀性远高于锌覆盖层，但是喷铝层的工艺性能不如锌覆盖层，尤其喷厚之后，其韧性和与基体的结合力较差，而且，在海水中作为牺牲阳极的性能也不如锌覆盖层，往往会引起钢基体点蚀。因此，20 世纪 70 年代又进一步发展出锌-铝合金覆盖层，其兼备铝层的耐蚀性高和锌层的牺牲阳极性能好的优点。锌-铝合金覆盖层根据各国科学技术水平和需求条件不同，所研制开发出的覆盖层的合金元素含量及工艺不尽相同。

热喷涂纯锌、纯铝和锌-铝合金覆盖层的性能比较见表 9-6。

表 9-6　热喷涂纯锌、铝和锌-铝合金覆层的性能比较

技术与工艺性能	纯锌层	纯铝层	锌铝合金
耐海洋大气腐蚀	好	良好	良好
耐海水飞溅腐蚀	差	良好	良好
耐工业大气腐蚀	差	良好	良好
对钢体电化学保护性	良好	差	良好
与基体结合力	好（5~6MPa）	差（2~2.5MPa）	好（介于锌铝之间）
覆盖层的孔隙率	少	多	少
覆盖层的韧性	好	差	好
工艺覆盖率	低	高	高
一般基体工艺温度	80~100℃	80~150℃	80~120℃
一般使用温度	<60℃	500℃	400℃
使用厚度限制	一般为 200μm，可再增厚	一般<120μm，不便再增厚	一般为 120μm，可再增厚

一般来说，热喷涂锌层主要用于淡水或内陆大气环境，喷铝层则多用于化工工业大气环境中，而锌-铝合金覆盖层则可在各种环境中选用，主要用于 10 年以上长寿命防腐蚀。例如，在海洋环境中，涂料一般用 3~5 年，而热喷涂锌-铝合金覆盖层防腐寿命可达 10~50 年，所以对于海上钢结构和船舶，最佳防腐方案是：飞溅带以上喷涂锌-铝合金覆盖层，水下则采用涂料加阴极保护。若经济允许，水下钢结构采用热喷涂锌-铝合金覆盖层，涂料封闭后再加锌或铝牺牲阳极阴极保护是最为可靠的防腐蚀方案。

(2) 工艺方法

热喷涂纯锌、纯铝和锌-铝合金覆盖层的工艺方法多采用火焰气喷涂和电喷涂的工艺。一般工艺流程如下：

① 钢结构表面打砂除锈 Sa3 级以上；

② 将锌、铝和锌-铝合金丝($\phi2\sim3mm$)用喷枪喷涂到钢基体表面；

③ 采用相容的配套涂料封闭处理。

(三)热扩散与热浸金属覆盖层

1. 热扩散金属覆盖层

热扩散金属覆盖层是利用热处理的方法将合金元素的原子扩散入金属表面，以改变其表面的化学成分，使表面合金化，以改变钢表面硬度或耐热、耐蚀性能，故热扩散金属覆盖层又叫表面合金化(或渗镀)。

归纳起来，热扩散工艺及其过程有如下几种：

① 粉末包渗法。它是将工件埋置于镀层金属的粉末和活化剂中，经高温加热，使镀层金属与基体金属相互扩散得到金属覆盖层。

② 镀层扩散法。借助其他工艺形成的镀层，再按一定的操作工艺在高温下热处理，使镀层金属向基体金属表层内扩散，形成金属覆盖层。

③ 液体扩散法。将工件置于含有镀层金属与助渗剂的熔融盐(或熔融金属)中，经加热扩散得到金属覆盖层。

④ 气体扩散法。将已经过表面处理和预热的工件置于形成活化的镀层金属气体化合物氛围中，经保温扩散金属覆盖层。

例如，在防腐中应用较普遍的是渗铝，方法之一是在钢件表面喷铝后，再按一定的操作工艺在高温下热处理，使铝向钢表层内扩散，形成渗铝层。

各种渗铝工艺方法比较参见表 9-7。

表 9-7 各种渗铝工艺方法比较

扩散方法	工艺温度/℃	保温时间/h	一般渗层厚度/μm	特点	缺点
固体渗铝(粉末法、料浆法)	850~1050	1~14	35~1000	操作简单，工艺稳定，渗层易控，表面质量好	效率低，周期长，劳动强度大
热浸渗铝	700~850	0.1~14	钝铝层+渗层 10~75	工艺简单，效率高	渗层粗糙不均匀
气体渗铝	850~1050	2~20	150~250	效率高，可渗有孔件	工艺稳定性差，渗层厚度有限
喷镀层渗铝	700~1000	按厚度要求	钝铝层+渗层 200~700	厚度厚，可局部渗透	渗层粗糙不均匀

此外还有渗铬、渗硅等，对于防止钢件的高温气体腐蚀有较好效果。

影响热扩散金属覆盖层的主要因素是：热扩散温度、热扩散时间、扩散元素与基体组成、扩散工艺方法等。

2. 热浸镀金属覆盖层

热浸镀(热镀)金属覆盖层是将工件浸放在比自身熔点更低的熔融的镀层金属(如锡、

铝、铅、锌等)中，或以一定的速度通过熔融金属槽，从而在工件表面获得金属覆盖层的方法。

这种方法工艺较简单，故工业上应用很普遍。例如，钢管、薄钢板、铁丝的镀锌以及薄钢板的镀锡等。

由于这种方法的实质是利用两种金属在熔融状态下相互溶解，在接合面上形成合金，因此在钢铁表面进行热浸镀的条件是：

① 钢件必须能和镀层金属形成化合物或固溶体，否则熔融金属不能黏附在钢材表面。如铅与铁不易形成合金，所以钢上不能直接镀铅，通常可在铅液中加入约5%的锡，或先热镀锡再进行热镀铅。

② 镀层金属必须是低熔点的，这样可以减少热能消耗和避免镀件材料由于温度过高而降低机械性能。从技术与经济方面考虑，热镀只适用于镀锌、镀锡或间接镀铅等低熔点金属。

热镀锌的钢铁制品可以防止大气、自来水及河水的腐蚀，而镀锡的钢铁制品主要用于食品工业中，因为锡对大部分的有机酸和有机化合物具有良好的耐蚀性，而且无毒。但用这种方法不易得到均匀的镀层。

影响热浸金属覆盖层的主要因素是：热浸温度、浸镀时间、从镀槽中提出的速度、基体金属表面成分组成、结构和应力状态、浸镀金属液组成等。

3. 热扩散与热浸金属覆盖层的使用要点

热扩散与热浸工艺是热加工工艺，因此在选用时应注意：

① 选用时，要考虑金属覆盖层的工艺温度对基体件的物化性能的影响；

② 选用时，要考虑工艺温度对基体件的尺寸变形的影响；

③ 金属覆盖层与基体是冶金扩散结合，比电镀、喷涂层的结合力高得多；

④ 热浸金属覆盖层不易均匀，对配合精度要求高的零件不适用，也不适用于零件的细深盲孔；

⑤ 热浸镀工艺效率高，易批量生产或工艺连续自动化；

⑥ 热浸金属覆盖层的厚度一般比电镀层厚，故前者比后者耐蚀性能高；

⑦ 热扩散因为扩散元素与基体起合金化反应，所生成合金相多数脆性大，硬度高，耐磨性好；

⑧ 热扩散工艺效率低，劳动强度大，不易连续自动化；

⑨ 热扩散金属覆盖层的耐热性一般比同种其他工艺镀层高；

⑩ 热扩散与热浸镀加工件尺寸受热扩散炉和热浸槽尺寸的限定；

⑪ 获得同样厚度的金属覆盖层，一般热浸镀的费用比喷涂、电镀低，而热扩散的费用最高。

(四)金属衬里

金属衬里就是把耐蚀金属衬在基底金属(一般为普通碳钢)上，如衬铅、钛、铝、不锈钢等。

1. 衬铅

衬铅就是将一定厚度的铅板(或铅皮)衬在基底金属上。该法施工方法简单，生产周期短，成本也比较低。衬铅适用于常压或内压不高的设备，适用于静载荷作用下的设备。使用温度应不大于140℃，温度过高，强度、耐蚀性能将下降。衬铅不适用于真空设备，不适用于受到振动冲击和含有颗粒的介质冲刷摩擦的设备。因为衬铅在高温下受到冲击载荷时，会发生裂纹和鼓起。

衬铅时应注意：

① 基底金属应表面平整，无毛刺，焊缝要光滑平直，没有气孔；

② 铅强度低，质软，密度大，常温时即使应力很小也会产生蠕变现象。因此衬铅层与基底金属必须采用一定的方法固定，如采用铅铆钉、焊接、螺钉等固定法。

2. 搪铅

搪铅是铅衬里的另一种方法，它是把铅熔融搪在金属表面上，能使铅与被衬金属面牢固结合，不会鼓泡。适用于真空传热设备及受回转振动的场合。

搪铅方法有：焊接，即用铅焊条将铅堆焊在金属表面上；浇铸，即将熔铅浇铸在金属表面上。

焊接方法的优点是效果可靠，铅耗量少，适用范围广泛，尤其是适用于形状复杂的构件；缺点是生产效率低，焊接温度高，设备易变形，焊接环境较差。

浇铸方法的优点是生产效率较高，质量好；缺点是工艺复杂，操作繁重，搪铅层厚，铅耗量多。所以一般不推荐使用。

由于铅蒸气有毒，因此，必须加强防护，以防操作人员中毒。

铅衬里主要用于硫酸生产中耐硫酸及硫酸盐的腐蚀，常用作储槽、结晶槽衬里。

3. 其他金属的衬里

生产中除采用单一金属制的设备外，为了防止设备腐蚀、节省贵重金属材料以及满足某些由单一金属难以满足的技术要求，还可采用在碳钢和低合金钢上衬不锈钢、钛、镍、蒙乃尔合金等以及使用复合金属板来制造容器、塔器、储槽等设备。

获得这种金属衬里的方法有很多，如塞焊法、条焊法、熔透法、爆炸法等。还有一种方法叫双金属，即利用热轧法将耐蚀金属覆盖在底层金属上制成的复合材料。如在碳钢板上压上一层不锈钢板或薄镍板，或将纯铝压在铝合金上，这样就可以使价廉的或具有优良力学性能的底层金属与具有优良耐蚀性能的表层金属很好地结合起来。这类材料一般都为定型产品。

第三节　非金属覆盖层

一、概述

在金属设备上覆盖上一层有机或无机的非金属材料进行保护是化工防腐蚀的重要手段之一。根据腐蚀环境的不同，可以覆盖不同种类、不同厚度的耐蚀非金属材料，以得到良好的保护效果。

非金属覆盖层一般可分为有机非金属覆盖层和无机非金属覆盖层两类。

1. 有机非金属覆盖层

凡是由有机高分子化合物为主体组成的覆盖层称为有机覆盖层。根据目前使用的有机覆盖层材料和工艺方法，可将有机覆盖层进行归纳分类，见表 9-8。

有机高分子化合物都是由最基本的官能团组成的。官能团的性质和组成形态决定了有机高分子化合物的性能。因此，有机覆盖层的性能与其所含官能团的性质是分不开的。

有机覆盖层的主要性能指标是耐温性能、耐老化性能和机械性能(如强度、抗冲击、耐磨损性等)。

表 9-8　有机覆盖层的分类

种　类	分　类	主 要 工 艺 方 法
涂料覆盖层	油脂类（油基涂料覆盖层） 树脂类（树脂涂料覆盖层） 橡胶类（橡胶涂料覆盖层）	刷涂、浸涂、喷涂、电泳涂等
塑料覆盖层	乙烯塑料类 氟塑料类 醚酯塑料类 纤维素塑料类	粉末喷涂、衬贴、挤衬、包覆、填抹等
橡胶覆盖层	天然橡胶 合成橡胶	衬贴、挤衬、包覆等

2. 无机非金属覆盖层

凡是以非金属元素氧化物或金属与非金属元素生成的氧化物为主体构成的覆盖层称为无机非金属覆盖层。由于其耐热、耐蚀和高绝缘等特点，近几年来得到广泛发展和应用。

按覆盖层结构和工艺方法不同，目前出现的无机覆盖层种类如图 9-5 所示。

- 无机非金属覆盖层
  - 无机转化膜覆盖层
    - 渗层（N、C、Si 等）
    - 转化膜层（磷化）
    - 沉积膜层（金刚石膜等）
  - 无机涂料覆盖层
    - 硅酸盐、磷酸盐涂料
    - 硼酸盐、钛酸盐涂料
    - 无机与有机复合涂料
  - 无机陶瓷覆盖层
    - 搪玻璃覆盖层
    - 陶瓷覆盖层
    - 金属陶瓷覆盖层
  - 无机非金属衬里覆盖层
    - 砖板衬里（铸石、陶瓷、石墨等）
    - 无机与有机复合衬里（玻璃钢等）

图 9-5　无机非金属覆盖层的分类

无机非金属覆盖层的主要组成是无机氧化物（如硅酸盐、磷酸盐等），经过胶合或高温熔融烧结而成。大多数无机非金属覆盖层的性能特点如下：

① 脆性大，冲击韧性差；

② 导热性差，导电性差而绝缘性好；

③ 热胀系数小，耐热震性差；

④ 耐高温，抗高温氧化性好；

⑤ 耐蚀性好，尤其是耐电化学腐蚀；

⑥ 在自然条件下使用寿命很长。

二、常用非金属覆盖层工艺方法及应用

（一）涂料覆盖层

用涂料保护设备、管线是应用很广的一类防护措施。

由于过去涂料主要是以植物油或采集树上的漆液为原料经过加工制成的，因而称为油漆。石油化工和有机合成工业发展，为涂料工业提供了新的原材料来源，如合成树脂、橡胶等。这

样，油漆的名字就不够确切了，所以比较恰当地应称为涂料。不过习惯上涂料也常称为油漆。

涂料一般可分为油基漆(成膜物质多为干性油类)和树脂基漆(成膜物质多为合成树脂)；按用途又可分为底漆、中间层和面漆；按涂料中是否含有颜料又可分为清漆和磁漆，没有加入颜料的透明体称为清漆，加入颜料的不透明体称为磁漆或色漆、调和漆等。

1. 涂层系统

以防腐蚀为主要功能的涂料称为防腐蚀涂料，它们在许多场合往往有几道涂层，以组成一个涂层系统发挥功效，包括底漆、中间层和面漆。

(1) 底漆

底漆是用来防止已清理的金属表面产生锈蚀，并用它增强漆膜与金属表面的附着力。它是整个涂层系统中极重要的基础，具有以下特点：

① 对底材(如钢、铝等金属表面)有良好的附着力，其基料往往含有羟基、羧基等极性基团。

② 因为金属腐蚀时在阴极呈碱性，所以底漆的基料宜具耐碱性，例如氯化橡胶、环氧树脂等。

③ 底漆的基料具有屏蔽性，阻挡水、氧、离子的透过。

④ 底漆中应含有较多的颜料、填料，其作用是：使漆膜表面粗糙，增加与中间层或面漆的层间结合；使底漆的收缩率降低，因为底漆在干燥成膜过程中，溶剂挥发及树脂的交联固化，均产生体积收缩而降低附着力，加入颜料后可使漆膜收缩率变小，保持底漆的附着力；颜料颗粒有屏蔽性，能减少水、氧、离子的透过。

⑤ 某些底漆中含有缓蚀颜料。

⑥ 一般底漆的漆膜不厚，太厚会引起收缩应力，影响附着力。

⑦ 底漆黏度应较低，对物面有良好的润湿性，且其溶剂挥发慢，可充分对焊缝、锈痕等部位深入渗透。

(2) 中间层

中间层的主要作用如下：

① 与底漆及面漆附着良好。漆膜之间的附着力并非主要是靠极性基团之间的吸引力，而是靠中间层所含的溶剂将底漆溶胀，使两层界面的高分子链紧密缠结。

② 在重防腐涂料系统中，中间层的作用之一是通过加入各种颜料，能较多地增加涂层的厚度以提高整个涂层的屏蔽性能。在整个涂层系统中，往往底漆不宜太厚，面漆有时也不宜太厚，因此中间层涂料可制成厚膜涂料。

(3) 面漆

面漆的主要作用如下：

① 面漆为直接与腐蚀介质接触的涂层。因此，面漆的性能直接关系到涂层的耐蚀性能；

② 防止日光紫外线对涂层的破坏。如面漆中含有的铝粉、云母氧化铁等阻隔日光的颜料，能延长涂层寿命；

③ 作为标志(如化工厂中不同管道颜色)、装饰等；

④ 某些耐化学品涂料(如过氯乙烯漆)，往往最后一道面漆是不含颜料的清漆，以获得致密的屏蔽膜。

2. 防腐涂层的性能要求及选择要点

防腐涂层应具备的条件和一般涂层有很多相同之处，但由于防腐涂层往往在较苛刻的条件下使用，因此在选择时，还要考虑下列因素：

① 对腐蚀介质的良好稳定性。漆膜对腐蚀介质必须是稳定的，不被介质分解破坏，不被介质溶解或溶胀，也不与介质发生有害的反应。选择防腐涂料时一定要查看涂料的耐蚀性能，此外还应注意使用温度范围。

② 良好的抗渗性能。为了保证涂层有良好的抗渗性，防腐涂料必须选用透气性小的成膜物质和屏蔽性大的填料；应用多层涂装，而且涂层要求达到一定的厚度。

③ 涂层具有良好的机械强度。涂层的强度尤其是附着力一定要强，单一涂料达不到要求时，可用其他附着力好的涂料作底漆。

④ 被保护的基体材料与涂层的适应性好。如钢铁与混凝土表面直接涂刷酸性固化剂的涂料时，钢铁、混凝土就会遭受固化剂的腐蚀。在这种情况下，应涂一层相适应的底层。又如有些底漆适用于钢铁，有些底漆适用于有色金属，使用时必须注意它们的适用范围等。

⑤ 施工条件的可能性。有些涂料需要一定的施工条件，如热固化环氧树脂涂料就必须加热固化，如条件不具备，就要采取措施或改用其他品种。

⑥ 底漆与面漆必须配套使用方能起到应有的效果，否则会损害涂层的保护性能或造成很多的涂层质量事故以及涂料及稀释剂的损失报废。具体的配套要求可查阅有关规程或文献。

⑦ 经济上的合理性。防腐涂料使用面积大，用量多，而且需要定期修补和更新，除特殊情况外，应选用成本低、原料来源广的品种，主要还是考虑被保护设备的价值、对生产的影响、涂层使用期限、表面处理和施工费用等。

总之，选择涂料应遵循高效、高质、低耗、节约、减少环境污染及改善劳动条件等原则。

3. 涂料调配及涂覆方法

(1) 涂料调配方法

涂刷操作前的涂料调配是合理使用涂料、保证涂层质量的重要环节。涂料调配前必须熟悉层次及涂层厚度。调配时应核对涂料类别名称、型号及品种，目测涂料的外观质量，要搅拌均匀，用铜丝筛过滤掉一些不宜使用的物质。先从底层涂料开始依次进行调配。

(2) 涂覆方法

涂料的涂覆方法有多种，可根据具体情况选择不同的涂覆方法。最简单的是涂刷法，这种方法所用的设备工具简单，能适用于大部分涂料施工，但施工质量在很大程度上取决于操作的熟练程度，工效较低；对于无法涂刷的小直径管子，可采用注涂法；喷涂法效率较高，但设备比较复杂，需要喷枪和压缩空气；热喷涂可以提高漆膜质量，还可以节约稀释剂，但需要加热装置；静电喷涂是一种利用高电位的静电场的喷漆技术，大大降低漆雾的飞散，比一般喷漆损耗小得多，改善了劳动条件，也提高了漆膜质量，但设备更为复杂，同时由于电压很高，必须采用妥善的安全措施；电泳涂装是一种较新型的涂装技术，它与电镀相似，适用于水溶性涂料。

4. 常用的防腐蚀涂料

涂料的种类很多，作为防腐蚀的涂料也有多种，下面是一些常用的防腐涂料。

(1) 红丹漆

红丹漆是以红丹为主要颜料的防锈底漆，对钢铁有很强的防锈能力，常作为设备的底漆，但不宜作为面漆，因它质重易沉淀和老化，产生脱落现象。红丹的化学组成是 Pb_3O_4，可写成 $2PbO \cdot PbO_2$。

红丹与亚麻油配制成防锈底漆已有100多年历史，功效良好。在预处理除锈不充分(残留些铁锈)的钢表面上是最好的底漆。

红丹漆一般涂刷2~4道，要求漆膜光滑、明亮，无刷痕、流痕等现象。红丹漆中红丹粉的含量越高越好，若没有时，也可用红土粉(即铁丹或氧化铁)代替。红丹漆不能用于铝金属，因为红丹和铝能起化学反应，不仅不能使铝防锈，反而会促使铝的腐蚀。

(2) 银粉漆

银粉漆常用于地面设备和管道的面漆，同红丹漆配套使用，有时也用于空气干燥的地下设备和管道。它具有良好的金属光泽和防锈性能，能反射阳光的辐射热，也有利于采光。银粉漆是由高纯铝碾磨而成的铝粉、清漆和松香水按一定质量比调和而成。银粉漆一般随用随调，否则储存过久，可能会失去金属光泽。银粉漆一般涂刷2~4道。

(3) 环氧树脂涂料

环氧树脂涂料是以环氧树脂溶于有机溶剂中，并加入填料和适当的助剂配制而成的。使用时再加入一定量的固化剂。

环氧树脂涂料具有良好的机械性能和耐蚀性能，特别是耐碱性极好，耐磨性也较好，与金属及多种非金属的附着力很好，但不耐强氧化性介质。环氧树脂涂料按成膜要求不同可分为冷固型和热固型两种，一般热固型环氧涂料耐蚀性要比冷固型环氧涂料好。

环氧树脂涂料易老化，漆膜经日光紫外线照射后易降解，所以环氧涂料不耐户外日晒，漆膜易失去光泽，然后粉化，不宜用作面漆。

(4) 沥青漆

沥青漆又叫“水罗松”，是用天然沥青或人造沥青溶于有机溶剂中配制而成的胶体溶液(很多牌号的沥青漆加入了干性油和其他材料)。沥青漆的耐蚀性很好，牌号也很多，一般能耐酸、稀碱液、多种盐类，但不耐强氧化剂和有机溶剂，且漆膜对阳光稳定性差。沥青漆常用于潮湿环境下的设备、管道外部，防止工业大气、水及土壤的腐蚀，而一般涂料在这种条件下很容易鼓泡脱落。沥青漆的漆膜易风化破裂，反辐射热性能差，故不宜用作地面设备的涂料。含铝粉的沥青漆可提高耐候性，但在某些环境中的耐蚀性将有所降低。用石油沥青加入汽油以及桐油、亚麻仁油和定量的催干剂调制成的沥青漆，用于半水煤气柜内壁的防腐层(以红丹为底)效果很好。

(5) 过氯乙烯漆

过氯乙烯漆是以过氯乙烯树脂溶于有机溶剂中配制而成的。它具有良好的耐大气、海水、稀硫酸、盐酸、稀碱液等许多介质的腐蚀，但不耐许多有机溶剂，不耐磨、易老化，且与金属表面附着力差。过氯乙烯漆分为磁漆、清漆、底漆，应配套使用，涂覆时应按底漆→磁漆→清漆的顺序进行。为改进漆膜性能，在底漆与磁漆及磁漆与清漆之间可采用过渡层，即底漆与磁漆或磁漆与清漆按一定的比例配成的涂料。

过氯乙烯漆以喷涂为宜，也可采用涂刷。涂层的层数视腐蚀环境而定，一般以6~10层为宜。

(6) 氯化橡胶漆

氯化橡胶漆是氯化橡胶与干性油、有机溶剂等配制而成的。可耐无机酸(包括稀硝酸)、碱、盐类溶液、氯、氯化氢、二氧化硫等多种气体的腐蚀。其漆膜坚硬且富有弹性，对金属的附着力好。

氯化橡胶漆具有以下优点：光泽度较高；初干较迅速；起始硬度高；耐酸性较好；价格

较低。其缺点为：柔韧性较低；耐热性较差；耐紫外线性能较差，易变色及失光；含有一定的CCl_4。

(7) 生漆

生漆又称国漆、大漆，是采割漆树而得，在我国应用历史悠久。其耐蚀性能优越，能耐任何浓度的盐酸、稀硫酸、稀硝酸、磷酸等。在常温下能抵抗溶剂的侵蚀，耐磨性和抗水性都比较好，但不耐强氧化剂和碱的作用。生漆的耐热性也很好。

在生漆中加入填料可提高其机械强度，但也提高了黏度，给施工带来了困难，需加入稀释剂(如汽油)进行稀释。

生漆在化肥、纯碱系统中应用较多，但由于生漆毒性较大，使其应用受到一定的限制。生漆施工必须加强劳动保护措施。此外，生漆干燥速度慢，是其缺点。

为减轻生漆的毒性及改善其某些性能，可通过与其他树脂混合进行改性，如与环氧树脂混合反应成为环氧类防腐漆；与乙烯类树脂混合反应生成漆酚乙烯类防腐漆等。

生漆经脱水缩聚用有机溶剂稀释后制成的漆酚树脂漆，既保持了生漆良好的耐蚀性能等优点，又减轻了毒性大的缺点。在化肥、氯碱等生产中曾广泛用作防腐涂层。它不耐阳光紫外线照射。这种涂料使用时必须配套，底漆、面漆、腻子均需要漆酚树脂配制。虽然毒性比生漆小得多，但施工中仍应加强劳动保护措施。

(8) 聚氨酯涂料

聚氨酯防腐涂料的性质接近于环氧涂料，其近似之处如下。

① 两者均为二组分涂料临涂装时混合，在规定时间内用完，能在室温交联，漆膜能耐石油、盐液等浸渍，具有优良的防腐蚀性能。

② 两者均可制成无溶剂涂料或固体涂料，一次施工获得厚膜。

③ 两者均可制成粉末涂料。

④ 两者均可与煤焦沥青混合，制成既抗盐水等而价格也不贵的防腐蚀涂料，但色黑，缺乏装饰性。

聚氨酯涂料与环氧涂料的主要差别之处如下。

① 环氧系涂料在10℃以下固化缓慢，而聚氨酯涂料在0℃也能固化，寒冷低温时宜用聚氨酯涂料，夏暑宜用环氧涂料。

② 环氧涂料抗碱性优良，聚氨酯涂料的抗碱性虽也好，但稍低一些。

③ 环氧涂料与铝等金属底材的附着力较高，聚氨酯涂料稍低，但与橡胶的附着力以聚氨酯涂料较高。

④ 一般环氧涂料层属刚性，聚氨酯涂料则可调节配方，即可制刚性涂料，也可制成弹性涂料。

⑤ 环氧涂料不耐日晒，易粉化，不宜用作面漆。聚氨酯涂料则可制成底漆，也可制成面漆。

⑥ 双组分的环氧涂料的贮藏稳定性好，久贮不易变质。双组分的聚氨酯涂料，其中的多异氰酸酯组分贮藏稳定性较差，必须密闭隔绝潮气，以免胶冻报废。

⑦ 环氧涂料容易涂成厚膜，并可在潮湿表面或水下施工。

5. 重防腐涂料

满足严重苛刻的腐蚀环境，同时又能保证长期的防护，重防腐涂料就是针对上述条件而研制开发出的新型涂料。在化工大气和海洋环境里，重防腐涂料一般可使用10年或15年以上，在酸、碱、盐等溶剂介质里并在一定温度的腐蚀条件下一般能使用5年以上。

(1) 富锌涂料

富锌涂料是一种含有大量活性填料锌粉的涂料。这种涂料一方面由于锌的电位较负，可起到牺牲阳极的阴极保护作用；另一方面在大气腐蚀下，锌粉的腐蚀产物比较稳定且可起到封闭、堵塞漆膜孔隙的作用，所以能得到较好的保护效果。以锌粉和水玻璃为主配制而成的无机富锌涂料就是其中的一种，它的耐水、耐油、耐溶剂、耐大气性能都很好。富锌涂料用作底层涂料，结合力较差，所以这种涂料对金属表面清理要求较高。为延长其使用寿命，可采用环氧、环氧酚醛等涂料作面漆，效果良好，无机富锌涂料的耐热性也较好。

(2) 厚浆型耐蚀涂料

该涂料是以云母氧化铁为颜料配制的涂料，一道涂膜厚度可达 30~50μm，涂料固含量高，涂膜孔隙率低，刷四道以上总膜厚可达 150~250μm，可用于相对苛刻的气相、液相介质。成膜物质通常选用环氧树脂、氯化橡胶、聚氨酯-丙烯酸树脂等。在工业上主要用于储罐内壁、桥梁、海洋设施等混凝土及钢结构表面。

(3) 玻璃鳞片涂料

由于涂层破坏主要是因介质的渗透造成的，因此研究延长介质对涂层的渗透时间是提高涂层寿命的一个重要方面，为此在 20 世纪 60 年代，美国首先推出了具有高效抗渗性能的玻璃鳞片涂料。

玻璃鳞片涂料是以耐蚀树脂为基础加 20%~40%的玻璃鳞片为填料的一类涂料，其耐蚀性能主要取决于所选用的树脂，此树脂有三大类：双酚 A 型环氧树脂；不饱和聚酯树脂；乙烯基酯树脂。这些树脂以无溶剂形态使用，因此，一次涂刷可得较厚涂层(150~300μm)，层间附着力好。此外不论树脂、稀释剂、固化剂等的品种、用量、使用方法均与上述树脂的普通涂料无多大差别。

由于大量鳞片状玻璃片在厚涂层中和基体表面以平行的方向重叠，参见图 9-6，从而产生了以下的特殊作用：

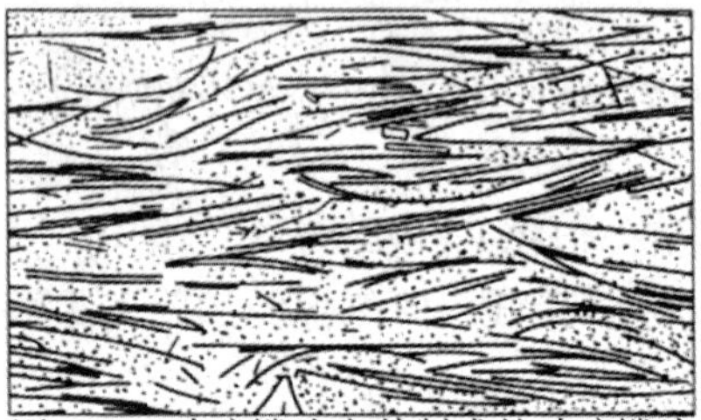

图 9-6 玻璃鳞片在其制成的玻璃鳞片涂层中的放大照片

① 延长了腐蚀介质的渗透路径；

② 提高了涂层的机械强度、表面硬度和耐磨性、附着力；

③ 减少了涂层与金属之间热膨胀系数的差值，可阻止因温度急变而引起的龟裂和剥落。

玻璃鳞片涂料一般用于需要长期防腐的场合，是一种高效重防腐涂料。目前中国对玻璃鳞片涂料的开发取得了很大进展，已能生产出较高水平的玻璃鳞片涂料。

涂料的品种还有许多种。涂料的耐蚀性一般是指漆膜，而如果漆膜被破坏、穿孔，绝大多数涂层对底层金属都不能起保护作用。涂层要做到完整无缺是很困难的，物别是大型结构的涂层，因此在工厂的实际使用中，对于与强腐蚀性介质接触的设备，一般不采用单独的涂料保护。而涂料保护层多用于大气、土壤、某些气体环境或腐蚀性并不很强烈的液体环境。

(二) 砖板衬里

砖板衬里指的是用上述材料衬于钢铁或混凝设备内部，将腐蚀介质与被保护表面隔离开。这是一种防腐性能好、工程造价高的防腐蚀技术。

砖板衬里技术包括材料、胶合剂、衬里结构的选择和施工技术等一系列问题。现择其要点分述如下。

1. 砖板材料的选择

(1) 要求

用于防腐蚀衬里的合格砖板材料，应符合以下要求：

① 对腐蚀介质有良好的耐蚀性。耐酸材料耐酸度应大于90%；

② 耐温差性能好；

③ 能耐一定的机械振动、磨刷等；

④ 耐压性能好；

⑤ 砖板的表面应平整，无裂缝凹凸等缺陷；

⑥ 砖板的断面应均匀致密，无气泡夹杂；

⑦ 花岗岩、辉绿岩吸水率应小于1%。

(2) 种类及性能

砖板衬里材料以无机材料为主，常用材料包括耐酸瓷板、耐酸砖、化工陶瓷、辉绿岩板、天然石材、人造铸石、玻璃、不透性石墨板等。

所有硅酸盐耐酸材料的耐酸性能都很好，耐酸砖、板和辉绿岩板等对于硝酸、硫酸、盐酸等都可采用。然而，耐碱性则辉绿岩板要好得多，它除熔融碱外对一般碱性介质都耐腐蚀。所以，在碱性的或酸、碱交替的环境中，以采用辉绿岩板衬里为宜。但是辉绿板的热稳定性又不及耐酸瓷板，在要求有一定的热稳定性和耐蚀性的条件下，则选择耐酸瓷板为宜，而耐酸瓷板中又以耐酸耐温瓷板的热稳定性最好。

吸水率是很重要的指标，耐酸砖、板的吸水率虽已很小，但对比之下则不如辉绿岩板致密。当吸水率要求严格时，辉绿岩板则较优越。

当需要耐含氟的介质(如含氟磷酸等)或需要一定的传热能力的衬里层时，则要选用不透性石墨衬里。

总之，材料的选择不仅要考虑耐蚀性，还要考虑其他的性能指标。除了耐酸度以外，最重要的指标为吸水率和热稳定性，要进行综合性的全面考虑，而后确定，并在施工前必须严格检查。

2. 胶合剂的选择

胶合剂的选择和施工，关系到整个衬里层的质量，首先是选择要恰当。常用的胶合剂有水玻璃耐酸胶泥(一般也简称耐酸胶泥、硅质胶泥)、树脂胶泥和沥青胶泥等，其中用得最广的是水玻璃耐酸胶泥。

水玻璃耐酸胶泥参见第五章第五节。

树脂胶泥为一系列合成树脂配制的胶泥的总称。有环氧胶泥、酚醛胶泥等，在这些胶泥的基础上又发展了多种改性的树脂胶泥，如环氧酚醛胶泥、环氧呋喃胶泥等。树脂胶泥就是以上述这些树脂为主体加入粉状填料及各自的硬化剂等调制而成的胶泥。树脂胶泥的具体配方多种多样，特别是改性的胶泥，其配方变化更大。所以具体应用时最好根据具体情况参照有关规程和文献资料通过试验而后确定。总之，树脂胶泥的抗渗透性是好的，黏结强度也不错，特别是环氧胶泥的黏结力很好。酚醛胶泥、呋喃胶泥都比较脆，黏结强度，较少损失其耐蚀性，在稀的非氧化性酸中和多种盐类溶液中，多采用环氧-酚醛胶泥或环氧-呋喃胶泥作胶合剂。呋喃耐碱性很好，环氧也耐碱，故环氧-呋喃胶泥可用于耐碱或酸碱交替的设备；用于衬不透性石墨板或黏结石墨热交换器时，采用石墨粉为填料的胶泥，以胶体石墨粉为填料的环氧胶泥(加一定的增塑剂)，可获得相当高的黏结强度。

此外，还有沥青胶泥、硫磺胶泥等均可用作块状材料衬里的胶合剂，可根据具体情况选用。常用砖板衬里胶泥耐蚀性能参见表9–9。

表9–9　常用砖板衬胶泥耐蚀性能表

胶泥 \ 性能		耐稀酸	耐浓酸	耐氧化性酸	耐碱	耐酸碱交替	耐有机溶剂	黏合力
硅质胶泥		一般	耐	耐、好	不耐	不耐	耐、好	好
树脂胶泥	环氧胶泥	耐	耐	不耐	耐、好	耐、好	耐	最好
	酚醛胶泥	耐、好	耐、好	不耐	不耐	不耐	耐	一般
	环氧酚醛胶泥	耐	耐	不耐	耐	耐	耐	好
	呋喃胶泥	耐	耐	不耐	耐、好	耐、好	耐	差
	环氧煤焦油胶泥	一般	一般	不耐	一般	一般	一般	不耐高温
硫磺胶泥		不耐	耐	一般	一般	一般	一般	不耐火
膨胀胶泥		好	好	好	好	好	好	耐温性好

3. 衬里层结构的选择

砖板材料衬里层的损坏，多出现在接缝处，原因很多，很重要的一条就是接缝太多。只要很少的接缝不密实，腐蚀介质就会渗进去腐蚀设备的壳体。同时，砖板材料本身以及固化后的胶合剂都是脆性材料，比较容易开裂。所以，用砖板材料衬里的主要生产设备应该有防渗层，防渗层除了在衬里层渗漏时保护壳体外，还可在器壁与砖板材料衬里层之间起到一定的热变形补偿作用，这种有防渗层的砖板材料衬里层称为复合衬里。防渗层现在多采用衬玻璃钢、衬橡胶、衬软聚氯乙烯等，特别是玻璃钢现已广泛用作复合衬里的防渗层。

砖板材料衬里除了腐蚀性不强的介质或干燥的气体或不太重要的设备外，很少采用单层衬里，至少两层。两层的灰缝要互相错缝，以减少介质通过灰缝渗透的可能性。衬里设备的管接头结构特别重要，这些部位最易渗漏，必须采取防渗措施(关于管接头的防腐结构及上述复合衬里结构的详细情况可参阅有关文献及图集)。

4. 衬里施工及后处理

① 施工工序。基底处理→衬隔离层→衬第一层砖板→衬第二层砖板→养护；

② 基底处理。一般采用喷射除锈，除锈后要求基底表面无锈、无油污及其他杂质，并应干燥；

③ 衬隔离层。基底处理合格后，干燥条件下要在24h内涂刷底胶，潮湿条件下要在8h内涂刷底胶，隔离层的铺衬和相应底胶的涂刷应符合对应的(玻璃钢、橡胶衬里)技术操作规程；

④ 砖板衬里方法。砖板衬里施工方法有挤缝法、勾缝法、预应力法。挤缝法在耐蚀砖板胶泥砌筑中被广泛使用；勾缝法仅适用于砌筑最面层，且要求勾缝胶泥防腐级别要大于砌筑胶泥；预应力法可提高衬里层的耐蚀性，常用膨胀胶泥、加温固化等方法来实现。

⑤ 养生。砖板衬里施工完毕后，要进行规定方法的自然固化或加热固化处理，固化养生后即可投入使用。须经加热固化处理的砖板衬里设备，加热时，衬里表面受热应均匀，严防局部过热，严禁骤然升降温度。

⑥ 砖板衬里缺陷修复。砖板衬里施工过程中，可能会出现一些缺陷，应该在固化或热处理前进行修补，这时胶泥处于初凝状态(衬砌8h后左右)，强度低，采取措施比较方便。

⑦ 衬里设备不能经受冲撞和振动，也不能局部受力，衬里以后不能再行施焊，否则会损坏衬里层，安装和使用时都必须十分小心。这些问题不仅对砖板材料衬里的设备必须注意，对于其他具有非金属覆盖层的设备如衬玻璃钢、衬塑料、搪瓷设备等等也都是必须注意的问题。

（三）橡胶衬里

橡胶材料在防腐技术中除了可以溶剂化和胶乳化制成涂料覆盖层之外，还可以通过其他工艺方法做成其他形式的橡胶覆盖层。例如，衬里覆盖层、热喷涂层等。橡胶衬里技术已有百余年的历史，在防腐领域是一项重要的防护技术。橡胶在防腐蚀技术中的应用见图 9-7。

- 软质橡胶——衬里覆盖层
- 硬质橡胶——衬里覆盖层
- 粉末橡胶——热喷涂覆盖层
- 液体橡胶
  - 胶乳化涂料——刷涂防护层
  - 溶剂化涂料——刷涂防护层
- 助剂或胶黏剂

图 9-7　橡胶在防腐蚀技术中的应用

1. 橡胶衬里的材料

（1）衬里橡胶种类及其特性

橡胶分天然胶和合成胶两大类。目前用于衬里的仍多系天然胶。衬里施工用的胶板，是由橡胶、硫磺和其他配合剂混合而成的生胶板。橡胶衬里就是把这种生胶板按一定的工艺要求衬贴在设备表面后，再经硫化而制成的保护层。

按含硫量的不同，天然橡胶板又分为硬橡胶板、半硬胶板和软胶板三类。含硫量 40% 以上的为硬橡胶，而含硫量 3%～4%左右的为软橡胶，含硫量介于两者之间大约在 20%～30%的为半硬橡胶，这三类橡胶板都发展了一系列的牌号。

合成橡胶也可以与天然橡胶混炼，如丁苯橡胶与天然橡胶混炼，但耐蚀性和物理、机械性能与天然橡胶没有明显区别，用于衬里时的操作程度也完全相同。按含硫量的不同也可制成硬胶板、软胶板和半硬胶板。

合成橡胶如氯丁橡胶、丁苯橡胶、丁腈橡胶、丁基橡胶、聚异丁烯（衬里时用胶水黏贴，不需硫化）、氯磺化聚乙烯等均可制成胶板。

（2）配合剂

生胶片是在原料橡胶中加入各种配合剂炼制而成的，添加配合剂是为了改善橡胶的力学性能和化学稳定性。生胶料的配合剂种类很多，作用也比较复杂，根据其作用可分为硫化剂、硫化促进剂、硫化活性剂、补强剂、填充剂、防老剂、防焦剂、增塑剂、着色剂等。

硫化剂也叫交联剂，它使生橡胶由线型长链分子结构转变为大分子网状结构，即把生橡胶转化为熟橡胶，也称为硫化橡胶。熟橡胶较之生橡胶物理力学性能和耐蚀性都有一定的提高。其他配合剂也各有其不同作用，以满足对橡胶的使用性能要求。

（3）胶浆

胶浆是由胶料和溶解剂以一定的比例配制而成。胶料要求无油、无杂质，并与选用的胶板配套使用。胶浆配制时，先将胶料剪成小块，放入盛放已配好溶剂的胶浆桶内，立即采用机械或人工搅拌，直至胶料全部溶解，再将胶浆桶密封起来，待 48h 后才能贴衬使用。

常用溶剂有 120# 溶剂汽油和三氯乙烯等有机溶剂。三氯乙烯使用时毒性较大，应采取通风、防毒等措施。

2. 橡胶衬里的选用要点

① 软橡胶、硬橡胶、半硬橡胶的若干性能比较。软橡胶板弹性好，能适应较大的温度

变化和一定的冲击振动，但软橡胶的耐蚀性和抗渗性比硬橡胶差，与金属的黏结强度不如硬橡胶，单独使用软橡胶板衬里的不多。

硬橡胶的耐蚀性、耐热性、搞老化和抗气体渗透性均较好，能适应较强的腐蚀介质和较高的温度，硬橡胶板的弹性较小，当温度剧变和受冲击时有发生龟裂的可能。硬橡胶板与金属的黏结强度高，可单独使用，也常用作软橡胶衬里的底层。

半硬橡胶板的耐蚀性与硬橡胶板差不多，耐寒性超过硬橡胶板，能承受冲击，与金属的黏结强度良好。一般在温度变化不剧烈和无严重磨损的场合采用半硬橡胶板。

② 衬里结构。橡胶衬里除了不太固定的设备衬单层硬橡胶外，一般都采用衬两层胶板。在有磨损和温度变化时可用硬橡胶板作底层，软橡胶板作面层。在腐蚀严重同时又有磨损的情况下，可用两层半硬橡胶板。但用于气体介质或腐蚀、磨损都不严重的液体介质的管道，也可只衬一层胶板。用作复合衬里的防渗层时，可衬 1~2 层硬或半硬胶板，或者衬一层硬或半硬胶板作面层的结构。如果环境特别苛刻，两层胶板难于适应时，也可考虑衬三层，其结构可按具体条件选用。敞口硫化的大型设备，用热水或盐类溶液加热，一般衬一层软胶板或一硬一软的三层衬里结构。以上所指的胶板的厚度，一般均为 2~3mm，如果采用 1.5 mm 厚的胶板，考虑到衬里层太薄时，可适当增加层数，但一般不超过三层。

3. 衬里施工

(1) 施工程序

施工程序：表面清理→胶浆配制→涂底浆→涂胶浆→铺衬胶板→赶气压实→检查(修补)→铺衬第二层胶板→检查(修补)→硫化处理→硬度检查→成品。

衬胶设备的表面要求平整、无明显凸凹处，无尖角、砂眼、缝隙等缺陷，转折处的圆角半径应不小于 5mm，表面清理也较严，铁锈、油污等必须清理干净。

设备表面清理后涂上 2~3 层生胶浆，把生橡胶片裁成所需的形状，在其与金属黏接的一面也涂上两层生胶浆，待胶浆干燥后，把生橡胶片小心地贴在金属表面上，用 70~80℃的烙铁把胶片压平，赶走空气，使金属与橡胶紧密结合，胶片之间采用搭接缝，宽度约为 25~30 mm，也用生胶浆黏接，并用烙铁来压平(此法即热烙冷贴法)。此外还有冷滚冷贴法、热贴法。经检查合格后进行硫化。

各种衬贴方法比较见表 9-10。

表 9-10　贴衬方法比较

对比内容	贴衬方法		
	热烙冷贴法	冷滚冷贴法	热贴法
劳动强度	不大	大	较大
操作环境	差	好	较好
施工速度	较快	慢	快
衬里工具	复杂，烙铁、加热炉子	较复杂，冷压滚工具	简单，加热平台
贴衬质量	好	很好	一般
安全状况	不安全	安全	较安全
对衬胶基面的要求	一般	一般	严格
对衬生橡胶层的影响	易烧焦、起毛	较平滑	表面平滑
适用范围	热法硫化，形状较复杂的设备	简单结构设备，自然硫化法和热硫化法	表面要求较高的衬胶设备

(2) 硫化

硫化就是把衬贴好橡胶板的设备用蒸汽加热，使橡胶与硫化剂(硫磺)发生反应而固化的过程。硫化后使橡胶从可塑态变成固定不可塑状态，经硫化处理的衬胶层具有良好的物理机械性能和稳定性。

硫化一般在硫化罐中进行，即将衬贴好胶板的工件放入硫化罐中，向罐内通蒸汽加热进行硫化。实际操作中一般都是根据胶板的品种，控制蒸汽压力和硫化时间来完成硫化过程。蒸汽压力一般控制在大约0.03MPa，逐步升压和逐步降压。此外还有加压缩空气硫化的方法，这种方法就是先通入压缩空气，再逐渐通入蒸汽置换冷空气，按一定操作工艺进行硫化。这种方法可以缩短硫化时间，对衬里层质量也有好处。大型设备不能在硫化罐内硫化，如能经受一定压力，可以向设备内直接通蒸汽进行硫化。采用这种方法，硫化前需进行必要的准备工作，如装配蒸汽管、冷凝水排出管、必要的保温措施等。采用这种硫化方法，设备的强度决定操作压力，当不能安全地承受0.03MPa蒸汽压力时，必须降压操作。而操作压力又决定硫化时间，一般说来操作压力越低，硫化时间越长。不能承受压力的设备或无盖的设备采用敞口硫化，即在设备内注满水或盐类溶液，用蒸汽盘管加热使水沸腾进行硫化，其硫化时间决定于衬胶层厚度和温度，一般说来时间较长，同时操作较为复杂，质量不易保证。橡胶衬里施工技术的详细内容请参阅有关规程和其他文献；橡胶衬里的施工必须注意安全。

(四) 塑料防腐施工

1. 塑料涂层

在20世纪30年代后期，聚乙烯等工程塑料工业化生产之后，由于它的优良的耐蚀性能，促使人们进行以聚乙烯等工程塑料作防腐蚀层的研究。由于聚乙烯等工程塑料无法制成溶剂性涂料，因此，就研究出以粉末热喷涂、流化床热浸涂、静电喷涂和内衬热轧等工艺方法做成塑料覆盖层的工艺。由于其无公害、无污染的优点，更加促进了塑料涂层的发展，使它在化工工业设备中应用越来越广泛。

塑料涂层是把有关树脂、助剂、填料等制成粉末后，附着在物体表面固化成层的。塑料涂层有如下优点：无有机溶剂的弊端(污染、易造成火灾等)；成膜可薄可厚(30~500μm以上)；可用自动化施工；形成的覆盖层致密、耐久，防腐蚀性能优越。其缺点是：工艺复杂，需要加温塑化、淬火等；工装成本高，工件大小受到限制；不易更换品种。

塑料涂层性能优异，发展迅速，使用日趋广泛，为了便于选用，必须对其获取的方法有一个简单的了解。目前，获取塑料覆盖层的方法除了厚板衬贴和热焊以外，还有几种工艺方法介绍如下：

(1) 空气喷涂法

即把相关塑料粉末通过特制喷枪喷到被预热的零部件上，塑料粉末受热初步塑化后，再进一步在烘烤炉中加热到全塑化后，再迅速冷却固化成层。显然这种方法会由于被涂覆零件的大小而受到预热炉和烘烤炉的限制。

(2) 火焰喷涂法

这种方法类似金属粉末热喷涂工艺。但是，它的火焰温度要求不高，故可用氧气-丙烷气火焰。工件表面进行预处理(喷沙、除锈、打毛等)后，再预热到一定温度后，迅速火焰喷涂塑料粉末到工件表面，并形成塑料覆盖层。这种方法对大部件可以在现场施工。

(3) 流化床浸涂法

把塑料粉末在流化槽中用净化的压缩空气吹沸起来，然后，将工件预热到塑化温度以上，再通过流化槽，这时，沸腾状态的塑料粉末即会在零件的表面塑化成层，然后，再根据要求作进一步的后处理，例如，流平或冷淬等。工件预热温度大小随塑料种类而异，例如，环氧粉末塑料只要预热到120~230℃即可；而聚四氟乙烯塑料浸涂时，零件预热温度要达到430~540℃；一般的尼龙、乙烯、聚丙烯等塑料只需预热到260~430℃。这种工艺的特点是：可使形成的覆盖层各项性能指标均好，且粉末耗损少，并可一次获得150~1500μm厚的覆盖层。缺点是形状复杂的大部件加工较为困难。

（4）静电粉末喷涂法

这种工艺在20世纪60年代发明兴起，它是在零件与静电喷枪之间接上高压直流电（30~90kV），当塑料粉末从喷枪中喷出时，形成带电粉末粒子，并在高压电场作用下被吸附在工件的表面上，然后加热塑化成层。这种成膜工艺的特点：①膜的厚度均匀，并且厚度可以控制；②工艺适应性强，多数塑料粉末均可以用静电粉末喷涂法施工，并且大小复杂件均可用此法施工；③操作简单，生产效率高，可用手工喷涂，亦可用自动化喷涂。

（5）静电流化床浸涂法

这种施工工艺是把静电粉末喷涂法与流化床浸涂法两种工艺相结合的涂覆方法。其基本原理是在流化床浸涂槽中通过高压（30~100kV）直流电场作用，使塑料粉末粒子带电，并形成带电的粒子云，然后，再将带反电的工件进入流化床槽中，表面立即吸附塑料粉末粒子成层，之后进入烘烤炉塑化成致密的塑料层。这种方法的好处是粉末利用率高，适合于自动化流水线涂覆。适用的塑料种类有聚乙烯、丁酸醋酸纤维素、氯化聚醚、聚丙烯、丙烯酸、环氧树脂、聚酯等。

（6）其他方法

除上述方法外，还有真空吸引涂覆法、静电振荡涂覆法、静电隧道法、流水线静电流化床法等。

2. 塑料衬里施工

（1）松套法衬里施工

衬里层和基体间不加以固定的衬里方法即松衬法。松衬法施工简单，整体性好，塑料的热膨胀不受基体限制，适用于容积较小的设备。

① 硬质塑料松套法衬里施工。衬里施工前，应先检查壳体内壁是否符合塑料板衬里要求，内壁和底部应平整，不允许局部有凸出现象，如有电焊疤必须铲平，否则塑料板衬里就无法贴紧内壁。施工时，应使塑料板尽量贴紧壳体内壁，间隙越小越好，在间隙过大处可用木棒撑紧，最后进行V形焊缝焊接。

② 软质塑料松套法衬里施工。软质塑料松衬时对基体的要求同硬质塑料松套法衬里一样。在施工中要注意以下两点：

a. 塑料板片厚度一般取2~4mm，板的长度和宽度不宜太小，避免接缝过多。

b. 板与板的搭接宽度约30~40mm，采用本体熔融加压法焊接，即用普通热空气塑料焊枪将需焊合的塑料表面加热到熔融状，并在上面一边加压，一边移动，使之成为密实、牢固的焊合面。焊接中必须很好地控制温度和压力，焊合面要保持清洁。

（2）黏结法衬里施工

黏结衬里是通过黏结剂把塑料板与金属壳体粘贴起来的方法。硬质塑料黏结法衬里施工方法有冷贴法和热贴法两种。

① 热贴法工艺。

a. 喷砂。对设备及塑料板均要进行表面喷砂处理。设备喷砂是为了达到除锈目的，除锈级别达到 Sa2.5 级；塑料喷砂是为了达到粗化表面、提高黏结力的目的。

b. 刷黏结剂。钢壳与塑料面应各刷两道黏结剂，刷第 1 道黏结剂后，停一段时间使溶剂挥发，再刷第 2 道黏结剂，再间隔一段时间后才黏贴。两遍黏结剂的总厚度控制在 0.1~0.2mm 范围。

c. 贴合。衬里层的贴合应顺序粘上，尽量将衬里层与钢壳之间的空气赶出。为避免压热砂时板材热膨胀，使周边顶撞而拱起，板的四周应留有一定的空隙。

d. 压砂。压热砂时，应先在已贴合的板四周用糨糊或胶水贴上一条薄纸，以防压砂时黄沙进入黏合面。然后放上比塑料板各边宽 30~50mm 的木框，顺序压上加热的黄砂，砂高根据需要的压力而定，2~3h 后卸去黄砂，用毛刷仔细清扫表面。

e. 焊接。由于黏结剂本身不耐强腐蚀性介质，因此塑料板之间的缝隙需用塑料焊上，焊接坡口在剪裁时刨好。有时可在缝隙处加焊长条状塑料板封闭。

f. 电火花检验。焊接完成后要用电火花针孔检验仪进行全面检测，以发现缺陷。如果发现缺陷，应立即修补。

② 冷贴法工艺。冷贴法工艺是在热贴法工艺贴合步骤中，不考虑为加热产生的热膨胀留缝隙，所留缝隙只需满足焊接要求即可。冷贴法没有压砂步骤，其他步骤与热贴法工艺相同。

软质塑料黏贴衬里的方法与硬质塑料类似，也有热贴法和冷贴法两种。硬质塑料的接缝形式主要是焊接，而软质塑料的接缝形式有焊接和黏结两种。

此外，还有螺栓固定法衬里施工。螺栓固定衬里法是用螺栓将塑料板机械地固定在被衬里的设备的表面。这种方法对钢壳表面要求不高，只要把焊缝等凸出部分打磨平整就可以了。

衬里施工完成后，应仔细检查施工质量，确保使用时不渗漏。检查方法：目视检查无问题后，用电火花检测仪检测，合格后，盛水试漏，发现问题及时进行修补。

（五）玻璃钢贴衬施工方法

玻璃钢的贴衬，一般采用手糊法，手糊法分间断法、连续法两种。间断法是目前玻璃钢衬里施工的一种常用方法之一。

1. 分层间断法

（1）分层间断法施工工序

基层表面处理→涂第一遍底浆（干燥 12~24h）→干燥至不粘手→打腻子→涂第二遍底浆（干燥 12~24h）→涂浆并贴衬玻璃布（赶气压实）→干燥 24h→表面再涂浆贴衬玻璃布（至要求层数）→常温下燥 24h 以上→表面处理后涂刷面漆 2~3 遍（每遍干燥 12~24h）→常温养护七昼夜以上或加热固化处理。

（2）基层处理

① 碳钢表面：除特殊情况外，要求喷砂除锈处理并达到二级喷砂除锈标准即完全除去金属表面的油脂、氧化皮、锈蚀产物等一切杂质；可见的阴影条纹、斑痕残留物不超过单位面积的 5%。

② 混凝土表面：除掉一切油污、尘土、漆膜及其他杂物。

（3）底浆（底漆）

底浆应满足对基层表面有较好的粘接强度，对基层无腐蚀作用，能与相应的树脂胶液结合。

(4) 腻子

腻子一定要刷涂平整，光滑。一般要求腻子采用与底漆相同的材料配制，而且应在涂刷完第一遍底浆之后进行刮涂。

(5) 贴衬玻璃布

① 贴衬玻璃布，应在底浆干燥后及时压实赶净气泡。

② 涂刷胶液应与贴布同时进行，即边涂刷胶液，边进行贴布；每次涂刷胶液的面积应不大于贴布面积的10%。树脂胶液黏度，应满足既能浸透玻璃布，又无流淌现象为宜。布与布之间间断搭接或搭接5cm左右，每层玻璃布都要使胶液浸透且赶净气泡。

③ 面漆：面漆所用材料应与衬布胶液材料相同，其黏度由浓到稀依次涂刷2~3遍，为了提高面漆的强度，降低收缩率，在面漆中应适量加入填充剂。

2. 多层连续贴衬法

多层连续贴衬法，与分层间断贴衬法的施工过程基本相同。除第一层贴衬要求分层间断施工，其余各层要求一次贴衬完。此种方法的特点是效率高，施工难度大，质量不如分层间断法稳定。

(1) 主要工序

基层处理→涂第一遍底浆→刮腻子→涂第二遍底浆→贴衬第一层玻璃布(干燥)→连续贴衬玻璃布，直至达到要求层数→干燥→表面修理→涂面漆2~3遍→自然干燥或加热处理达到固化要求。

(2) 衬布搭接要求

多层贴衬时，除第一层布按分层间断法搭接要求外，从第二层起，各层一次性连续贴衬完，其每层采用鱼鳞搭贴形式进行施工。

(3) 注意问题

① 贴衬第一层布，必须按分层间断法贴衬施工，干燥合格后，方能进行连续贴衬施工；

② 连续贴衬的各衬层，均要进行赶气压实，绝不允许多层施工完毕后，一次赶气压实；

③ 连续贴衬施工，应避免在刷涂胶浆时，将前一层刮起皱纹，引起气泡。

(六) 贴衬玻璃钢常见缺陷及防治

1. 固化不良

玻璃钢胶料不固化或固化不完全，具体表现在胶料涂刷数小时后仍未固化，有粘手现象；或表面稍有固化，内部仍黏稠。

(1) 原因

① 固化剂加入量不够，如环氧树脂的固化剂纯度不够、酚醛树脂的固化剂酸度低等，使胶料固化慢或不固化。

② 树脂或固化剂过期变质。

③ 施工环境低于10℃时，树脂与固化剂反应迟缓。

④ 固化剂配比不正确或不配套，如不饱和聚酯树脂用的引发剂不配套或没有配套使用，再如只加引发剂而未加促进剂等。

⑤ 不饱和聚酯树脂胶料，在配制时使用了有阻聚作用的粉料，造成胶料固化慢或不固化。空气对不饱和聚酯树脂有阻聚作用，产生“厌氧”现象，使玻璃钢的表面发黏。

⑥ 树脂黏度大，配制胶料时搅拌困难，固化剂加入后没有搅拌均匀，造成局部不固化或局部早固化现象。

（2）预防

① 固化剂应符合要求，按正常使用量加入，随温度变化调整用量。

② 把好原材料的质量关，使用前要核实从生产到使用时的储存期，超过期限应做试验鉴定，技术指标合格时才能使用，不饱和聚酯树脂选用的粉料及颜料不得有阻聚作用。

③ 一般情况施工环境温度以15~25℃为宜，低于10℃时，可适当采取加热措施。

④ 树脂加入固化剂后产生放热反应，如发现温度过高，可将配制桶放入冷却器中边冷却边搅拌。一次配量不宜过多，随用随配。固化剂加入后要尽快分散均匀。大面积施工时，宜先将树脂胶液配成半成品（固化剂除外），储存在低温通风场所，防止因仓促配料造成胶料爆聚，使用时按比例加入固化剂混匀。

⑤ 玻璃钢胶料的配合比，在施工前应经试配确定，保证胶料有适宜的施工性能，使用不饱和聚酯树脂时正确使用促进剂和引发剂，粉料也应符合要求。若配合比正确而胶料的固化速度还慢时，可在促进剂中滴加少量助促进剂，以调节硬化速度，且不影响胶料的质量。

（3）缺陷修理及治理

首先查找原因。如是环境温度过低，应及时采取加热保温措施；如是原材料性能或配比问题，应及时调整或调换。缺陷部位铲除后，要用溶剂擦拭干净，再重新施工。

2. 玻璃钢层实体缺陷

玻璃钢脱层、皱褶、起壳、层间有气泡，玻璃钢厚薄不均匀。具体表现在敲击表面有空响声；外观表面不平整，有明显的气泡脱层、皱褶。

（1）分析原因

① 铺贴玻璃纤维布时松紧不均，黏结不实，基层阴阳角处未做成小圆角，易产生皱褶。滚压胶液时，窝藏在层间的气体未彻底排除，特别是阴阳角处及管孔周围附加层，易因此而产生气泡。

② 玻璃纤维布未做脱蜡处理，非浸润剂型玻璃纤维布表面吸附有水分或不干净，玻璃纤维布太厚，没有将厚边剪掉。

③ 基层的缺陷。

④ 有些固化剂为酸性物质，对水泥基层有腐蚀作用，使玻璃钢与基层之间失去黏结力。

（2）预防

① 基层阴阳角处宜做成适当的圆角或斜边。在阴阳角处或管孔周围部位，施工时应把玻璃纤维布裁开试铺，合适后，再刷胶铺贴。

② 切实保证混凝土基层质量、强度和含水率等符合规范要求，然后进行玻璃钢施工。

③ 在水泥基层上采用酸性固化剂配制胶液时，应先用环氧树脂做隔离层。

④ 采用间断法施工时，层间不要被污染。

（3）缺陷治理

① 采用分层间断法施工时，如硬化后发现气泡，可沿其周围用角向磨光机切除，去掉气泡部分，下面用砂布打毛擦净，再刷胶料补衬，修补面积可略大于原缺陷的面积。

② 采用多层连续法施工时，一般不宜超过三层玻璃纤维布，对于0.4mm的玻璃纤维布以单层为宜；在铺贴玻璃纤维布时，若有气泡和空鼓，可用小刀将气泡和空鼓处割开排除气体，滚压平整，使玻璃纤维布和胶料重新结合，在树脂未固化前不会影响玻璃钢质量。当树脂硬化后，应用角向磨光机切除缺陷部位进行修补。

③ 当玻璃钢厚度不够时，应增铺玻璃纤维布至要求的厚度或层数。

3. 玻璃钢露白

主要是由于玻璃钢胶料浸透不良，使得层间发白、黏接不牢或分层。具体表现在表面可看到白片、白点等胶料未浸透现象。

(1) 分析原因

① 施工现场防污染条件差，玻璃钢层间污染严重，又未做认真处理。

② 玻璃纤维布受潮或被污染；或采用了石蜡型玻璃纤维布，使用前脱蜡处理不好。

③ 胶液太稠或施工时间长，稀释剂挥发后胶料变稠；玻璃纤维布过密过厚，使胶料难于渗入布孔和玻璃纤维内部。

④ 胶液太稀，上胶后稀释剂挥发，玻璃钢含胶量不够。

⑤ 胶液搅拌不匀，含有未分散的粉团或过粗的填料颗粒，无法渗入玻璃纤维布孔眼。

⑥ 胶液涂刷不均匀、漏涂、漏压。

(2) 预防

① 施工环境相对湿度不宜大于80%，以防层间受潮；施工现场应做好防尘工作。

② 宜选用非石蜡型玻璃纤维布；石蜡型玻璃纤维布应认真进行脱蜡处理；对受污染的玻璃纤维布进行清理。

③ 胶液稠度要合适；胶液自加入固化剂时起，应在0.5h内用完。

④ 填料粒度要合适，加入后应充分搅拌，尽量采用机械搅拌。

⑤ 不得漏涂、漏刮、漏压，要涂得薄，使胶液充分渗入玻璃纤维布孔眼与玻璃纤维布结合成整体。

⑥ 加强层间的质量检查和修补工作。

(3) 治理

① 按预定的质量要求决定是否返修或补修。最好的治理办法是加强层间的质量检查和补修，不要等到数层糊完后再来返修。

② 用连续法施工时，对局部缺陷在施工中应及时补胶滚压或局部换布重做。当硬化后重做时，要先把有缺陷的玻璃纤维布四周用角向磨光机切除，再涂刷胶液、衬布、滚压。涂刷胶料和补衬的面积要比取下的玻璃纤维布面积略大些。

③ 用间断法施工时，先将决定返修的部位用角向磨光机切除，将底部用砂布磨平、打毛，清理后，再用溶剂擦拭干净，然后涂胶料、衬布、滚压。修补的面积要略大于原来切除的面积。

(七) 埋地管道防腐施工

1. 埋地管道防腐蚀常用材料

埋在土壤中的钢质管道的腐蚀是一种电化学作用的结果，防止埋地管道的腐蚀常用的方法是用覆盖层把金属表面与腐蚀介质隔离开，它们与介质之间没有接触的机会，也就不存在发生电化学反应的可能了，最常用的覆盖层有沥青玻璃丝布覆盖层和环氧煤沥青玻璃丝布覆盖层。

下面介绍两种覆盖层的主要材料。

(1) 环氧煤沥青涂料

环氧煤沥青涂料是甲、乙双组分涂料，由底漆的甲组分加乙组分(固化剂)、面漆的甲组分加乙组分(固化剂)组成，并和相应的稀释剂配套使用。

(2) 玻璃丝布

玻璃丝布是覆盖层中的加强材料，经纬密度为(10×10)根/cm^2。厚度为0.1~0.12mm，是中碱、无捻、平纹、两边封边、带芯轴的布卷。玻璃丝布的包装应有防潮措施，存放时注意防潮，受潮的玻璃丝布应烘干后使用。含蜡的玻璃布必须脱蜡。

(3) 环氧煤沥青冷缠带

环氧煤沥青冷缠带是目前国内较常用的一种地埋管道防腐材料，它是由丙纶无纺布浸渍环氧煤沥青基材胶，再经分切、收卷后制成，冷缠带厚度分为普通型和加厚型两种，冷缠带的标准分切宽度为250mm，每卷长度为30m，也可根据施工需要作调整。

(4) 石油沥青

石油沥青不应夹有泥土、杂草、碎石及其他杂物，石油沥青选材要求应符合表9-11的规定。

(5) 聚乙烯工业膜(塑料薄膜)

塑料膜不得有局部断裂、起皱和破洞，边缘应整齐，其幅宽应与玻璃丝布相同。

表 9-11　石油沥青的选材要求

管道种类	输送介质温度/℃	软化点(环球法)/℃	针入度/(1/10mm)	延度/cm	备　注
常温管道	≤50	95	5~20		建筑10号沥青
热油管道	51~80	125±5	5~17		管道防腐沥青
试验方法		GB 4507—84	GB 4509—84	GB 4508—84	

2. 埋地管道防腐层等级与结构

埋地管道的外防腐层分为普通、加强和特加强三级，施工时应根据土壤腐蚀性和环境因素确定涂料种类和防腐层等级，防腐层等级与结构见表9-12和表9-13。

表 9-12　环氧煤沥青防腐层等级与结构

等　级	结　构	干膜厚度/mm
普通级	底漆-面漆-面漆	≥0.2
加强级	底漆-面漆、玻璃丝布、面漆-面漆 定型胶-冷缠带(普通型)-定型胶	≥0.4
特加强级	底漆-面漆、玻璃丝布、面漆-面漆、玻璃丝布、面漆-面漆 定型胶-冷缠带(加厚型)-定型胶	≥0.6

表 9-13　沥青玻璃丝布防腐层各等级的结构

防腐等级		普通级	加强级	特加强级
防腐层总厚度/mm		≥4	≥5.5	≥7
防腐结构		三布三油	四布四油	五布五油
防腐层数	1	底漆一层	底漆一层	底漆一层
	2	沥青1.5mm	沥青1.5mm	沥青1.5mm
	3	玻璃布一层	玻璃布一层	玻璃布一层
	4	沥青1.5mm	沥青1.5mm	沥青1.5mm
	5	玻璃布一层	玻璃布一层	玻璃布一层
	6	沥青1.5mm	沥青1.5mm	沥青1.5mm
	7	聚乙烯工业膜一层	玻璃布一层	玻璃布一层
	8		沥青1.5mm	沥青1.5mm
	9		塑料布一层	玻璃布一层
	10			沥青1.5mm
	11			塑料布一层

3. 埋地管道防腐蚀施工技术要求

(1) 环氧煤玻璃丝布防腐蚀施工技术要求

① 基底处理。钢管在涂覆前，必须进行表面处理，除去油污、泥土、原涂层等杂物，除锈标准一般应达到Sa2级以上。表面粗糙度宜在40~50μm，表面不得有焊瘤、棱角、毛刺等缺陷。

② 涂刷底漆。钢管表面处理合格后，应尽快涂环氧煤沥青底漆，间隔时间不得超过4~8h，涂刷时首先由专人按说明书调匀涂料，静置熟化10~30min后立即涂装，且管道两头应各留100~200mm不涂底漆，底漆层要求均匀、无漏涂、无气泡、无凝块，干膜厚度不小于25μm。

③ 腻子对高于钢管表面2mm的焊缝两侧及其他不平整处，应先打腻子形成平滑过渡面。腻子由环氧煤涂料和滑石粉调成，在底漆表干后进行刮抹，避免缠玻璃布时形成空鼓。

④ 普通级。底漆或腻子表干后，涂第一道面漆，要求涂刷均匀，不漏涂，待第一道面漆实干后，方可涂第二道面漆。

⑤ 加强级。对加强级防腐层，涂第一道面漆后，随即缠玻璃丝布，布要拉紧，表面平整，无皱折和鼓包。压边宽度为20~25mm，布头搭接长度为100~150mm，并随即涂第二道面漆，要求漆量饱满，玻璃丝布所有网眼应灌满涂料。第二道面漆实干后，涂第三道面漆。也可在底漆表干后，用浸满环氧煤面漆的玻璃丝布直接缠绕，实干后，涂最后一道面漆。

⑥ 特加强级。特加强级结构的防腐层，在加强级施工的第三道面漆涂刷后，立即缠绕玻璃丝布，方法同上，方向相反，并涂刷第四道面漆，同样该面漆—玻璃丝布—面漆结构可用浸满面漆的玻璃丝布直接缠绕代替。第四道面漆实干后，涂刷第五道面漆。

⑦ 干性指标。

表干——手指轻触防腐层不粘手或虽发黏，但无涂料粘在手指上。

实干——手指用力推防腐层不移动。

固化——手指甲用力刻防腐层不留痕迹。

⑧ 养护。防腐层涂敷后，宜静置自然固化，在实干后(最好固化后)，方可运输和施工。

(2) 沥青玻璃丝布施工技术要求

① 基底处理为确保防腐层质量，要求基底处理达到St3、Sa2级标准，或以图纸设计为准。

② 熬制沥青。熬制前，宜将沥青破碎成粒径为100~200 mm的块状，并清除纸屑、泥土及其他杂物，熬制开始时应缓慢加温，熬制温度宜控制在230℃左右，熬制中应经常搅拌，并清除熔化沥青表面上的飘浮物，每锅沥青的熬制时间宜控制在4~5h左右，每口锅熬制5~7锅后，应进行一次清锅，将沉渣及结焦清除干净。

③ 涂刷底漆。底漆用的沥青应与面漆用的沥青标号相同，配制时沥青与汽油的体积比为沥青：汽油=1:(2~3)。底漆应涂刷均匀，厚度为0.1~0.2mm，管端留出150~200 mm。

④ 浇涂沥青。底漆表干后，方可浇涂沥青和缠绕玻璃丝布。沥青浇涂温度以200~220℃为宜，最低不低于180℃，每道沥青浇涂厚度为1.5 mm。

⑤ 缠绕玻璃丝布。浇涂沥青后，应立即缠绕玻璃布，缠绕方法同环氧煤玻璃丝布防腐层，钢管两端各防腐层应做成阶形接茬，阶梯宽度为50 mm。

⑥ 聚乙烯工业膜的包缠。待沥青层冷却到100℃以下时方可包扎聚氯乙烯工业膜外保护层。外包聚氯乙烯工业膜应紧密适宜，无皱褶、脱壳等现象。压边应均匀，压边宽度应为30~40mm，搭接长度宜为100~150mm 。

*第四节　表面转化、强化和薄膜技术

在金属基体表面通过改性与强化处理或在其表面形成几微米以下的极薄膜层，从而达到防腐蚀或其他表面功能的目的，这是腐蚀防护技术中的又一个重要领域。尤其随着科学技术的发展，表面转化、强化和薄膜技术在工程中的应用越来越多，越来越重要，已是其他防护技术所不能取代的。

凡是通过一定的工艺方法，使金属基体表面产生几微米乃至纳米级厚度变化，从而改变金属原本的表面性能(诸如颜色、硬度、亮度、耐磨性、耐热、耐蚀性、耐辐射、高疲劳、介电性和核磁性等)的技术称为表面转化、强化和薄膜技术。本节主要介绍工程上常用和较为成熟的表面转化、强化和薄膜技术。

一、表面转化膜技术

任何金属裸露在环境介质中，都会自发氧化反应生成纳米级厚的氧化膜层。薄膜理论认为，这层热稳定膜层会覆盖金属表面，阻滞阳极反应，促使阳极钝化形成钝化膜。因为这层薄膜是由金属表面转化来的，故称表面转化膜。

随着金属和环境条件不同所形成的转化膜厚度与性能也不同，例如，铁和铜金属表面在大气中可形成1~3nm厚的钝化膜，而铝可形成5nm厚的钝化膜。虽然目前对金属表面的这种钝化膜结构尚未完全清楚，但是人们根据这种转化膜具有防腐蚀性的启发，采用化学或电化学的手段，使之人为形成更致密、有韧性、结合力好的耐蚀转化膜，并在工业上广泛应用。

1. 钢铁化学氧化(发蓝)

钢铁的表面化学氧化转化膜处理又称发蓝或发黑处理。传统工艺是在浓碱中高温氧化，氧化膜厚度0.5~2.5μm，膜的组成主要是氧化铁。20世纪70年代开发出常温或中温氧化工艺，常温工艺形成膜的组成主要是铁的硒酸盐，而中温工艺的氧化膜组成则是磷酸盐和铁的氧化物。钢铁化学氧化的典型工艺举例，如表9-14所示。

表9-14　钢铁化学氧化典型工艺配方

高温工艺	常温工艺	中温工艺
氢氧化钠550~850g/L	硫酸铜1~10g/L	磷酸3~18g/L
亚硝酸钠100~250g/L	亚硒酸2~10g/L	硝酸钙(或硝酸钡)70~100g/L
其他	其他	氧化锰10~20g/L
温度130~155℃	温度 室温	温度90~100℃
处理时间15~120min	处理时间3~20min	处理时间40~50min

(1) 一般工艺流程

除油→水洗→除锈→水洗→化学氧化→水洗→封闭填充→干燥→浸油或浸涂料。

(2) 使用要点

① 由于其氧化膜很薄，处理后要填充浸油，而且不用在苛刻环境下的防腐，多用于可常擦油的钢铁件。例如，枪炮、工具等；

② 可用在200℃以下润滑油中工作的尺寸公差小的配合件；

③ 可用于要求具有黑色外观而又不能采用其他方法处理的零件防腐蚀或装饰。

2. 钢铁的磷酸盐转化膜

金属在磷酸盐溶液中的化学处理，称为金属的磷化，在金属表面形成的薄膜为磷酸盐转化膜，膜的组成主要是金属的磷酸盐。

有些金属不与磷酸溶液反应沉积或转化成膜，所以，就不能形成磷酸盐转化膜，例如，铜、铅、不锈钢、镍铬合金等。常用钢铁的磷酸盐转化膜。

(1) 钢铁磷化的典型工艺简介

钢铁磷化膜随着材质和磷化溶液组成与工艺的不同，它获得的磷化膜种类、厚度、结构、性能也不同。磷化膜厚度一般为1~50μm。在实际使用中，通常以单位面积膜层重量表示：$<1g/m^2$为薄膜；$1\sim10g/m^2$为中厚膜；$>10g/m^2$为厚膜。

一般钢铁磷化处理工艺流程如下：

除油—水洗—除锈—水洗—磷化—水洗—后处理—水洗—去离子水洗—烘干—封闭或涂装。

钢铁磷化的典型工艺见表9-15。除了表中所列工艺之外，近几年出现很多磷化组合药剂，即配即用，还有所谓“四合一”磷化液出现，即除油、去锈、磷化、钝化一步工序完成。

(2) 使用要点

① 磷化膜是电的不良导体，10μm厚的膜，其电阻约为$5\times10^7\Omega$，如果磷化膜浸油或涂装之后，其电绝缘性更好，所以钢铁磷化膜广泛用于电绝缘防护；

② 磷化膜的孔隙率与膜厚度相关，一般为0.5%~1.5%，它具有良好的吸附性能，使用时，多用涂料或浸油封闭；

③ 磷酸盐膜可作涂料底层或浸油底层，用于复杂件和管件防腐蚀；

④ 磷酸盐膜可作冷变形时的润滑膜使用；

⑤ 磷酸盐膜可用于氢脆敏感的高强钢防腐蚀；

⑥ 选用不同配方工艺可采用浸、涂、喷淋等施工方法；

⑦ 磷化膜中含锌高时，耐腐蚀性好，含锰多，则硬度增加，含铁多则耐热性提高。

表9-15 钢铁着黑色磷化的典型工艺配方

类型	序号	溶液成分/(g/L)		酸度/点数	温度/℃	时间/min
黑色磷化	1	硫化钠5~10(室温浸5~20s后)		总24~26	85~95	30
		磷酸二氢锰铁盐	3~35	游离1~3		
		硝酸钙	30~50			
		硝酸锌	15~25			
		亚硝酸钠	8~12			
		磷酸	1~3mL/L			
	2	磷酸二氢锰铁盐	55	总58~84	96~98	不定
		磷酸	13~14mL/L	游离4.5~7.5		
		硝酸锌	2.5			
		硝酸钡	0.6			
		氧化钙	6~7			
	3	沉积磷化后染黑色				
		三氯乙烯	83%		20~30	4~6s/次
		聚醋酸乙烯酯	4%			多次浸染
		醇溶苯胺黑	3%			
		乙烯溶液	10%			

二、表面改性强化技术

1. 激光表面熔覆与合金化技术

激光熔覆技术是用激光将金属表面所涂合金粉层熔融，同时也将基体熔化一薄层，从而形成冶金结合的强化层。而激光表面合金化技术则是将金属基体表面熔化，同时加入合金元素(或颗粒)，在以基体为溶剂，合金元素为溶质的基础上构成表面强化层。这类技术在20世纪70~80年代已经得到工业上的推广应用。

(1) 激光熔覆与激光表面合金化工艺

激光熔覆与合金化工艺种类及特点见表9-16所示。在激光熔覆与合金化工艺中所常用的合金粉末材料及特性见表9-17。熔覆与合金化的元素通常采用预沉积或同步沉积两种方法涂在基体表面。预沉积法，常见的有电镀法、喷涂法和人工涂刷法。

表9-16 激光熔覆与合金化工艺种类及特点

工艺种类	特点
脉冲激光熔覆与合金化	合金元素在基体中的饱和度可调范围大，效率低，易出现鳞片组织
连续激光熔覆与合金化	硬化层均匀可处理复杂化件，效率高
合金元素呈固态渗入的激光合金化(也叫颗粒注入)	可选合金元素和化合物品种广，例如，碳、氮、硼、铬、铝、钨、钴、碳氮化物
合金元素呈气或液态渗入的激光合金化	硬化层均匀、可利用液、气体与基体金属反应

表9-17 激光熔覆与合金化常用粉末

合金粉种类	合金粉名称	特性
自熔合金粉	镍基合金粉	自熔性好、良好韧性、耐磨、耐冲击、抗氧化
	钴基合金粉	抗氧化、抗振、耐磨、抗腐蚀性好、耐高温性能最好
	铁基合金粉	自熔性、抗氧化性差，但成本低
	碳化钨合金粉	在镍、钴、铁基合金中加20%~50%碳化钨可获得高的热硬性和耐磨性
复合粉末	硬质耐磨复合粉末	具有优异的抗磨损性，是理想的耐磨材料
	减摩润滑复合粉末	摩擦因数低、硬度低，多用于干摩擦条件或无法保养机械
	耐高温和隔热复合粉末	分金属型(致密，热导快)、陶瓷型(孔多，隔热性好)、金属陶瓷型(耐1200~1400℃，也可做高温隔热层)
	耐腐蚀、抗氧化复合粉末	无孔、致密，结合力、化学稳定性和抗振性均好

(2) 激光熔覆与激光表面合金化工艺使用要点

① 在激光熔覆与激光表面合金化工艺过程中，元素与基体之间相互扩散，从而稀释合金化层，但稀释度与结合强度成正比；

② 变形、开裂、气孔是熔覆层中常见的缺陷，因此参数选择与工艺掌握是该技术的关键；

③ 激光处理时，基体处于高温熔融态，所以易于氧化，会形成10~30μm厚的氧化膜；

④ 在激光熔覆与激光表面合金化过程中，合金元素会不同程度地被烧损，这是由于氧的混入所造成，因此工艺中避免氧的混入是关键，一般要采用惰性气体保护；

⑤ 经激光熔化后，工件表面粗糙度会有不同程度增加；

⑥ 低熔点有色金属的激光熔覆与合金化较难掌握，层最易开裂，所以一般要预热基体金属。

(3) 激光熔覆与激光表面合金化应用举例

激光熔覆与激光表面合金化工艺是一项高新技术，随着工艺的成熟，应用越来越广。例如，铜合金激光熔覆银，可代替贵金属用于电接触开关；在镍基合金上熔覆钴基合金层，则大大提高了发动机涡轮叶片的使用寿命；灰铸铁阀座激光熔覆铬、钴、钨粉末后(750μm厚)，使用寿命提高1~3倍。

2. 钢的表面化学热处理强化

钢制件在一定活化的非金属元素气氛下，通过加热使非金属元素在钢件表面扩散，使其表面产生相变强化，一般称为钢的表面化学热处理。例如，钢的渗碳、氮、硼及碳氮共渗等，采用的加热方法有电炉加热、感应加热等。这是一种传统的表面强化技术，与热扩散金属层工艺类似。

实例分析

实例一 某地面储水罐内部采用多层乙稀基涂料系统。最后一层施工后需要养护7天(平均温度18℃)，然后装水。一年后检查发现，底部和壳体大约半米高的部分已被破坏，该区域发生严重腐蚀。破坏区域以上部分涂层状况良好。

分析 这是由于乙烯基涂料是将固体乙烯基树脂溶解在适当的溶剂中制成的。施工后的养护过程中，溶剂挥发留下固体乙烯基树脂形成漆膜。因为挥发溶剂的蒸气比空气重，若通风不畅，则这些蒸气将集中在密闭空间的最低点，而乙烯基涂料耐溶剂性很差，重新暴露在溶剂中就会再溶解。在本事例中就是因为施工中通风不畅，涂层中残余溶剂挥发后聚集到储罐底部，使这部分涂层重溶而损坏。

所以通风系统应安装在施工场所的最低点，在施工结束后还应继续通风至少24h。

实例二 某电冶厂淋洗塔为碳钢壳体，内衬酚醛玻璃钢为隔离层，面上用环氧胶泥衬耐酸瓷板(底部为耐酸瓷砖)。CO_2、SO_2和HF混合气体从塔下部进入，洗涤水通过填料由上而下与气体逆向接触，达到除尘、降温的目的。塔内温度40~50℃。

投入使用不到一年，人孔右下角穿孔泄漏可见整个内衬层瓷板(砖)均已腐蚀变薄。一年多以后筒体多处穿孔，瓷板很薄，许多部位已看不到瓷板。

分析 这又是一个在含氢氟酸的环境中使用硅酸盐材料的事例。混合气体中含有HF，在塔中溶于水形成氢氟酸。而硅酸盐材料(这里是瓷板)是不耐氢氟酸腐蚀的，所以淋洗塔衬里层的砖板材料选择是错误的。如果一定要选择砖板衬里，可以选用不透性石墨。

实例三 一个钢结构塔建在海洋环境中，原来的涂层系统选材、设计和施工没有问题，使用一直良好。若干年后由于工艺改变，需要对设备和结构进行修改。修改后的设备部分重新涂了漆，而未修改部分保持原状。后来进行检查，未修改区域的涂层仍然完好(已使用25年)，而修改过的区域却发生严重的腐蚀。

分析 这是因为在修改过的区域，新的螺栓和焊缝在涂漆前未进行喷砂和打底漆，即腐蚀是由于涂层施工不良造成的，因为修改的区域被建在结构里面，根本不可能进行喷砂除锈，也难以维护，很多结合部位形成水凝聚。

因此，对于使用覆盖层保护(油漆、喷涂、衬里)的设备和结构，施工前的表面处理对保护效果影响很大，在考虑设备结构和相对位置时就应当为进行表面处理(特别是在生产现场进行表面处理)提供必不可少的施工条件。

实例四 某化肥厂2台3500m^3甲醇储罐用防腐涂料外防腐，涂层要求防止紫外线、防老化，而且又有美观装饰作用；另外，表面有强的反射阳光作用，可以降低罐体温度，避免罐内有机液体因温度升高而发生危险。

防腐方案 选用环氧红丹防锈涂料作底漆，环氧银粉涂料作面漆，构成长效重防腐涂料配套体系。环氧银粉涂料是国内大型有机化工原料贮罐理想的表面覆盖涂料，其优点为：具有强反光性，可以大大降低罐体的温度；银粉可以起牺牲阳极保护作用，保护钢质储罐不受腐蚀。

3500m^3甲醇储罐外表喷砂除锈后，涂刷环氧红丹防锈底漆2~3道，每道间隔12~24h，每道漆膜厚度约为40~50μm；涂刷环氧银粉涂料2道，每道间隔12~16h为宜，每道漆膜厚度约为30~40μm，要求均匀。这样的涂层可保证储罐正常运行4~6年。

实例五 大庆石化总厂轻质油罐150多座，没有防腐措施，使用几年后油罐的罐顶、罐壁、罐底相继出现了腐蚀穿孔，使油罐使用寿命大为缩短；腐蚀穿孔严重影响安全生产；由于罐体腐蚀严重，产生了大量的锈蚀产物，污染了油品。

防腐方案 该厂对4座300 m^3以上的汽油罐内壁采用无机富锌涂料进行防腐。施工程序为：

① 表面喷砂除锈，达到Sa2$\frac{1}{2}$级标准，表面有一定粗糙度；

② 将无机富锌涂料(双组分)的基料与锌粉按比例混合，搅拌均匀，常温熟化30min后即可施工。施工温度5℃以上，通风良好。

③ 空气喷涂，压缩空气压力为0.15~0.3MPa。也可用刷涂。

通过4年多的使用，涂层完好没有脱落，附着力好，漆膜寿命可达10年以上。

实例六 上海市黄浦江畔的“东方明珠”电视塔，高450m，它的涂层寿命要求有20年的保护功效。

防腐方案 其钢铁部分由上海市涂料研究所试制。涂装工艺为：

① 表面喷砂除锈，达到Sa2$\frac{1}{2}$级标准，表面有一定粗糙度；

② 采用无机富锌底漆，(硅酸酯型，75μm)；环氧云母氧化铁中间层2道，每道漆膜厚度约为80~100μm；

③ 顶部上罩丙烯酸/HDI缩二脲灰色面漆，在一般的钢结构(如球部)则不罩面漆，而是涂覆2mm厚的防火涂料。

实例七 某厂丁腈橡胶乳化剂装置——磺化釜，碳钢制，直径1.8m，高2.5m。介质：二乙丁基萘磺酸钠、硫酸、精萘、丁醇等，温度108℃。

防腐方案 搪铅层6mm，内装有13圈铅蛇管换热器，搪铅搅拌桨。使用3~4年，效果良好。

实例八 某厂C_4分离装置再生塔塔釜，碳钢制，直径1.2m，高3m。介质：50%硫酸、异丁烯、丁二烯，温度120~130℃，常压。

防腐方案 采用复合衬里，防渗层搪铅层6mm，用酚醛胶泥衬二层不透性石墨板作防腐层。使用3~4年，效果良好。

第十章　电化学保护

电化学保护是利用外部电流使金属电位发生改变，从而降低金属腐蚀速度的一种防腐技术，目前得到了广泛的应用和较快的发展。按照电位改变的方向不同，电化学保护技术分为阴极保护技术和阳极保护技术两种。

阴极保护技术的开创历史可追溯到1824年，英国人汉弗雷·戴维(Humphrey Devy)经过大量的实验室试验，使用锌和铸铁作为牺牲阳极，成功地对两条木质舰船铜包皮在海水中实施了阴极保护。并且在其报告中指出：当浸入液体中的两种不同金属用导线连接成回路时，一种金属的腐蚀受到促进，而另一种金属的腐蚀则减慢。这也是最早的阴极保护理论。

我国阴极保护技术的应用研究开始于1958年，上海船舶科学研究所率先在一艘钢壳船上安装锌合金牺牲阳极，随后，锌系牺牲阳极和埋地管道牺牲阳极保护系统的研究在一些单位展开。同时，一些科研院所、高校和企业开展了外加电流阴极保护技术的开发研究和应用。

我国阴极保护技术和工程应用经过50多年的发展，开发了许多阴极保护材料、设备和配套装置，引进了国际先进检测、监控技术和管理系统，陆续制定了一系列相关标准和规范。可以说，我国阴极保护技术和工程应用在许多方面已接近国际先进水平。在西气东输全长四千多千米的输送天然气的管道上也采用了阴极保护和涂层保护的联合保护措施。

阳极保护是一门较新的防腐蚀技术。1954年，英国人Edeieanu经过实验研究，首先提出阳极保护可以防止腐蚀。1958年，加拿大纸浆与造纸研究所在一个170℃、容积100m^{3}碳钢的纸浆蒸煮锅上首次进行了阳极保护技术的工业应用。尔后一些工业发达国家将阳极保护技术相继利用硫酸、磷酸、有机酸及液体肥料及碱液等系统中。

我国阳极保护技术的研究始于1961年，在阳极保护技术的应用研究方面取得了不少进展。20世纪60年代，对碳酸氢铵生产系统中的碳化塔设备进行了阳极保护技术的研究与工业应用，达到了世界先进水平。随后，研究成功300℃高温碳钢制三氧化硫发生器的恒电位法阳极保护技术和循环极化法阳极保护技术。

1984年，我国自行研制的阳极保护管壳式不锈钢浓硫酸冷却器实验成功，1987年投入市场。

近年来，我国自行研制成功硫酸铝蒸发器钛制加热排管阳极保护技术，不仅使均匀腐蚀速度大为降低，而且完全控制了氢脆的发生，并提高了传热效率。

电化学保护是防止金属腐蚀的有效方法，具有良好的社会效益和经济效益。根据已发表的数据，表面没有保护层的金属结构，进行阴极保护所需的费用约为结构物造价的1%~2%；如果表面有保护层，则所需的费用仅为造价的0.1%~0.2%。例如，地下油、气管道阴极保护费用只占管道总投资的0.3%~0.6%，钢桩码头阴极保护费用为码头总造价的2%左右。

阳极保护所需的费用约占设备造价的2%左右。

第一节　阴极保护

一、阴极保护技术的分类、特点及适用领域

1. 阴极保护技术的分类及特点

根据阴极电流的来源方式不同，阴极保护技术可分为牺牲阳极阴极保护和外加电流阴极

保护两大类，此外，排流保护也属阴极保护的一种方法。

牺牲阳极阴极保护法就是将被保护的金属连接一种比其电位更负的活泼金属或合金，依靠活泼的金属或合金优先溶解(即牺牲)所释放出的阴极电流使被保护的金属腐蚀速度减小的方法(见图10-1)。

外加电流阴极保护则是将被保护的金属与外加直流电源的负极相连，由外部的直流电源提供阴极保护电流，使金属电位变负，从而使被保护的金属腐蚀速度减小的方法(见图10-2)。

排流保护是在有杂散电流的情况下，利用排除杂散电流对被保护体施加阴极保护。通常排流保护分为直接排流、极性排流和强制排流三种方法。

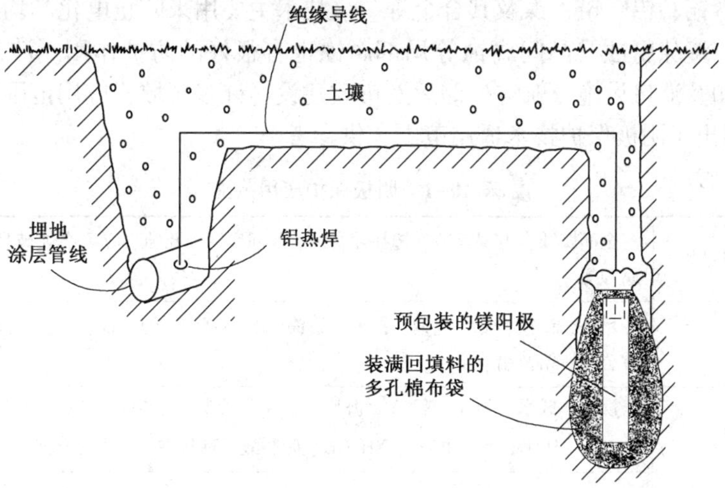

图10-1　埋地管道牺牲阳极阴极保护示例

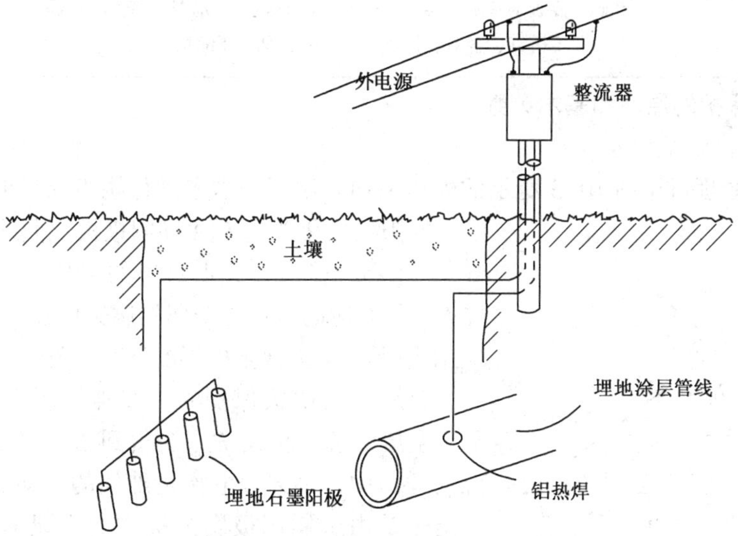

图10-2　埋地管道外加电流阴极保护示例

2. 阴极保护技术适用领域

由阴极保护原理可知，任何金属结构若要进行阴极保护，应具备以下条件：

① 环境介质必须导电。环境介质是构成阴极保护系统的一部分，保护电流必须通过这些导电介质才能形成一个完整的电回路。因此，阴极保护可在土壤、海水、酸碱盐溶液等介

质中实施，不能在气体介质中实施。气液界面、干湿交替部位的保护效果不好。在强酸浓溶液中，因保护电流消耗太大，一般也不宜使用阴极保护方法。

② 金属材料在所处介质中应易于阴极极化，否则消耗的电流大而不适宜采用阴极保护方法。常用的金属材料(如碳钢、铅、铜及其合金等)都可采用阴极保护。

③ 被保护金属结构的几何形状不能过于复杂，否则保护电流分布不均，容易出现某些部位保护不足，而某些部位过保护的现象。

阴极保护技术适用的介质有土壤、海水、淡水、中性盐溶液、碱溶液、弱酸溶液、有机酸等腐蚀性较弱的电解质溶液，应用最广泛的是土壤和海水介质。适用的金属材料有碳钢、不锈钢、铸铁、铜、铝、铅、镍及其合金等。该技术主要用来防止电化学均匀腐蚀，但对孔蚀、应力腐蚀、缝隙腐蚀及晶间腐蚀等局部腐蚀也有很好的防护作用。涉及了石油、天然气、化工、船舶及港口设施、航空、储运及市政建设等许多领域，应用范围十分广阔。

表 10-1 列出了阴极保护技术适用范围，供参考。

表 10-1　阴极保护应用范围

可防止的腐蚀类型	全面腐蚀、电偶腐蚀、选择性腐蚀、晶间腐蚀、孔蚀、应力腐蚀破裂、腐蚀疲劳、冲刷腐蚀等
可保护的金属	钢铁、铸铁、低合金钢、铬钢、铬镍(钼)不锈钢、镍及镍合金、铜及铜合金、锌、铝及铝合金、铅及铅合金
可应用的介质环境	淡水、咸水、海水、污水、海底、土壤、混凝土、NaCl、KCl、NH_4Cl、$CaCl_2$、NaOH、H_3PO_4、HAC、NH_4HCO_3、NH_4OH、脂肪酸、稀盐酸、油水混合液等
可保护的构筑物及设备	船舶、压载舱、钢桩、浮坞、栈桥、水下管线、海洋平台、水闸、水下钢丝绳、地下电缆、地下油气管线、油气井套管、油罐内壁、油罐基础及罐底(外表面)、桥梁基础、建筑物基础、混凝土基础、换热器(管程或壳程)、复水器、箱式冷却器、输水冷却器、输水管内壁、化工塔器、容器、储槽、反应釜、泵、压缩机

二、阴极保护的原理和基本参数

1. 阴极保护原理

阴极保护原理可用图 10-3 所示的极化图加以说明。当未进行阴极保护时，金属腐蚀微电池的阳极极化曲线 E_A^0A 和阴极极化曲线 E_C^0C 相交于点 S(忽略溶液电阻)，此点对应的电位为金属的自腐蚀电位 E_{corr}，对应的电流为金属的腐蚀电流 I_{corr}。在腐蚀电流 I_{corr} 作用下，微电池阳极不断溶解，导致腐蚀破坏。

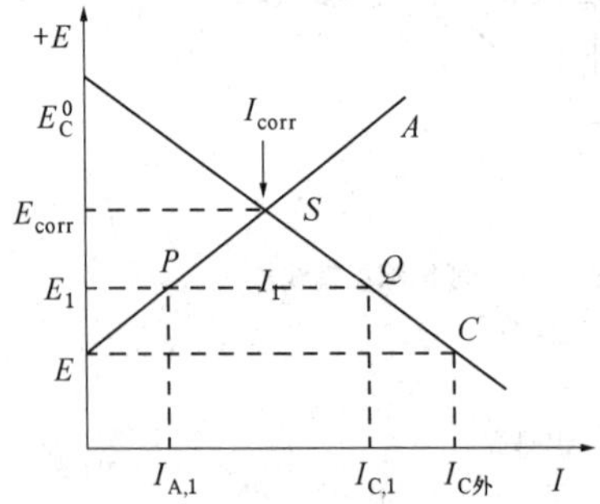

图 10-3　阴极保护原理示意图

金属进行阴极保护时，在外加阴极电流 I_1 的极化下，金属的总电位由 E_{corr} 变负到 E_1，总的阴极电流 $I_{C,1}$(E_1Q 段)中，一部分电流是外加的，即 I_1，另一部分电流仍然是由金属阳极腐蚀提供的，即 I_{A1}(E_1P 段)。显然，这时金属微电池的阳极电流 $I_{A,1}$，要比原来的腐蚀电流 I_{corr} 减小了。即腐蚀速度降低了，金属得到了部分的保护。差值($I_{corr}-I_{A,1}$)表示外加阴极极化后金属上腐蚀微电池作用的减小值，即腐蚀电流的减小值，称为保护效应。

当外加阴极电流继续增大时，金属体系的电位变得更低。当金属的总电位达到微电池阳极的起始电位 E_A^0A 时，金属上阳极电流为零，全部电流为外加阴极电流 $I_{C外}$(E_A^0C 段)，这时，金属表面上只发生阴极还原反应，而金属溶解反应停止了，因此金属得到完全的保护。这时金属的电位称为最小保护电位。金属达到最小保护电位所需要的外加电流密度称为最小保护电流密度。

由此我们可得出这样的结论：要使金属得到完全保护，必须把它阴极极化到其腐蚀微电池阳极的平衡电位。

这只是阴极保护的基本原理，实际情况要复杂得多。例如，要考虑时间因素的影响。以钢在海水中为例，原来海水中无铁离子，要使钢的混合电位降到阳极反应即铁溶解反应的平衡电位，就需要在钢表面阳极附近的海水中有相应的铁离子浓度，譬如 10^{-6}mol/L，这在阴极保护初期是很难做到的。实际上，为了达到满意的保护效果，选用的保护电位总要低于腐蚀微电池阳极平衡电位。

2. 阴极保护的基本参数

(1) 最小保护电位

如图 10-3 所示，阴极保护时，使金属结构达到完全保护(或腐蚀过程停止)时的电位值，其数值等于腐蚀微电池阳极的平衡电位(E_A^0)。常用这个参数来判断阴极保护是否充分。但实际应用时，未必一定要达到完全保护状态，一般容许在保护后有一定的腐蚀，即要注意保护电位不可太负，否则可能产生“过保护”，即达到析氢电位而析氢，引起金属的氢脆。

表 10-2 列出了几种金属在海水和土壤中进行阴极保护时采用的保护电位值。对于未知最小保护电位的腐蚀体系中的金属，在采用阴极保护时，其保护电位可以采用比其自然腐蚀电位负一定值的方法确定。例如，钢铁在含氧条件下电位负移 200~300mV；钢铁在不含氧及有硫酸盐还原菌条件下电位负移 400mV；铅电位负移 100~250mV；铝在海水或土壤中电位负移 100~200mV；铜电位负移 100~200mV。

表 10-2　一些金属的保护电位　V

金属与合金	参比电极			
	铜/硫酸铜	银/氯化银/海水	银/氯化银/饱和氯化钾	锌/洁净海水
铁与钢				
含氧环境	-0.85	-0.85	-0.75	+0.25
缺氧环境	-0.95	-0.90	-0.85	+0.15
铅	-0.60	-0.55	-0.50	+0.50
铜基合金	-0.50~-0.65	-0.45~-0.60	-0.40~-0.55	-0.60~+0.45
铝				
正的极限值	-0.95	-0.90	-0.85	+0.15
负的极限值	-1.20	-1.15	-1.10	-0.10

注：1. 全部电位值均以 0.05V 为单位进行舍入，对于以海水为电解液的电极，只有当海水洁净、未稀释，充气时数据才有效。

2. 铝的保护电位可供参考。阴极保护电位不能太负，否则遭受腐蚀。保护管线时，可将铝/电解质的电位比其自然电位负 0.15V。

(2) 最小保护电流密度

对金属结构物施行阴极保护时，为达到规定保护电位所需施加的阴极极化电流称为保护电流。相对金属结构物总表面积的单位面积上保护电流量称为保护电流密度。为达到最小保护电位所需施加的阴极极化电流密度称为最小保护电流密度。它和最小保护电位相对应，要使金属达到最小保护电位所需的保护电流密度不能小于此值。最小保护电流密度是阴极保护系统设计的重要依据之一。

最小保护电流密度的大小主要与被保护体金属的种类及状态(有无覆盖层及其类型、质量)、腐蚀介质及其条件(组成、浓度、pH 值、温度、通气情况)等因素有关。这些影响因素可能会使最小保护电流密度由几个 mA/m^2 变化到几百个 mA/m^2。特别是在石油、化工生产中，介质的温度和流动状态很复杂，在对设备进行阴极保护时，最小保护电流密度的确定必须要考虑温度、流速及搅拌的影响。

(3) 分散能力及遮蔽作用

电化学保护中，电流在被保护体表面均匀分布的能力称为分散能力。这种分散能力一般用被保护体表面电位分布的均匀性来反映。

影响阴极保护分散能力的因素很多，诸如金属材料自身的阴极极化性能、介质的导电率及被保护体的结构复杂程度等。如果被保护体金属材料在介质中的阴极极化率大，而且介质的电导率也大时，这种体系的分散能力强。显而易见，被保护体的结构越简单，其分散能力也越好。

在阴极保护中，电流的遮蔽作用十分强烈，在靠近阳极的部位，优先得到保护电流，而远离阳极的部位得不到足够的保护电流，被保护体的结构越复杂，这种遮蔽作用越明显。

减少遮蔽作用改善分散能力的措施如下：

① 合理布置阳极，适当增加阳极的数量；

② 适当增大阴、阳极的间距；

③ 在靠近阳极的部位采取阳极屏蔽层，增大该部位的电阻，适当增加该部位的电流屏蔽；

④ 若被保护体为新制设备，则尽可能简化设备形状设计，使其凸出部位或死角部位尽量减少；

⑤ 采用阴极保护与涂层联合保护，被保护体表面的涂层增加了金属表面绝缘电阻，从而减少单位面积电流的需要量，提高分散能力；

⑥ 向腐蚀介质中添加适量阴极型缓蚀剂，与缓蚀剂联合保护；

⑦ 向介质中添加导电物，提高介质的导电性以改善电流的分散能力。如混凝土中钢筋的阴极保护，采用导电涂层。

(4) 最佳保护参数

保护电位和保护电流仅是阴极保护状态的判断基准，而衡量阴极保护效果则有保护度(P)和保护效率(Z)两个参数，只有达到较高的保护度，同时又得到较大的保护效率时，即综合效益最好时方为最佳阴极保护状态。

保护度(P)由下式表示：

$$P = \frac{i_{corr} - i_a}{i_{corr}} \times 100\% = (1 - \frac{i_a}{i_{corr}}) \times 100\%$$

式中　i_{corr}——未加阴极保护时的金属腐蚀电流密度，A/m^2；

i_a——阴极保护时的金属腐蚀电流密度，A/m^2。

保护效率(Z)由下式表示：

$$Z = \frac{P}{\frac{i_{appl}}{i_{corr}}} = \frac{i_{corr} - i_a}{i_{appl}} \times 100\%$$

式中　i_{appl}——阴极保护时外加的电流密度，A/m^2。

表 10-3 给出了某些金属在不同的电解液中阴极保护的计算指数。从该表中可以看出，随着 i_{appl}/i_{corr} 的增大，i_a/i_{cor} 减少，电位负移值 ΔE 增加，保护度 P 也不断提高，而保护效率却随之下降。例如 i_{appl}/i_{corr} 从 0 增加到 2，i_a/i_{cor} 从 1 减到 0.2 时，P 则由 0 提高到 80%，而 Z 降为 39.6%，在达到完全保护($i_a=0$)时，保护效率仅为 0.27%。因此，一味追求达到完全的保护是不适宜的。

表 10-3　阴极保护的计算指数

i_a/i_{corr}	i_{appl}/i_{corr}	$\Delta E/V$	$P/\%$	$Z/\%$
1.0	0.0	0.0	0.0	0.0
0.9	0.16	0.0027	10	64.2
0.8	0.31	0.0054	20	62.5
0.7	0.49	0.0093	30	60.4
0.6	0.69	0.0127	40	57.8
0.5	0.91	0.0174	50	54.7
0.4	1.18	0.0230	60	50.8
0.3	1.52	0.0310	70	46.0
0.2	2.02	0.0404	80	39.6
10^{-1}	3.06	0.0580	90	29.4
10^{-2}	9.99	0.116	99	19.9
10^{-3}	31.6	0.174	99.9	3.16
10^{-4}	99.99	0.232	99.99	1.0
10^{-5}	299	0.290	99.999	0.334
10^{-6}	361	0.302	99.9999	0.227
10^{-7}	369	0.303	99.99999	0.271
$i_a=0$	370	0.304	100.0	0.270

三、阴极保护系统

1. 外加电流法阴极保护系统

外加电流阴极保护系统主要由被保护金属结构物(阴极)、辅助阳极、参比电极和直流电源及其附件(检测站、阳极屏、电缆、绝缘装置等)组成。

(1) 辅助阳极

辅助阳极与外加直流电源的正极相连接，其作用是使外加电流从阳极经介质流到被保护结构的表面上，再通过与被保护体连接的电缆回到直流电源的负极，构成回路，实现阴极保护。对外加电流法阴极保护系统的辅助阳极有以下基本要求：

① 具有良好的导电性能，阳极在电解质环境中的接界电阻低；

② 阴极极化率小，能通过较大的电流量；

③ 化学稳定性好，耐腐蚀，消耗率低，自溶解量少，寿命长；

④ 具有一定的机械强度，耐磨损，耐冲击和震动，可靠性高；

⑤ 加工性能好，易于制成各种形状；

⑥ 材料来源广泛易得，价格低廉。

辅助阳极材料品种很多，按其溶解性分为：

① 可溶性阳极。可溶性阳极主要有钢铁和铝，其主导地位的阳极反应是金属的活性溶解 $Me \longrightarrow Me^{n+}+ne$

② 微溶性阳极。微溶性阳极材料如铅银合金、硅铸铁、石墨、磁性氧化铁等，其主要

特性是阳极溶解速度慢，消耗率低，寿命长；

③ 不溶性阳极。如铂、镀铂钛、镀钌钛等。这类阳极工作时会析出氯和氧，而阳极本身几乎不溶解。

此外，还有最近开发研制的导电性聚合物柔性阳极，尚未分类。

表 10-4 列出了常用辅助阳极材料的性能，供参考。

表 10-4 外加电流阴极保护用辅助阳极性能

阳极材料	工作电流密度/ (A/m^2)	消耗率/ (kg/A、a)	适用介质
钢铁	0.1~0.9	6.8~9.1	水，土壤，化工介质
铸铁	0.1~0.9	0.9~9.1	水，土壤，化工介质
铝	0.1~10	<3.6	海水，化工介质
石墨(浸渍)	1~32(10~40)	<0.9(0.2~0.5)	水，土壤，化工介质
13%Si 铸铁	1~11	<0.5	水，土壤，化工介质
Fe-14.5%Si-4.5%Cr	10~40	0.2~0.5	水，土壤，化工介质
Fe_3O_4	10~100	<0.1	水，土壤，化工介质
Pb-6%Sb-1%Ag	160~220	0.05~0.1	海水，化工介质
Pb-Ag(1%~2%)	32~65	轻微	海水，化工介质
镀铂钛	110~1100 (500~1000)	极微(6×10^{-6})	海水，化工介质
镀钌钛	>1100	极微	海水，化工介质
铂	550~3250 (1000~5000)	极微(6×10^{-5})	水，化工介质

注：括号内数据为海水中使用的典型数值。

(2) 参比电极

电化学保护系统中，参比电极用来测量被保护体的电位，并将其控制在给定的保护电位范围之内。

对参比电极的基本要求是电位稳定，即当介质的浓度、温度等条件变化时，其电极电位应基本保持稳定；不易极化，重现性好；具有一定的机械强度，适应使用环境；制作容易，安装和维护方便，使用寿命长。

阴极保护常用的参比电极的性能及适用范围列于表 10-5 中。

表 10-5 阴极保护用参比电极的电位及适用介质

电极名称	构成	电位(SHE，25℃)/V	温度系数	适用介质
甘汞电极	$Hg/Hg_2Cl_2/KCl$(0.1mol/L)	0.334	-0.7×10^{-4}	化工介质
	$Hg/Hg_2Cl_2/KCl$ (0.1mol/L)	+0.28	-2.4×10^{-4}	化工介质
	$Hg/Hg_2Cl_2/KCl$(饱和)	+0.242	-7.4×10^{-4}	化工介质、水、土壤
	Hg/Hg_2Cl_2/海水	+0.296	—	海水
氯化银电极	Ag/AgCl/KCl (0.1mol/L)	+0.288	-6.5×10^{-4}	化工介质
	Ag/AgCl/KCl (饱和)	+0.196	—	土壤、水、化工介质
	Ag/AgCl/海水	+0.25	—	海水
氧化汞电极	$Hg/Hg^{2+}/NaOH$(0.1mol/L)	+0.17	—	稀碱溶液
	$Hg/Hg^{2+}/NaOH$(35%)	+0.05	—	浓碱溶液
硫酸铜电极	$Cu/CuSO_4$(饱和)	+0.315	-9.0×10^{-4}	土壤、水、化工介质
锌电极	Zn/盐水	-0.79①	—	海水，盐水
		-0.77±0.01	—	
	Zn/土壤	-0.80±0.1	—	土壤

① 用汞活化。

(3) 直流电源

在外加电流阴极保护系统中，需要有一个稳定的直流电源，能保证稳定持久的供电。对直流电源的基本要求是：能长时间稳定、可靠的工作；保证有足够大的输出电流，并可在较大范围内调节；有足够的输出电压，以克服系统中的电阻；安装容易、操作简便，无需经常检修。

可用来作直流电源的装置类型很多，主要有：整流器、恒电位仪、恒电流仪、磁饱和稳压器、大容量蓄电池组以及直流发电设备，诸如热电发生器(TEG)、密封循环蒸汽发电机(CCVT)、风力发电机和太阳能电池方阵。其中以整流器和恒电位仪应用最为广泛。太阳能电池方阵是一种新型的直流电源，在近几年得到了开发应用。风力发电机是随机性较强的电源，需要增加调频、稳压等系统，不过在有条件地区使用是十分经济的。

(4) 附属装置

附属装置在外加电流阴极保护系统中也是不可少的。

① 阳极屏蔽层。外加电流阴极保护系统工作时，某些体系或被保护体的面积较大的时候，辅助阳极可能需要以较高的电流密度运行，结果在阳极周围的被保护体表面的电位变得很负，特别是在分散能力不好的情况下，为了使电流能够分布到离阳极较远的部位，往往需要在阳极周围一定面积范围内设置或涂覆屏蔽层，称为阳极屏蔽层。

② 电缆。外加电流阴极保护系统中，被保护体、辅助阳极、参比电极与直流电源是通过电缆相互连接的。采用的电缆有输电电缆和电位信号电缆。

输电电缆可采用铜芯或铝芯电缆，为了减小线路上的压降，大多采用铜芯电缆。根据现场实际情况，电缆可采用架空或者埋地敷设方式，与其相应，要求电缆应具有耐化工大气的性能或具有防水、防海水渗透及耐其他介质腐蚀的性能，并且具有一定的强度。

2. 牺牲阳极阴极保护系统

牺牲阳极阴极保护系统仅需简单地把被保护体(阴极)和比它更活泼的金属(牺牲阳极)进行电气连接。当阳极和阴极接通后，电位相对更负的牺牲阳极通过阳极溶解反应产生金属离子，这些金属离子进入介质环境，使得牺牲阳极遭受加速腐蚀。释放出的电子则通过电缆传输到被保护金属表面，对被保护金属进行阴极极化，抑阻了被保护金属表面的阳极过程，使得金属受到防腐蚀阴极保护。

保护电流和保护电位的测量系统，再加上阳极接地电阻、阳极电位、被保护金属上实际流过的电流等测量系统，就组成了牺牲阳极阴极保护系统。此系统中最重要的元件是牺牲阳极材料，它决定了对被保护金属实施阴极保护的驱动电压、阳极的发生电流量，从而决定了被保护金属的阴极保护电位和阴极保护有效程度。

作为阴极保护用的牺牲阳极材料(金属或合金)需满足以下要求：

① 在电解质中要有足够负的稳定的自腐蚀电位(开路电位)，应比被保护体表面上最活泼的微阳极的电位 E_a 还要负，才能保证优先溶解；

② 在电解质中与被保护体金属间的驱动电压(闭路电位与被保护体金属最小保护电位之差)要足够大；

③ 工件中阳极极化性能小，且使用过程中电位稳定，输出电流稳定。牺牲阳极在工作中，驱动电压是逐渐减小的，阳极极化性小，才能使驱动电压减小趋势降低，而有利于保护电流的输出；

④ 具有较大的理论电容量和较高的电流效率。牺牲阳极的理论电容量是根据库仑定律计算的。单位质量的金属阳极产生的电量愈多，就愈经济；

⑤ 牺牲阳极在工作时呈均匀的活化溶解，表面上不沉积难溶的腐蚀产物，使阳极能够长期持续稳定地工作；

⑥ 材料来源广泛，容易加工制作且价格低廉。

适用于上述要求的牺牲阳极材料主要有镁及其合金、锌及其合金、铝合金。有些时候锰合金、钢铁也可作为牺牲阳极材料，如：铁可作铜的牺牲阳极，碳钢可保护海水中不锈钢和铜镍合金免遭缝隙腐蚀。

四、阴极保护应用实例

酮苯装置油冷器牺牲阳极阴极保护。酮苯脱蜡装置中氨压机用润滑油的冷却器(简称油冷器)，单台换热面积为30m^{2}和45m^2。油冷器的联箱及封头材质为16MnR(以下简称碳钢)，管板材质为表面复合5454铝镁合金层的碳钢，列管材质为5454铝镁合金(以下简称铝合金)。管程介质为工业循环冷却水(简称循环水)，温度30~40℃；壳程介质为氨压机用润滑油，进出口温度分别为80℃和40℃。

油冷器循环冷却水的pH值为10.9，电阻率2940Ω·cm，Cl^-含量10mg/L。未加阴极保护时，使用3年后发现列管内和管板上有大量蚀坑，在管板和纵深100mm范围列管内壁尤为严重，油冷器管使用3年多就腐蚀穿孔，平均使用寿命4年。阴极保护实施过程如下：

步骤一：铝合金临界孔蚀电位的测定。测得铝合金在循环水中的自腐蚀电位为-0.785V(SCE)，模拟油冷器结构的实际情况，使铝合金与碳钢偶接(表面积比为1∶1.5)，测得此状态下铝合金在循环水中的自腐蚀电位正移为-0.673V(SCE)。

采用动电位扫描技术测定铝合金在循环水工作条件下的孔蚀临届电位为-0.730V(SCE)。

步骤二：技术路线的确定。由于油冷器使用不同材质制成，碳钢联箱、封头与铝合金存在电位差，可使靠近联箱和封头处管板附近铝合金列管电位由-0.785V升高至-0.673V左右，正处于孔蚀生长电位区间内，因而管板及其附近纵深100mm的铝合金管壁发生了孔蚀。如果将铝合金在循环水中的电位控制在-0.730V以负，即可控制其孔蚀的发生。考虑油冷器保护面积小，需要较小的保护电流密度，牺牲阳极法阴极保护即可满足要求，且维护简单，不需投入太多的资金，就确定采用镁合金牺牲阳极与涂层联合防护的技术路线。

选用在淡水中性能良好的AZ63型镁合金作为牺牲阳极。油冷器的联箱、封头的水侧采用的涂层结构为846—1型环氧沥青铝粉底漆和846—2型环氧沥青厚浆漆各一道，涂层总厚度140~170μm。

步骤三：保护参数确定。实验室模拟实验测定了油冷器在循环水中的阴极保护参数和镁阳极的使用效果，以及联合防护的保护效果。

与油冷器不同部位的材质相应的保护参数测量结果列于表10-6。

表10-6 油冷器不同部位的保护参数

部　　位	保护电流密度/(mA/m^2)	保护电位范围/V(SCE)
列管	5~10	-0.84~-1.04
管板	40	-0.84~-1.04
联箱、封头(有涂层)	5	-0.77~-1.10

步骤四：阴极保护设计及安装。总保护电流按下式计算：

$$I_{总} = I_{联箱} + I_{管板} + I_{列管} = 0.039 \sim 0.042\text{A}$$

其中列管的保护面积以管口至管内纵深 250mm 计。

牺牲阳极质量计算：阳极使用寿命 T 暂定 4 年，AZ63 型镁阳极消耗率约为 8kg/A · a，公式 $W = I_p \cdot T \cdot g/K$，式中 K 为阳极利用系数取 0.8，计算单台油冷器一侧所需镁阳极质量 W= 1.56~1.68kg。

牺牲阳极数量及安装：根据所需阳极质量，结合阳极规格种类，设计选择阳极规格为 40mm×40mm×100mm。根据阳极表面积 S_a 和阳极接水电阻 $R_A=\rho \cdot f \cdot /(2\sqrt{4Sa/\pi})$ 公式，由模拟实验结果和相关经验值，选取参数 f 为 1.127，计算出单支阳极理论发生电流 I_a = 7.2mA，再由 $N=\alpha I_{总}/I_a$，α 取 1.5，则一侧 N=8.13~8.75 支，取 10 支。

牺牲阳极采用焊接方式均匀布置在由冷器的联箱和封头内，为改善阳极电流的分布状态，尽量减小管板、管口的遮蔽作用，将阳极距管板的距离略为拉开，在联箱、封头的内侧及阳极支架上均匀涂覆环氧沥青涂层。

应用效果。运行一年零一个月后检修期间对冷器进行检查，结果如下：油冷器管板、列管内均无腐蚀，光洁无垢，列管管口附近无孔蚀斑点；联箱、封头内及阳极支架上涂层完好无损；镁合金阳极表面腐蚀产物疏松易脱落，阳极消耗量为总体 1/7 左右。后又运行 3 年多，仅更换了个别单支阳极，平均单支阳极的使用寿命可达 6 年以上。实施阴极保护后，油冷器铝合金管的使用寿命可由 4 年延长至 12 年以上。

第二节 阳极保护

一、阳极保护的原理和分类、特点

1. 阳极保护原理

如第一章第六节内容所述，活性-钝性金属在一定介质（通常不含 Cl^-）中进行阳极极化时，当外加电流或外电位达到或超过一定值后，金属发生从活化状态到钝化状态的转变，金属的溶解速度降至很低的值，并且在一定电位范围内基本保持这样一个溶解速度很低的值，这种钝化叫做阳极钝化或电化学钝化。

阳极保护的基本原理就是：利用可钝化体系的金属阳极钝化性能，向金属通以足够大的阳极电流，使其表面形成具有很高耐蚀性的钝化膜，并用一定的电流维持钝化，利用生成的钝化膜来防止金属的腐蚀。

2. 阳极保护技术的分类及特点

根据阳极电流的来源方式不同，阳极保护技术可以分为原电池法和外电源法两种。原电池法是将被保护的金属与比其电位更正的金属材料（有时称为阳极保护器）相偶接，依靠这一材料所产生的阳极电流足以使被保护的金属发生阳极钝化并维持钝化，从而得到保护；外电源法则是利用外部直流电源，将正极与被保护的金属连接，负极与辅助阴极相连，依靠外部的直流电源提供所需的阳极电流实现阳极保护。

上述方法中，原电池法由于输出电流较小，局限性大，工业应用很少。而外电源法所需用的直流电源设备，诸如整流器、恒电位仪等性能稳定、安全可靠，容量规格很多，可满足大多数体系的需要，故使用最为广泛。

二、阳极保护的基本参数

1. 临界电流密度（或：致钝电流密度）i_{cp}

临界电流密度 i_{cp} 是指在外加电流阳极极化曲线上与活化-钝化转变的“鼻尖子”所对应的

电流密度，也是金属在给定环境条件下发生钝化的最小电流密度。

临界电流密度的大小，表示被保护金属在给定环境中钝化的难易程度。临界电流密度小的体系，金属较易钝化；临界电流密度大的体系，则致钝困难。影响临界电流密度的因素除金属材料和介质条件(组成、浓度、温度、pH 值等)外，还与钝化时间有关。一般，如果使介质温度降低可使 i_{cp}减小，如果在介质中添加适当的氧化剂也可使 i_{cp}减小。

由于钝化膜的生成需要一定的电量，要达到一定的电量，时间越长，所需的电流就越小，因此延长建立钝化的时间，就可减小 i_{cp}。但是，如果电流小于一定的极限值时，即使无限延长通电时间，也无法建立钝化。例如，在 0.5mol/L H_2SO_4中，碳钢试样的 i_{cp}与建立钝化所需时间的关系见表 10-7。

表 10-7　碳钢在 0.5mol/L H_2SO_4中，阳极极化电流密度与致钝时间的关系

致钝电流密度 i/(mA/cm²)	2000	500	400	200
建立钝化所需时间 t/s	2	15	60	不能钝化

这种现象可用电流效率来解释，所用的电流密度越大，形成钝化膜的电流效率就越高；相反，所用电流密度越小，电流效率就越低，这时有部分电流消耗于金属的电解腐蚀上，当电流密度小到一定数值时，电流效率等于零，电流则全部消耗于金属的电解腐蚀上。

由此可见，在应用阳极保护时，应当合理选择临界电流密度 i_{cp}，既要考虑减少电流设备的容量，又要考虑在建立钝化时不使金属受到太大的电解腐蚀。

2. 维钝电流密度 i_p

维钝电流密度(i_p)是使金属恒电位阳极极化曲线稳定钝化区电位下的外电流密度，是使金属在给定环境条件下维持钝态所需的电流密度。

维钝电流密度的大小，反映出阳极保护正常操作时耗用电流的大小。在金属的维钝电位下，如果不存在去极化剂还原或其他副反应的话，i_p就代表处于阳极保护下的金属腐蚀电流密度，直接反映出保护的效果。同时，i_p的大小也表示钝态的稳定程度，i_p小的体系，保护后腐蚀速率小，且电能消耗小，电源容量可减小。

影响维钝电流密度的因素除金属材料和介质条件(成分、浓度、温度、pH 值等)外，也决定于维钝时间。在维钝过程中，维钝电流密度随着时间的延长而逐渐减小，最后趋于稳定。有的体系稳定很快，有的体系要经过较长的时间才能稳定。

3. 稳定钝化区的电位范围

这个参数是指钝化过渡区与过钝化区之间的电位范围，超出此范围，被保护的金属都将快速溶解。

这个参数直接表示阳极保护电位的控制指标。它的范围宽度可以表示出维持钝化的难易程度，并可体现阳极保护的安全性和可靠性。

稳定钝化区电位范围的宽窄是电源控制装置选择的重要依据。阳极保护时希望稳定钝化区的电位范围越宽越好。因为范围宽，就能允许电位在较大的数值范围内波动，而不致发生进入活化区或过钝化区的危险，因而对电位控制装置的控制精度要求、对参比电极的稳定性要求以及对介质工艺条件稳定性要求都可以放宽，而且保护体系对形状复杂的设备的适应能力可以得到加强，故这种体系最适宜采用阳极保护技术。

对于稳定钝化区电位宽的体系，有的情况下可以不必进行恒电位控制，只需采用普通的蓄电池或整流器直流电源，就可获得良好的保护效果。例如，碳酸氢氨生产中的碳化塔阳极保护，碳化塔体积庞大且结构复杂，有 80 组插入式水箱，但该体系的稳定钝化区的电位范围宽达 2000mV 以上，采用了输出电压稳定的整流器，就可保持碳化塔的稳定钝化状态，获得了良好的保护效果。

通常为了便于控制电位，稳定钝化区电位范围宽度的要求为不小于 50mV。这个要求不仅考虑到对电源电位控制精度的要求，而且考虑到了参比电极的选择难度。

影响稳定钝化区电位范围的主要因素是金属材料和介质条件。表 10-8 选列了金属在某些介质中的阳极保护参数。

表 10-8 金属在某些介质中的阳极保护参数

材 料	介 质	温 度/℃	$i_{cp}/(A/m^2)$	$i_p/(A/m^2)$	钝化区电位范围①/mV
碳钢	发烟 H_2SO_4	25	26.4	0.038	—
	105% H_2SO_4	27	62	0.31	+1000 以上
	97% H_2SO_4	49	1.55	0.155	+800 以上
	67% H_2SO_4	27	930	1.55	+1000~+1600
	75% H_3PO_4	27	232	23	+600~+1400
	50% HNO_3	30	1500	0.03	+900~+1200
	30% HNO_3	25	8000	0.2	+1000~+1400
	25%NH_4OH	室温	2.65	<0.3	-800~+400
	60% NH_4NO_3	25	40	0.002	+100~+900
	44.2%NaOH	60	2.6	0.045	-700~-800
	20%NH^{3+} 2%$CO(NH_2)^{2+}$ 2%CO_2，pH10	室温	26~60	0.04~0.12	-300~+700
304 不锈钢	80%HNO_3	24	0.01	0.001	—
	20%NaOH	24	47	0.1	+50~+350
	LiOH，pH9.5	24	0.2	0.0002	+20~+250
	NH_4NO_3	24	0.9	0.008	+100~+700
316 不锈钢	67%H_2SO_4	93	110	0.009	+100~+600
	115%H_3PO_4	93	1.9	0.0013	+20~+950
铬锰氮钼钢 Inconel X-750 HastelloyF	37%甲酸	沸腾温度	15	0.1~0.2	+100~+500
	0.5mol/LH_2SO_4	30	2	0.037	(Pt 电极)
	0.5mol/LH_2SO_4	50	14	0.4	+30~+905
	1mol/LHCl	室温	~8.5	~0.058	+150~+875
	5mol/LH_2SO_4	室温	0.30	0.052	+170~+850
锆	0.5mol/H_2SO_4	室温	0.16	0.012	+400~+1030
	10%H_2SO_4	室温	18	1.4	+90~+800
	5%H_2SO_4	室温	50	2.2	+400~+1600
					+500~+1600

① 除特别注明外，表中电位值均为相对于饱和甘汞电极。

4. 分散能力

阳极保护中分散能力是指阳极电流均匀分布到设备各个部位的能力，可以采用设备表面各部位电位的均匀性来表示。分散能力的好坏关系到保护系统中所需辅助阴极的结构、数量、布置等问题，是辅助阴极设计的重要参数。如果阴极布置不当，将会造成被保护体局部不能钝化，而产生严重的电解腐蚀，而无法实现阳极保护的目的。

影响分散能力的因素十分复杂。对于大多数体系来讲，若被保护体结构简单，表面平坦，电流遮蔽作用小，阳极(金属)的极化率大或表面电阻高(如钝化后或有涂层)，分散能力就好；腐蚀介质电导率高，分散能力相应较强；介质温度的影响则较为复杂，当温度升高时，溶液的电导率增加应当有利于分散能力的改善，但升温还会使大多数体系的 i_{cp} 和 i_p 增大，综合作用的结果却使分散能力下降。但对于某些体系，例如发烟 H_2SO_4 中，碳钢在常温下是活化体系，温度升高至 100℃ 和 200℃ 时，却因为硫酸的氧化能力增强而变成自钝化体系，分散能力也会大大增强。

对流动介质，当流速低时，顺着液流方向有利于分散能力的改善，但若流速较大或有搅拌，则常使 i_{cp} 和 i_p 增大，从而不利于分散能力的提高。

一般来讲，阳极保护时的分散能力比阴极保护时的要好，这是因为：阳极保护大多用于导电良好的强电解质溶液中，溶液的电导率高；还因为阳极保护时的 i_p 常常比阴极保护时保护电流密度小；且阳极保护时金属表面形成的钝化膜使表面的阻抗大为增强。这三种原因都有利于分散能力的提高。不过在实际应用中，对于阳极保护的分散能力还必须给以高度重视。因为对于给定的阴极保护体系，有阴极电流就有保护，只是保护度大小问题；而对于给定的体系阳极保护时，如果电流分散能力不好，如前所述，被保护体有些部位得不到足够的阳极电流，不仅不能完全钝化，甚至还可能发生电解腐蚀危险，此时体系不进行阳极保护还安全些。因此，分散能力在阳极保护技术应用中是一个十分重要的参数。

阳极保护时，体系的分散能力致钝阶段要比维钝阶段差许多，所以在设计辅助阴极时只需考虑能够使整个设备建立钝化即可，只要能建立钝化，其分散能力就可满足维钝时的需要。

三、阳极保护技术的适用领域

在某种电介质溶液中，通过一定阳极电流能够引起钝化的金属，原则上都可以采用阳极保护技术来防止腐蚀。例如，石油化工和冶炼生产设备中的碳钢、不锈钢、钛等材料在液体肥料、硫酸、磷酸、铬酸、有机酸及碱液等介质中可以应用阳极保护技术。然而有些体系，虽然能够钝化，但维钝电流太大，或虽然维钝电流不大，但钝化电位范围太窄，相应地自活化时间太短，以致不能适应现场复杂条件，失去实用价值。阳极保护不仅可以防止均匀腐蚀，而且还可以防止孔蚀、晶间腐蚀、应力腐蚀破裂及选择性腐蚀等局部腐蚀，是一种经济有效的腐蚀控制措施，可使金属材料的腐蚀率降低 1~3 个数量级，但它在应用上有一定的局限性，主要有：不适用于气相保护；保护不当会产生局部电解腐蚀；钝化区电位范围不能过窄；自活化时间不能过短；介质中卤素离子(特别是 Cl^-)含量必须很小，若超过一定的限量时，则不能采用；导电性差的介质难以达到保护目的，在引起溶液电解或副反应激烈的介质中也不宜采用。

表 10-9 列出了阳极保护技术的适用范围，供参考。

表 10-9 阳极保护适用范围

材　料	介　质
钢铁	硫酸、发烟硫酸、含氯硫酸、磺酸、铬酸、硝酸、磷酸、醋酸、甲酸、草酸、氢氧化钾、氢氧化钠、氢氧化铵、碳化氨水、碳酸氢铵、硝酸铵、硝酸钾、碳酸钠、氢氧化铵+硝酸铵+尿素、氮磷钾复合肥料
铬钢	除上述介质外，还有尿素熔融液
铬镍(钼)钢	除对铬钢适用的介质外，还有乳酸，氢氧化锂，氨基甲酸铵，硫酸铝，含 NH_4^+、K^+、Ca^{2+}、PO_4^{2-}、SO_4^{2-}、NO_3^-、Cl^-、尿素的复合肥料(可防孔蚀)，硫酸铵，硫氰酸钠
铬锰氮钼钢	甲酸、草酸、尿素熔融物(氨基甲酸铵)、硫酸、醋酸
钛及其合金	硫酸、盐酸、硝酸、醋酸、甲酸、尿素熔融物(氨基酸铵)、H_2SO_4+ZnS+Na_2SO_3、磷酸、草酸、氨基磺酸、氯化物
镍及其合金	硫酸、盐酸、硫酸盐、熔融硫酸钠(对 Incone1600)
锆	稀硫酸、盐酸
钼	盐酸

四、阳极保护系统

外电源法阳极保护系统由被保护体(阳极)、辅助电极(阴极)、参比电极、直流电源及连接电缆、电线(输电电缆、信号导线)五部分组成。

1. 辅助阴极

辅助阴极连接在直流电源的负极，其作用是与电源、被保护设备(阳极)、设备内的电解液一起构成一个完整的电回路。这样电流就可以在回路中流通，达到被保护的设备的金属表面上，实现阳极保护。

阳极保护所用的辅助阴极材料有很多种，现场常用的阴极材料列于表 10-10。

表 10-10 阳极保护现场所有的辅助阴极材料

介　质	辅 助 阴 极 材 料
浓硫酸、发烟硫酸	铂，包铂黄铜，金，钽，硅铸铁，哈氏合金 B、C，铬镍不锈钢，铬镍钼不锈钢，K 合金
稀硫酸	银，铝青铜，铜，铅，石墨，高硅铸铁，钛镀铂
碱	碳钢，镍，铬镍不锈钢
氨及氮肥溶液	碳钢，铝，铬钢，高铬钢，铬镍不锈钢，哈氏合金 C
盐溶液	碳钢，铝，铬镍不锈钢，哈氏合金

阴极结构的设计及安装，要使阴极具有足够的强度和刚度，与阳极保持一定距离并尽量分布均匀，从设备引出时要有优良的绝缘与密封性能。

辅助阴极材料应具有良好的电化学稳定性，或者易于阴极极化，能够获得阴极保护而使耐蚀性得到提高。

2. 参比电极

阳极保护的控制与保护效果的判定主要根据被保护设备的电位值，而电位值的测量就是通过参比电极获取的。在阳极保护系统中，目前使用的参比电极主要是金属/难溶盐电极、金属/氧化物电极和金属电极等。其选择的限制因素主要是在体系中的使用性和电化学稳定性。

3. 直流电源

在阳极保护中，电源的作用是为设备提供阳极保护电流，用于致钝和维钝。原则上，只要容量足够，任何型式的直流电源均可选用，但实际上采用较多的是可调式的整流器或恒电位仪。

一般情况下，直流电源要求输出电压为6~8V，输出电流为50~3000A。大容量者输出电压可曾至12V。

4. 连接电缆、电线

连接电缆从直流电源的正、负极分别接至阳极和阴极，并安设开关，分别称作阳极电缆和阴极电缆。

设计阴、阳极电缆时，需考虑致钝时的载流量、电缆压降和现场环境的腐蚀等因素。

五、阳极保护应用实例

钛制硫酸铝蒸发器加热排管的阳极保护：蒸发器本体为ϕ2600×3800的立式衬铅锅，锅内垂直设置14排钛制加热排管，其规格为ϕ50×2.5，每排管数为13~24根不等，共278根，总换热面积约87m^2。上下横管为ϕ60×2.5，蒸汽进出口管直径分别为ϕ65和ϕ32。排管内通饱和蒸汽(0.3~0.5MPa)，将酸性硫酸铝从60℃加热至117℃，浓度从含7%~8%的Al_2O_3浓缩至15%~16%，然后放料至结晶工段。蒸发过程为间歇操作，每锅生产浓硫酸铝10t，约需3~4h。

钛在117℃、pH值为2的酸性硫酸铝溶液中腐蚀并不重要，但当管内通以蒸汽，管壁温度大大高于物料温度，可达140℃以上，加之溶液沸腾使管壁处于冲刷状态，腐蚀变得十分严重，既有减薄穿孔，又有脆性断裂。一般在6个月后开始出现泄漏，一年后，因泄漏造成频繁停车检修，使生产陷入被动，二年后钛制加热排管需要全部更换。

钛在硫酸铝生产液中，常温时为自钝化体系，腐蚀率极低，但在高温时成为活化-钝化体系，局部区域活化会造成整个排管进入活性溶解区。活性溶液不仅使腐蚀率急剧升高(可达18mm/a)，致使钛管减薄穿孔，而且还产生严重的氢化钛型脆断，氢脆临界电位为-270mV(SCE)。

该体系的致钝电流密度$i_{cp}=10A/m^2$，$i_p=1\sim3.2\ A/m^2$，稳定钝化区范围$\phi=-200\sim+2000$ mV(SCE)。保护电位控制在500~700mV(SCE)。经阳极保护的钛管，如无外部作用没有自活化倾向，因此阳极保护能够与间歇操作生产工艺有效配合。恒电位一直处于运行状态，当排出浓硫酸铝溶液后，输出电流自动降为零，此时电位读数不稳，但钛管不会活化，当新鲜的稀硫酸铝溶液进入蒸发器后，电位立即到达设定的保护电位，易维持钝化状态。但是若由于某种原因造成钛管活化，在高温溶液中重新致钝是不可能的。这是由于该体系分散能力很差的缘故。必须在常温或低温下致钝后，在维钝状态下升温，否则分散能力达不到要求。为了消除局部活化因素，特别需要注意水线和气相部位的防腐，可采用贴衬酚醛树脂玻璃布(二层)措施，此外采用水玻璃胶泥或环氧有机硅玻璃钢也可取得较好的防腐效果。

加热排管与衬铅锅体在蒸汽进出口处进行了严格的绝缘。控制和监测参比电极均采用H_2型电极，其电位稳定(390~418mV，SCE)，坚固耐用。根据现场试验确定，为使电位分布均匀，去掉四排加热排管，布置三排搪铅阴极排管，即每排阴极最多保护两排阳极，其结构与加热排管相同，阴、阳极面积比约为1∶5.8，阴极总面积约为11m^2。恒电位仪为三明无线电二厂生产的ZZ—2型，容量为150A/16V。

三台蒸发器先后采用了这项阳极保护技术，最长使用时间已达 8 年，不仅使均匀腐蚀率小于 0.05mm/a，而且完全控制了氢脆的发生，从未因腐蚀泄漏造成生产停车。阳极保护后由于钛管表面光滑，结垢减轻，虽然因安装阴极减小了排管加热面积(减至约 64m^2)，但总的传热效果却明显提高，蒸汽费平均每年节约 40 万元，由于使用寿命延长，平均每年节约钛管材料费 30 万元，经济效益十分显著。

第十一章　缓　蚀　剂

如前所述，从防腐蚀机理上看，防腐方法之一就是对环境(或腐蚀)介质进行处理。介质处理主要是降低介质对金属的腐蚀作用或加入缓蚀剂抑制金属的腐蚀。在此主要介绍缓蚀剂的应用。

第一节　概　　述

一、缓蚀剂的定义及技术特点

1. 缓蚀剂的定义

向腐蚀介质中加入微量或少量的一种或几种化学物质(无机物、有机物)，使金属材料在该腐蚀介质中的腐蚀速度明显降低甚至停止，同时还保持着金属材料原来的物理机械性能，这样的化学物质或复合物质称为缓蚀剂。这种保护金属的方法通称为缓蚀剂保护。

按此定义，那些仅能阻止金属的质量损失而不能保证金属原有特性的物质是不能称为缓蚀剂的。对有缓蚀作用的化学物质作出科学和严格的区分具有明显的工程经济意义。因为在这类物质中往往有相当数量的品种，只能减少金属的质量损失而不能保持金属的物理化学性质。例如，吡啶和 α-吡咯在用量极其微小时都可降低碳钢在硫酸中的溶解速度，但它们却促进钢的氢脆，降低钢的强度；硫脲也明显降低钢和铁在硫酸、盐酸和硝酸中的溶解速度，但也促进钢的氢脆，因此不是钢在这些介质中的缓蚀剂。

缓蚀剂保护作为一种防腐蚀技术，近年来得到了迅速的发展，被保护金属由单一的钢铁扩大到有色金属及其合金，应用范围由当初的钢铁酸洗扩大到石油的开采、储运、炼制、化工装置、化学清洗、工业循环冷却水、城市用水、锅炉给水处理、以及防锈油、切削液、防冻液、防锈包装、防锈涂料等等。

2. 缓蚀剂的技术特点

采用缓蚀剂保护防止腐蚀，由于设备简单、使用方便、投资少、见效快、保护效果高，因此广泛地应用于石油、化工、钢铁、机械、动力、运输及军工等部门，并且逐渐发展为一种十分重要的防腐蚀手段，日益为人们所重视。

由于缓蚀剂是直接投加到腐蚀系统中去的，因此具有操作简便、见效快和能保护整个系统设备的优点。采用缓蚀剂后由于对金属的缓蚀效果突出，常常可使用廉价的金属材料来代替价格贵的耐蚀金属材料，如石油炼制过程中存在着 $HCl-H_2S-CO_2-H_2O$ 系统的腐蚀，若采用高效缓蚀剂，整个炼制系统设备就可用碳钢制造，而使用寿命同样可以足够长。

但是，它会随腐蚀介质流失，也会被从系统中取出的物质带走，因此，从保持缓蚀剂的有效使用时间和降低其用量考虑，缓蚀剂以用于循环或半循环系统为宜，高效缓蚀剂在使用剂量很低(一般指几个到十几个 μg/g)时，可用于一次性直流、开放系统。缓蚀剂的用量较少，一般为几 μg/g 到千分之几，个别情况下用量可达 1%~2%。

选用缓蚀剂时要注意它们对环境的污染和对微生物的毒害作用，尤其应注意它们对工艺过程的影响(如是否会影响催化剂的活性)和对产品质量(如颜色、纯度和某些特定质量指标)的影响。

工业缓蚀剂应考虑其来源和价格，在保证所要求的缓蚀率的前提下，通常首先选择易得、无毒、价廉的化学物质作缓蚀剂。

缓蚀剂主要用于那些腐蚀程度属中等或较轻系统的长期保护(如用于水溶液、大气及酸性气体系统)，以及对某些强腐蚀介质的短期保护(如化学清洗介质)，而对某些特定的强腐蚀介质环境可能要通过选材和缓蚀剂相互配合，才能保证生产设备的长期安全运行。

工业上实际使用的缓蚀剂通常是由两种或多种缓蚀物质复合组成的，并具有协和作用(Synergism)。

缓蚀剂的应用条件具有高度选择性，针对不同介质有不同的缓蚀剂，甚至同一介质但操作条件(如温度、浓度、流速等)改变时，所使用的缓蚀剂也可能完全改变。为了正确选用适用于特定系统的缓蚀剂，应按实际使用条件进行必要的缓蚀剂评价试验。

和其他防腐蚀手段相比，使用缓蚀剂有如下最明显的优点：

① 基本上不改变腐蚀环境，就可获得良好的防腐蚀效果；

② 可基本不增加设备投资，就可达到防腐蚀目的；

③ 缓蚀剂的效果不受被保护设备形状的影响；

④ 对于腐蚀环境的改变，可以通过相应改变缓蚀剂的种类或浓度来保证防腐蚀效果；

⑤ 同一配方的缓蚀组分有时可以同时防止多种金属在不同腐蚀环境中的腐蚀破坏。

缓蚀剂技术由于具有良好的防腐蚀效果和突出的经济效益，已成为防腐蚀技术中应用最为广泛的技术之一。尤其在石油产品的生产加工、化学清洗、大气环境、工业循环水及某些石油化工生产过程中，缓蚀剂已成为最主要的防腐蚀手段。但是缓蚀剂技术同其他防腐蚀技术一样，也只能在适应其技术特点的范围内才能发挥其功效。因此，充分了解缓蚀剂技术的特点，对合理有效地发挥缓蚀剂作用是至关重要的。

二、缓蚀剂的分类

缓蚀剂有各种分类方法，可是，目前尚缺乏一种既能把众多的缓蚀剂分门别类，又能反映出缓蚀剂内在的结构特点和抑制机理的完善的分类方法，为了使用和研究的方便，通常有以下几种分类方法：

1. 按缓蚀剂对于电极过程所发生的主要影响分类

从电化学的观点出发，根据缓蚀剂对电极过程的抑制作用，它们可分为阳极型、阴极型和混合型三类。阳极型缓蚀剂主要是减缓阳极反应，阴极型缓蚀剂主要是减缓阴极反应，而混合型缓蚀剂则同时减缓两种反应。

2. 按缓蚀剂的化学组成不同分类

这是从化学物质的属性上来分，缓蚀剂又可分为无机缓蚀剂和有机缓蚀剂两大类，这种分法在研究缓蚀剂作用机理和区分缓蚀物质品种时有优点，因为无机物和有机物的缓蚀作用机理明显不同。

无机类缓蚀剂有：硝酸盐、亚硝酸盐、铬酸盐、重铬酸盐、磷酸盐、多磷酸盐、硅酸盐、三氧化二砷、钼酸盐、亚硫酸钠、碘化物、三氧化锡、碱性化合物。

有机类缓蚀剂有：醛类、胺类、亚胺类、腈类、联氨、炔醇类、杂环化合物、咪唑啉类、有机硫化物、有机磷化物、其他。

3. 按使用的介质特点分类

有酸性溶液、碱性溶液、中性水溶液、非水溶液缓蚀剂等。具体如下。

酸性介质溶液中：醛、炔醇、胺、季铵盐、硫脲、杂环化合物(吡啶、喹啉、页氮)咪唑啉、亚砜、松香胺、乌洛托品、酰胺、若丁等。

碱性介质溶液中：硅酸钠、8-羟基喹啉、间苯二酚、铬酸盐等。

中性水溶液：多磷酸盐、铬酸盐、硅酸盐、碳酸盐、亚硝酸盐、苯并三氮唑、2-硫醇苯并噻唑、亚硫酸盐、氨水、肼、环己胺、烷基胺、苯甲酸钠。

盐水溶液中：磷酸盐+铬酸盐、多磷酸盐、铬酸盐+重碳酸盐、重铬酸钾。

气相腐蚀介质：亚硝酸二环己胺、碳酸环己胺、亚硝酸二异丙胺等。

混凝土中：铬酸盐、硅酸盐、多磷酸盐。

微生物环境：烷基胺、氯化酚盐、苄基季铵盐、2-硫醇苯并噻唑。

防冻剂：铬胺盐、磷酸盐。

采油、炼油及化学工厂：烷基胺、二胺、脂肪酸盐、松香胺、季铵盐、酰胺、氨水、氢氧化钠、咪唑啉、吗啉、酰胺的聚氧乙烯化合物、磺酸盐、多磷酸锌盐。

油、气输送管线及油船：烷基胺、二胺、酰胺、亚硝酸盐、铬酸盐、有机重磷酸盐、氨水、碱。

4. 按用途不同分类

有酸洗缓蚀剂、油气井压裂缓蚀剂、石油、化工工艺缓蚀剂、蒸汽发生系统缓蚀剂、材料贮存过程用缓蚀剂等。

5. 按缓蚀剂膜的种类分类

可分为氧化型膜缓蚀剂、吸附膜型缓蚀剂、沉淀膜型缓蚀剂和反应转化膜型缓蚀剂。

有关各类膜的性质和实例见表 11-1。

表 11-1　缓蚀剂按表面膜的种类分类

膜的种类		典型缓蚀剂	膜的特性
氧化型膜		铬酸盐、亚硝酸盐、钼酸盐	致密、膜薄，与基本金属附着力强、防腐性能优良
吸附型膜		含极性集团有机物、如胺类，醛和杂环化合物，表面活性剂	在酸和非水溶液中形成良好的膜，膜极薄，稳定性差
沉淀型膜	水中离子型	聚合磷酸盐、锌盐、硅酸盐	膜多孔且较厚，与基体金属附着性差
	金属离子型	巯基苯并噻唑(MBT)、某些螯合剂	膜致密、较薄，与基体金属附着性好
反应转化型膜		炔类衍生物(如炔丙醇)，缩聚物和聚合物	膜多孔、较厚，防腐蚀性能良好，膜的稳定性良好

三、缓蚀剂的作用机理

迄今为止，对于缓蚀剂的作用机理还没有一个公认的一致见解，目前大致有以下几种理论：吸附理论、电化学理论、成膜理论、协合效应等。实际上这些理论相互间均有内在的联系。由于缓蚀剂的种类繁多，作用机理也各有不同，因此，要正确地了解缓蚀机理，必须根据缓蚀剂的种类和介质性质，全面地加以考虑。

1. 吸附理论

吸附理论认为：缓蚀剂之所以能保护金属是因为这些物质在金属表面生成了连续的起隔离作用的吸附层。多数有机缓蚀剂是按吸附机理起缓蚀作用的，其分子结构被认为是由两部分组成的，一部分是容易被金属表面吸附的极性基(亲水基)，另一部分是非极性基(疏水的或亲油的)，当缓蚀剂加入腐蚀介质中时，通过缓蚀剂分子中极性基团的物理吸附或化学吸附作用，使缓蚀剂吸附在金属表面，这样就改变了金属表面的电荷状态和界面性质，使金属的能量状态处于稳定化，从而增大了腐蚀反应的活化能，使腐蚀速度减慢。另一方面非极性基团能在金属表面做定向排列，形成了一层疏水性的保护膜，阻碍着与腐蚀反应有关的电荷或物质的移动，结果就使得腐蚀介质被缓蚀剂分子排斥开来，使介质和金属表面隔开，因而也使腐蚀速度减小。

缓蚀剂的吸附可分为物理吸附或化学吸附两类。物理吸附是由缓蚀剂离子与金属表面电荷产生静电吸引力和范德华力所引起，这种吸附快速而可逆。化学吸附则是由中性缓蚀剂分子与金属形成配位键所致，它比物理吸附强烈而不可逆，但吸附速度较慢。

2. 电化学理论

从电化学的观点出发，腐蚀反应是由阳极反应和阴极反应共同组成的，缓蚀剂之所以能减轻腐蚀就是在某种程度上抑制了阳极反应或阴极反应的结果。如图 11-1 所示。

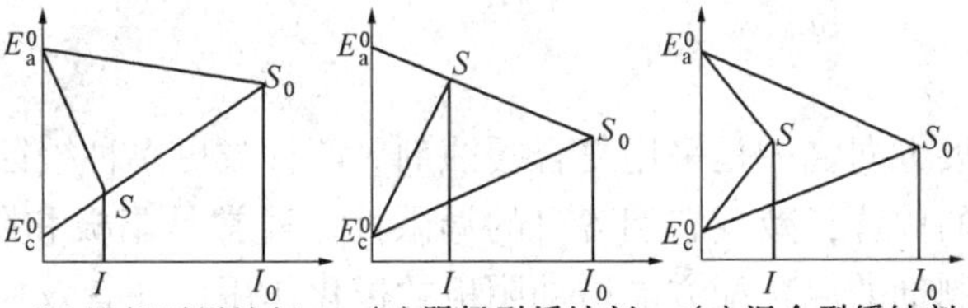

图 11-1　缓蚀剂抑制电极过程的三种类型

未加缓蚀剂时，阳极和阴极的极化曲线相交于 S_0 点，腐蚀电流为 I_0，加入缓蚀剂后，阴阳极曲线相交于 S 点，腐蚀电流为 I，I 比 I_0 要小得多，可见缓蚀剂的加入可明显减缓腐蚀。

① 阳极型缓蚀剂。这类缓蚀剂能增加阳极极化，使腐蚀电位正移，见图 11-1(a)。氧化型缓蚀剂就是一种对阳极过程起阻滞作用的缓蚀剂，它们适用于可钝化的金属，即有活化-钝化转变的金属，当这种缓蚀剂浓度足够时，缓蚀效率很高，当浓度不足时，金属表面会产生坑坑洼洼的痕迹，并且有时也会导致腐蚀率的增大，故这类缓蚀剂亦被称做“危险缓蚀剂”。如中性介质中的铬酸盐、亚硝酸盐等。

② 阴极型缓蚀剂。这类缓蚀剂能增加阴极极化，使腐蚀电位负移，见图 11-1(b)。对阴极过程起阻滞的缓蚀剂能使阴极过程变慢或使阴极的有效面积减小，从而降低腐蚀速度，它的添加量不够多，不会加速腐蚀而较为安全。

在酸性溶液中，含有极性基团的化合物形成一种带正电荷的阳离子，这种带正电荷的阳离子通过电场作用吸附在金属表面的阴极区，这样就使得金属表面好像带正电荷一样，酸性溶液中的氢离子因为带正电荷而受到排斥，难以接近金属表面，而使阴极的氢离子放电过程受到阻碍。另一种解释是有机缓蚀剂的极性基团在酸性溶液形成的带正电荷的阳离子，它不像 H^+一样能获得电子成为中性分子而逸出液面，只能吸附在金属表面形成“双电层”结构，增大氢的超电压，这样就抑制了金属的腐蚀和氢脆作用的同时发生。这种使氢去极化的阴极过程超电压的增大而防止腐蚀的理论，也就是我们通常所说的缓蚀剂“氢超电压理论”。

③ 混合型缓蚀剂。这类缓蚀剂既能增加阳极极化，又能增加阴极极化。此时虽然腐蚀电位变化不大(可能正移，也可能负移)，但腐蚀电流却可减少很多，见图 11-1(c)。例如含氮、含硫及既含氮又含硫的有机化合物等均属这一类。

3. 成膜理论

成膜理论认为缓蚀剂之所以有效地保护金属，是因为在金属表面上生成了一层难溶的膜层，这层产物可由缓蚀剂与金属作用形成，有的可由金属、缓蚀剂与腐蚀产物相互作用形成。缓蚀剂膜可分为下面三种类型。

氧化性膜：这种膜是缓蚀剂直接或间接地氧化被保护的金属，在其表面形成金属氧化膜而抑制金属腐蚀。氧化性膜一般比较致密而牢固，对于金属的溶解形成很好的扩散阻挡层。

沉淀性膜：这种膜本身是水溶性的，但与腐蚀环境中共存的其他离子作用后形成难溶于水或不溶于水的盐类，在金属表面析出或沉淀。这种膜比氧化膜厚，附着力也较差，只要介质中存在缓蚀剂组分和相应的共沉淀离子，沉淀膜的厚度就会不断增加，有引起结垢的危险，所以通常和消垢剂联合使用。

吸附膜：是在同一分子中具有吸附于金属表面的极性基和疏水性基的胺和界面活性剂等组成，这类缓蚀剂多半由极性基吸附在金属表面，疏水性基阻碍水和溶解氧等向金属表面扩散以抑制腐蚀。

4. 协合效应

目前缓蚀剂的发展方向之一是采用复合缓蚀剂，两种或更多种缓蚀剂共同加入腐蚀介质中，以利用它们各自的优势，减少它们各自的局限性。通常是阳极和阴极缓蚀剂结合使用，许多含有两种阴极抑制剂的混合配方能增加阴极的极化作用，并有效控制腐蚀。在少数情况下，两种阳极缓蚀剂联合能获得非常好的钝化作用。使用复合缓蚀剂的缓蚀率比各单一组分的叠加还要大很多，这种作用称之为协合作用。协合作用的发现，使缓蚀剂的研究、应用提高到一个新水平，但其作用机理尚未被人们完全认识清楚。

第二节　缓蚀剂的选用

一、缓蚀剂的选择条件

缓蚀剂的选择应符合下列条件：

① 抑制金属腐蚀的缓蚀能力强或缓蚀效果好。在腐蚀介质加入缓蚀剂后，不仅金属材料的平均腐蚀速度值[$g/(m^2 \cdot h)$]要低，而且金属不发生局部腐蚀、晶间腐蚀、选择性腐蚀等。

② 使用剂量低，即缓蚀剂使用量要少。

③ 腐蚀介质工艺条件的适当波动(介质浓度、温度、压力、流速、缓蚀剂添加量)时，缓蚀效果不应有明显降低。

④ 缓蚀剂的化学稳定性要强。缓蚀剂与溶脱下来的腐蚀产物共存时不发生沉淀、分解等反应，不明显影响缓蚀效果。当时间适当延长时，缓蚀剂的各种性能不应出现明显的变化，更不能丧失缓蚀能力。

⑤ 溶解性要好。缓蚀剂的水或油溶液要好，不仅使用方便，操作简单，而且也不会影响金属表面的纯化处理。

⑥ 缓蚀剂的毒性要小。选用缓蚀剂时要注意它们对环境的污染和对微生物的毒害作用，尽可能采用无毒级缓蚀剂。这不仅有利于使用者的健康和安全，也有利于减少废液处理的难度和保护环境。

⑦ 缓蚀剂的价格力求低廉。

⑧ 缓蚀剂的原料来源要广泛。

二、缓蚀剂的筛选和评定

1. 筛选条件的确定

首先根据具体使用缓蚀剂的腐蚀环境，来确定缓蚀剂的筛选条件，最好能进行条件模拟试验，但鉴于实际介质条件的复杂性，往往难以全部模拟，因此室内筛选多数是在简化条件下进行的。一般应注意介质的浓度、温度、静止或流动、金属材料的种类等。通过初步筛选的优良缓蚀剂则应进行中间模拟试验，只有那些在中试条件下取得满意效果的缓蚀剂，才有可能进行工业施用。

2. 筛选缓蚀剂的方法

缓蚀剂的缓蚀效果可用缓蚀率表示。缓蚀率(η)是用金属试片在有、无缓蚀剂的介质中的腐蚀率(腐蚀速度)，按下式来计算缓蚀率(η)：

$$\eta = (V_{无} - V_{有})/V_{无} \times 100\%$$

式中　η——缓蚀率；

$V_{有}$——加入缓蚀剂时试片的腐蚀率；

$V_{无}$——不加缓蚀剂时试片的腐蚀率。

根据上式可以相对评价不同缓蚀剂的优劣，但适用于某一特定要求的缓蚀剂要根据具体指标来选定。如一般化学清洗要求缓蚀剂能使腐蚀率降至10mm/a以下(特定场合要求降至1~2 mm/a)，循环冷却水缓蚀剂要使腐蚀率降至0.1~0.15 mm/a。另外，还要求缓蚀剂不产生局部腐蚀。

3. 缓蚀剂的性能测定

经过初步筛选，缓蚀效率较高的缓蚀剂还要对其他性能进行测定。缓蚀剂性能的主要评价项目应该包括：缓蚀效率与缓蚀剂添加量的关系和缓蚀剂的后效性能等。此外，对使用效果有一定影响的其他性能，如：溶解性能、密度、发泡性、表面活性、毒性以及其他处理剂的协调性等，也应有一定的评定和了解。

4. 缓蚀剂的评价

缓蚀剂的评价主要从腐蚀速度和材料性能变化两个方面进行考察。

(1) 从腐蚀速度评价缓蚀剂

根据试验方案中拟定的工艺条件，确定腐蚀介质的浓度、温度，选用与实际工艺条件时与设备材质相同或接近的标准腐蚀试片，精确称重，在经过一段时间后(该时间即为腐蚀实验时间)，再次称重，根据腐蚀前后重量变化可以计算腐蚀速度，再根据添加缓蚀剂和不添加缓蚀剂的速率变化，可计算出缓蚀效率。

(2) 从材料性能变化评价缓蚀剂

腐蚀介质可引起材料性能的改变，如在金属腐蚀过程中生成的氢可以以原子(或离子)的形式渗入金属内部，当氢溶解在金属中，降低了金属的韧性，使之变脆。由于渗氢作用而引起的氢脆，其测定方法通常是进行拉伸试验来判断氢脆程度。

三、缓蚀剂应用中的注意事项

如何正确地把缓蚀剂加入到被保护的生产系统中去，是缓蚀剂应用中的一项重要工作。使用方法得当，效果就显著，否则效果就差，甚至没有效果。加入的方法力求简单、方便，更重要的是能够使缓蚀剂均匀地分散到被保护金属设备或构件的各个部位上去。对带有压力的设备或生产系统，可以采用泵强制注入。对无压力的设备，可采用在加料口直接加入。

影响缓蚀剂缓蚀效果(或缓蚀率)的因素主要有如下几点。

1. 缓蚀剂的浓度

大多数情况下，当缓蚀剂的浓度不太高且温度一定时，缓蚀率随缓蚀剂的浓度的增加而增加。实际上几乎很多有机及无机缓蚀剂，在酸性及浓度不高的中性介质中，都属于这种情况。

应当注意的是，对大部分氧化型缓蚀剂，当用量不足时会加速金属腐蚀，因此对于这类缓蚀剂，添加量要足够，否则是危险的。

2. 环境温度

一般来说，在温度较低时，缓蚀效果较好，当温度升高时，缓蚀率便显著下降。这是由于温度升高时，缓蚀剂的吸附作用明显降低，因而使金属腐蚀加速。大多数有机及无机缓蚀剂都属于这一情况。

3. 介质流速

在大多数情况下，介质流速增加，缓蚀率会降低，有时甚至会加速腐蚀。但当缓蚀剂在介质中不能均匀分布而影响保护效果时，增加介质流速则有利于缓蚀剂均匀地分布到金属表面，从而使缓蚀效率提高。

四、工业应用缓蚀剂的技术要求

虽然具有缓蚀作用的物质种类繁多，但真正能用于工业生产的缓蚀剂品种是有限的。这首先是因为商品缓蚀剂需要具有足够高的效率，价格要合理，原料来源要广。此外，工业应用的不同环境和工艺参数也对工业用的缓蚀剂提出了许多具体的技术要求。

具备工业使用价值的缓蚀剂应具有以下性能：投入腐蚀介质后要立即产生缓蚀效果；在腐蚀环境中有良好的化学安定性，可以维持必要的使用寿命；在预处理浓度下形成的保护膜可被正常操作条件下的低浓度缓蚀剂修复；不影响材料的物理、机械性能；具有良好的防止全面腐蚀和局部腐蚀的效果；毒性低或无毒。

实际上工业应用的缓蚀剂，根据使用的具体环境，还有更具体的技术要求和限制条件，这意味着缓蚀剂是要经过逐层筛选的，只有那些能符合要求条件的品种才是优良缓蚀剂。

不同工业环境对其所用的缓蚀剂的特定技术要求简介于下。

1. 酸洗金属表面腐蚀产物和水垢用的缓蚀剂

对这类缓蚀剂的要求：

① 不妨碍腐蚀产物和水垢的溶解；

② 缓蚀性质在存在 Fe^{3+} 时应不降低；

③ 被保护金属不吸收单质氢，不发生腐蚀破裂；

④ 酸洗过程中除去氧化物时析出的少量氢气有利于腐蚀产物和水垢从金属表面分开。

2. 酸输送和长期贮存时用的缓蚀剂

对这类缓蚀剂的要求：

① 应完全保护金属免受腐蚀破坏；

② 缓蚀效率应在使用温度范围和使用时间内不降低；

③ 在长时间内不会发生凝聚作用；

④ 保持金属的物理化学特性和机械性能不变坏。

3. 防止大气腐蚀用的缓蚀剂

对其中挥发型缓蚀剂(气相缓蚀剂)有如下特定的要求：

① 应有严格规定的蒸气压力，一般为0.0~1.33Pa；

② 热稳定性好，不会受热分解，并且当温度改变时也不会破坏；

③ 当空气湿度增加时缓蚀性质不改变；

④ 对各种金属和合金具有所要求的选择性保护效果，如亚硝酸二环己胺对碳钢是良好的缓蚀剂，但会加速锌、锡等金属腐蚀。

对接触型缓蚀剂有如下特定的要求：

① 能瞬时产生钝化膜或其他保护膜；

② 对界面 pH 值起缓冲作用；

③ 能阻止析出单质氢，并防止氢穿透金属组织；

④ 具有表面活性，并能从金属表面置换水分。

大气腐蚀缓蚀剂除了上面提出的特定要求外，在实际使用时还应具有以下性能：

① 将缓蚀剂加入水中配制成溶液时，其浓度为0.001%~0.01%时对金属都有保护作用；

② 在气、液相温度变化时，均能保持良好的缓蚀效果；

③ 无论液体是静止还是流动，都能保护金属；

④ 介质化学性质的变化对缓蚀剂产生的影响小。

4. 工艺介质系统用的缓蚀剂

用于工艺系统的缓蚀剂，对其技术要求比以上几类严格，对于某些特殊的生产过程还会有极严格的试验项目。一般性补充要求有：

① 不能降低或使工艺介质系统的催化剂中毒而失去活性；

② 不能影响产品或中间产品的再加工性能。而对用于石油炼制系统的缓蚀剂，必须通过一系列试验后方能确定其可用性。试验项目有：成膜能力、表面活性、烃溶解度、热稳定性、防腐蚀性、水分离指数、连续流动装置试验等。

总之，用于工业生产的缓蚀剂，具有良好的缓蚀性能只是满足了对其最基本的要求，要得到实际应用，还应同时符合各种特定的要求。由此可知，缓蚀物质虽很多，但要寻求满足工业实际应用的优秀缓蚀剂仍属不易。

五、缓蚀技术应用举例

1. 循环冷却水系统

工业用水对装置或设备的危害有三种形态：腐蚀、结垢和生物黏泥。解决三大危害的综合措施是采用水质稳定技术。该技术的核心是在工业水中加入水质稳定剂。水质稳定剂由三部分组成：

缓蚀剂——控制腐蚀用；

阻垢剂——控制结垢用；

杀菌灭藻剂——控制微生物生长用。

水质稳定技术和化学清洗技术之间的关系是工业水“防”垢与“治”垢的关系。两套技术的配套是节水的重要措施。

工业循环冷却水系统经过较长一段时间的运行后，其系统(冷却水、冷冻水)内各种热交换设备的传热面上就会产生水垢、锈垢、生物黏泥、金属腐蚀产物等污垢，导致设备换热效率下降。同时，由于污垢的存在，引起垢下腐蚀，严重时造成传热管穿孔，缩短设备的使用寿命。为了提高装置工作效率，使其高效、安全、稳定、长周期的经济运行，需要注意以下几方面的事项：

(1) 日常运行维护

① 定期测定循环水的水质，如 pH 值、Ca^{2+}、Mg^{2+} 含量、浊度、硬度等。

② 定期分析循环水中的菌藻种类，必要时进行杀菌灭藻。

③ 按照操作要求，定期补加循环水处理药剂。

(2) 不停车清洗

某石化厂循环冷却水系统在线清洗处理的步骤如下：

① 关闭排水阀，换热器阀开到最大；

② 投放油污剥离剂，运行 4h；

③ 投放清洗剂(硅油消泡剂+硫酸+缓蚀剂 JN—961)清洗 48~54h；

④ 加三聚磷酸钠和硫酸镍预膜处理 24h；

⑤ 水质缓蚀处理后，正常运行。

2. 设备的化学清洗

(1) 化学清洗的目的

① 节能与化学清洗。工业装置和生活用的设备，例如锅炉、换热设备、水冷系统等，在使用过程中会逐渐形成各种类型的水垢、锈垢、油垢和生物垢。由于污垢的导热系数远远低于金属，造成了燃料的巨大浪费。

② 安全与化学清洗。锅炉和换热器在使用过程中逐渐形成的各类水垢、锈垢和油垢等，由于这些污垢的导热系数不良，致使炉管温度升高，降低了钢材的强度，常常发生爆管事故，影响锅炉安全运行。同时，由于结垢，使流体的流通截面减少，增加了强制循环换热设备的动力消耗和设备的垢下腐蚀。

实例证明，结垢会影响腐蚀的发生和发展，加剧腐蚀的进程，使换热设备的列管在短期内由于垢下腐蚀而报废，同时给安全运行带来了隐患。

③ 节水与化学清洗。工业用水以工业冷却水用量最大，其用量约占总用水量的 67%，其中石油、化工、钢铁工业最高，达总用水量的 85%~90%。采用循环冷却水是节约工业用水的重要途径。但是，循环冷却水系统由于冷却水不断蒸发，使水中盐分逐渐增加，在换热表面上变成水垢沉积下来。尤其在我国北方地区，地下水硬度大、碱度大，结垢倾向更为突出。

(2) 循环酸洗的基本流程

设备的常规化学清洗，绝大多数是使用以“三酸”(盐酸、硝酸、氢氟酸)为除垢剂的循环清洗流程。

循环酸洗的基本流程如下：

碱洗→水冲洗→酸洗→中和→水冲洗→钝化

(3) 化学清洗缓蚀剂

进行化学清洗时，清洗主剂——酸，不仅可溶解污垢，同时也能溶解金属，使金属遭受腐蚀。为了能达到既能除去金属设备表面的污垢，同时又不腐蚀金属，因此，在酸洗液中，加入极少量的酸洗缓蚀剂即可显著地抑制酸对金属的腐蚀。

钢铁的酸洗除锈是常见的表面处理工艺，每种酸洗液的配方中都使用缓蚀剂和各种助剂，使用时可根据具体情况组配。

参 考 文 献

1 化工部化工机械研究院主编．腐蚀与防护手册．北京：化学工业出版社，1987
2 魏宝明．金属腐蚀理论及应用．北京：化学工业出版社，1984
3 叶康民．金属腐蚀与防护概论．北京：人民教育出版社，1980
4 陈旭俊，黄惠金，蔡亚汉．金属腐蚀与保护教程．北京：机械工业出版社，1988
5 方坦纳 M G. 腐蚀工程．左景伊译．北京：化学工业出版社，1982
6 刘秀晨，安成强．金属腐蚀学．北京：国防工业出版社，2002
7 林玉珍，杨德钧．腐蚀和腐蚀控制原理．北京：中国石化出版社，2007
8 陈匡民．过程装备腐蚀与防护．北京：化学工业出版社，2001
9 张志宇，段林峰．化工腐蚀与防护．北京：化学工业出版社，2005
10 初世宪，王洪仁．工程防腐蚀指南．北京：化学工业出版社，2006
11 张清学，吕今强．防腐蚀施工管理及施工技术．北京：化学工业出版社，2005
12 丁丕治．化工腐蚀与防护．北京：化学工业出版社，1990
13 王凤平，康万利，敬和民．腐蚀电化学原理、方法及应用．北京：化学工业出版社，2008
14 虞兆年．防腐蚀涂料和涂装．北京：化学工业出版社，2002
15 张远声．腐蚀破坏事例 100 例．北京：化学工业出版社，2000
16 于福州．金属材料的耐腐蚀性．北京：科学出版社，1982
17 肖纪美，曹楚南．材料腐蚀学原理．北京：化学工业出版社，2002
18 涂湘缃．实用防腐蚀工程施工手册．北京：化学工业出版社，2000
19 秦国治，田志明．防腐蚀技术及应用实例．北京：化学工业出版社，2002
20 吴继勋主编．金属防腐蚀技术．北京：冶金工业出版社，1998
21 杨德均，沈卓身主编．金属腐蚀学。北京：冶金工业出版社，1999
22 吴荫顺，曹备．阴极保护和阳极保护。北京：中国石化出版社，2007
23 胡茂圃主编。腐蚀电化学．北京：冶金工业出版社，1991
24 天华化工机械及自动化研究设计院主编．腐蚀与防护手册第 2 卷．北京：化学工业出版社，2006